新編
高専の数学
[第2版・新装版] 1

田代嘉宏／難波完爾 編

森北出版株式会社

● 本書のサポート情報を当社Webサイトに掲載する場合があります．
下記のURLにアクセスし，サポートの案内をご覧ください．

https://www.morikita.co.jp/support/

● 本書の内容に関するご質問は，森北出版 出版部「(書名を明記)」係宛
に書面にて，もしくは下記のe-mailアドレスまでお願いします．なお，
電話でのご質問には応じかねますので，あらかじめご了承ください．

editor@morikita.co.jp

● 本書により得られた情報の使用から生じるいかなる損害についても，
当社および本書の著者は責任を負わないものとします．

■ 本書に記載している製品名，商標および登録商標は，各権利者に帰属
します．

■ 本書を無断で複写複製（電子化を含む）することは，著作権法上での
例外を除き，禁じられています．複写される場合は，そのつど事前に
(一社)出版者著作権管理機構（電話03-5244-5088, FAX03-5244-5089,
e-mail:info@jcopy.or.jp）の許諾を得てください．また本書を代行業者
等の第三者に依頼してスキャンやデジタル化することは，たとえ個人や
家庭内での利用であっても一切認められておりません．

新装版のまえがき

「高専の数学」は，ほぼ10年ごとに改訂を進めてきた．この間何度かの小中高校の学習指導要領の改訂の告示実施があり，算数・数学の教科内容の増減や移行が行われてきた．それらをつねに慎重に考慮し，高等教育への発展と調和を図るよう心掛けてきた．今回の改訂を機に章節の構成をさらに検討し，数学の学習を理解しやすく，親しみやすくするように努めた．

とくに，問題の解答にはヒントまたはかなり詳しい解説を付けて，学生の自力の解決や理解に役立つように編集した．しかし，ヒントや解説を付けることは，一方では問題解決の発想を方向付けてしまう怖れがあることを危惧している．個々の問題の解決に限らず数学全般で多様な発想があり，それが学問の発展の原動力になってきた．高専の学習課程の中でもそのような場面に十分遭遇するであろう．本書でも複数の解法を述べている箇所もあるが，ヒントにとらわれず問題の解答を自由に発想して考えれば，数学の楽しさを実感できるであろう．

2009年12月

編　者

第2版のまえがき

　少し以前のことになるが，1989年（平成元年）に告示され1990年から施行された小中高の学習指導要領の進行に対応するように，本書の改訂を計画した．高専の教官の方々には，高専の教科書のありようについてアンケートも送り，多数の方から貴重なご意見と希望を頂いた．それを踏まえて，高専教官の協力者とともに検討を重ねた．

　その後，1998年にさらに新しい学習指導要領が告示され，2002年から実施される完全学校週5日制のもとでの授業内容が示された．中でも算数・数学は小学校・中学校を通じて約3分の1の軽減が計られ，いくつかの内容は上級校へ移行されている．そのため数学について上級校では幅の広い対処が求められている．

　そのような状況にあわせて授業が円滑に接続できるよう検討を行った．一方では，アンケートの意見にもみられるように，高専教育の特性との調和に苦心している．項目について巻の間で移行し，要望に従って増補した章・節，あるいは割愛した内容もある．確率・統計は別巻とすることにした．全体として内容の精選をさらに進めたが，第1版の「まえがき」に述べたように実状に応じて授業での取捨選択が望まれる．とくに * の付いた節は少し範囲を超えるものと思われる．

　先のアンケートに対して詳細な回答を寄せて下さった高専の教官の方々に厚く御礼申し上げたい．

1999年10月

田代　嘉宏

難波　完爾

まえがき

　高等専門学校の前半3年間における「数学」の教育内容は，中学校の数学の内容を受けてこれを発展させ，学生諸君に数学の考え方や方法をしっかりと身につけられるものでなければならない．そして，後半2年間における「応用数学」に接続するとともに，他の教科で必要となる数学的手法や計算技術を習得できるものであることが要請される．

　「高専の数学」の初版を刊行してからすでに20年余りの歳月が経過した．この間高専その他の諸学校で広く採用され，学生諸君が数学を学ぶのに役立ってきたことは，編集関係者一同の大きな喜びであった．一方，高等専門学校を取り巻く状況も発展的に変わってきている．その経緯と経験に基づいて高専教官と共に検討を重ねてきた．

　今回の改定に当たって，中学校の「数学」との接続に十分配慮するとともに，高等学校の「数学」の新しい指導要領を参考にして，内容を精選した．しかし高専教育の長所を生かし，応用数学やその他の教科で必要となる事項については，高等学校の水準を超える内容も含めている．授業時数など高専ごとに弾力的に行われているので，実情に応じて教科内容の取捨選択あるいは補充の工夫が望まれるところである．

　旧版に対してご意見・ご批判を寄せて下さった教官・学生の各位に厚く御礼を申し上げる．また，教育・研究に多忙の中を，編集に参加し，貴重なご意見を下さった高等専門学校の教官の方々に心から感謝の意を表したい．

1990年1月

田代　嘉宏

難波　完爾

もくじ

1章 数と式

§1 数 ——————————————————— 1
  1.1 実　数　1
  1.2 素因数分解と分数の計算　3
  1.3 実数の大小関係　5
  1.4 平方根を含む式の計算　9
  練習問題1　11

§2 式の計算 ——————————————— 12
  2.1 整式の加法・減法　12
  2.2 整式の乗法　13
  2.3 因数分解　18
  2.4 整式の除法　21
  2.5 整式の約数・倍数　23
  2.6 有理式　24
  練習問題2　29
  ［参考］繁分数式　31

2章 2次の関数・方程式・不等式

§3 2次関数 ——————————————— 32
  3.1 2次関数のグラフ　32
  3.2 2次関数の最大・最小　38
  練習問題3　40

§4　2次方程式 ——————————————————————— 41

4.1　2次方程式の解の公式　41

4.2　複素数　43

4.3　2次方程式の解　46

4.4　判別式　47

4.5　解と係数の関係　49

練習問題 4　52

§5　2次関数のグラフと不等式 ————————————————— 53

5.1　グラフと方程式の解　53

5.2　不等式　57

5.3　2次不等式　58

練習問題 5　64

3章　命題・等式・関数

§6　集合と命題 ——————————————————————— 66

6.1　集　合　66

6.2　命　題　71

練習問題 6　75

§7　等式と不等式 —————————————————————— 76

7.1　恒等式　76

7.2　因数定理　77

7.3　3次方程式・4次方程式　79

7.4　高次の不等式　80

7.5　等式・不等式の証明　81

練習問題 7　84

§8　関数とグラフ —————————————————————— 86

8.1　関　数　86

8.2　平行移動・対称移動　87

8.3　べき関数　90

8.4　分数関数　92

8.5　無理関数　94

8.6　逆関数　97

練習問題 8　99

［参考］　組立除法　100

4章　指数関数・対数関数

§9　指数関数 ──────────── 101

9.1　累乗と累乗根　101

9.2　指数の拡張　104

9.3　指数関数　108

練習問題 9　110

§10　対数関数 ──────────── 112

10.1　対　数　112

10.2　対数関数　115

練習問題 10　120

5章　三角関数

§11　三角関数の定義 ──────────── 121

11.1　鋭角の三角関数　121

11.2　一般角と弧度法　126

練習問題 11　131

§12　三角関数の性質 ──────────── 132

12.1　三角関数の関係　132

12.2　三角関数のグラフ　135

練習問題 12　137

§13　加法定理とその応用 ──────────── 139

13.1　加法定理　139

13.2　いろいろな公式　142

13.3　三角関数の方程式・不等式の解　144

練習問題 13　147

§14　三角形の性質 ———————————————— 148

14.1　三角形の面積と正弦定理　148

14.2　余弦定理　150

練習問題 14　153

[参考]　ヘロンの公式　154

6章　平面上の図形

§15　点と直線 ———————————————————— 155

15.1　直線上の点の座標　155

15.2　平面上の点の座標　157

15.3　直線の方程式　160

15.4　2直線の関係　163

練習問題 15　166

§16　円と2次曲線 ———————————————— 167

16.1　円　167

16.2　2次曲線　172

練習問題 16　178

§17　不等式と領域 ———————————————— 179

17.1　不等式の表す領域　179

17.2　領域における最大・最小　182

練習問題 17　184

§18　図形の性質 ————————————————— 185

18.1　三角形と比　185

18.2　円と角　188

18.3　重心・外心・内心・垂心　189

練習問題 18　191

個数の処理

§19 場合の数と二項定理 ——————————————— 192
 19.1 場合の数　192
 19.2 順　列　194
 19.3 組合せ　198
 19.4 二項定理　202
 練習問題 19　204

問題・練習問題の解答　205
数　表　234
さくいん　237

ギリシャ文字

文　字	名　称	文　字	名　称	文　字	名　称
A α	アルファ	I ι	イオタ	P ρ	ロー
B β	ベータ	K κ	カッパ	Σ σ	シグマ
Γ γ	ガンマ	Λ λ	ラムダ	T τ	タウ
Δ ∂, δ	デルタ	M μ	ミュー	Υ υ	ウプシロン
E ε	イプシロン	N ν	ニュー	Φ φ ϕ	ファイ
Z ζ	ジータ	Ξ ξ	グザイ	X χ	カイ
H η	イータ	O o	オミクロン	Ψ ψ	プサイ
Θ θ	シータ	Π π	パイ	Ω ω	オメガ

1章 数と式

　数学では，数や量を文字で表し，それらの関係を式で表して考えることが多い．数学と計算は不可分の関係にある．この章ではおもに，これから学ぶ数学の基礎となる基本的な計算について学習する．すでに習ったこともかなり含まれていると思うが，さらに新しい段階に進もうとするときには，既知のことも含めてその土台をしっかりと整理しておくことが必要である．

§1　数

1.1　実　数

整　数　数 $1, 2, 3, \cdots$ を**自然数**または**正の整数**，$-1, -2, -3, \cdots$ を**負の整数**という．正の整数，負の整数および 0 を合わせて**整数**という．

有理数　a, b を整数とし，$b \neq 0$ のとき，商 $a \div b$ を割り切れない場合も含めて $\dfrac{a}{b}$ と表し，**有理数**という．$\dfrac{3}{4}, -\dfrac{5}{6}$ などは有理数である．整数 a は $\dfrac{a}{1}$ と同じであるから有理数である．有理数のうち整数でない数を**分数**という．

　分数を小数で表すと

$$\frac{3}{4} = 0.75, \quad \frac{17}{8} = 2.125$$

のように有限小数になるか，または

$$\frac{5}{6} = 0.8333\cdots, \quad \frac{57}{44} = 1.29545454\cdots$$

のように，小数のある位以下に同じ数字の配列が無限にくり返される小数になる．このような無限小数を**循環小数**という．後に学ぶように，有限小数と循環小数は分数で表される．

無理数　いままで学んできた数のうち，平方根 $\sqrt{2}$ や円周率 π などは有理数でな

いことが知られている．これらは
$$\sqrt{2} = 1.414213\cdots, \quad \pi = 3.141592\cdots$$
のように，循環しない無限小数で表される．循環しない無限小数で表される数を**無理数**という．

実　数　　有理数と無理数を合わせて**実数**という．実数を分類すると次のようになる．

$$\text{実数}\begin{cases}\text{有理数}\begin{cases}\text{整数}\begin{cases}\text{自然数（正の整数）}\\0\\\text{負の整数}\end{cases}\\\text{分数（有限小数または循環小数で表される）}\end{cases}\\\text{無理数（循環しない無限小数で表される）}\end{cases}$$

（問題）1.1　次の数が，上の表のどの数であるかを指摘せよ．
$$4,\quad -3,\quad \frac{5}{3},\quad -\frac{2}{7},\quad \sqrt{5},\quad \sqrt{8},\quad 2\pi$$

実数 a, b の和 $a+b$，差 $a-b$，積 ab，商 $\dfrac{a}{b}$ $(b \neq 0)$ は実数である．
実数の計算について，次の法則が成り立つ．

［1.1］

　　任意の実数 a, b, c について
(1)　交換法則　$a+b = b+a$
　　　　　　　$ab = ba$
(2)　結合法則　$(a+b)+c = a+(b+c)$
　　　　　　　$(ab)c = a(bc)$
(3)　分配法則　$a(b+c) = ab + ac$
　　　　　　　$(a+b)c = ac + bc$

数直線　直線上に 2 点 O と E をとり，O に 0 を，E に 1 を対応させるとき，任意の実数 a はその直線上の 1 点で表される．また直線上の点には実数が対応する．このように点に実数を目盛った直線を**数直線**といい，O を**原点**という．点 A に実数 a が対応するとき，a を A の**座標**といい，A(a) と書く．

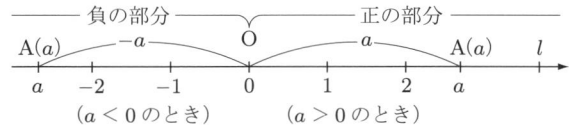

1.2 素因数分解と分数の計算

■例 1.1

自然数 60, 108 を小さい自然数の積で表すと
$$60 = 4 \times 15 = 2 \times 2 \times 3 \times 5$$
$$108 = 4 \times 27 = 2 \times 2 \times 3 \times 3 \times 3$$
となる．累乗の記号を用いると次のように表される．
$$60 = 2^2 \times 3 \times 5, \qquad 108 = 2^2 \times 3^3$$

文字の計算では積の記号 $\times$ を省略し，数どうしの積では $\times$ の代わりに $\cdot$ を用いることもある．たとえば $a \times b$ を ab で表し，$60 = 2^2 \cdot 3 \cdot 5$ と表す．

約数・倍数 整数 c が整数 a, b の積 $c = ab$ で表されるとき，a を c の**約数**といい，c を a の**倍数**という．b も c の約数であり，c は b の倍数でもある．たとえば 3 の倍数は n を自然数として $3n$ で表される．約数を**因数**ともいう．

問題 1.2 30 の約数をすべて述べよ．

自然数の中 2, 3, 5, 7, 11, $\cdots$ のように 1 とその数自身の他に約数のない数を**素数**という．ただし，1 は素数とはしない．

ある自然数の素数である因数をその数の**素因数**という．自然数を素因数の積に分解することを**素因数分解**という．

■例 1.2

60 を素因数分解するには 60 を素数で順に割っていき，例 1.1 のようにそれらの積を作る．

```
2 ) 60
2 ) 30
3 ) 15
      5
```

素因数分解はどんな順で行っても同じ素数の積になる．

公約数 2個以上の整数の共通の約数をそれらの**公約数**といい，そのうち最大のものを**最大公約数**という．60 と 108 について，共通に含まれている約数の組を考えて公約数は

$$2 \cdot 3 = 6 \quad \text{と} \quad 2 \cdot 2 \cdot 3 = 12$$

である．共通に含まれている素因数の最大個数は 2 が 2 個と 3 が 1 個であるから最大公約数は $2^2 \cdot 3 = 12$ である．

2個の整数の間に 1 以外の公約数がないとき 2 数は**互いに素**であるという．

公倍数 2個以上の整数の共通の倍数をそれらの**公倍数**という．公倍数のうち最小のものを**最小公倍数**という．60 と 108 の公倍数は，双方の倍数であるから，少なくとも 2 が 2 個，3 が 3 個，5 が 1 個含まれていなければならない．したがって最小公倍数は

$$2^2 \cdot 3^3 \cdot 5 = 540$$

である．

> **(問題) 1.3** 次の各組の整数を素因数分解し，それらの最大公約数と最小公倍数を求めよ．
> (1) 24, 126　　　　　　　　　(2) 54, 132
> (3) 35, 51　　　　　　　　　 (4) 21, 28, 70

分数の計算

■例 1.3

$$\frac{3}{4} \times 5 = \frac{3 \times 5}{4} = \frac{15}{4}, \quad \frac{3}{4} \div 5 = \frac{3}{4 \times 5} = \frac{3}{20}$$

c, d を 0 でない数として，一般に

$$\frac{a}{b} \times c = \frac{ac}{b}, \quad \frac{a}{b} \div d = \frac{a}{bd}$$

したがって，分数どうしの掛け算・割り算には次の式が成り立つ．

$$\frac{a}{b} \times \frac{c}{d} = \frac{ac}{bd}, \quad \frac{a}{b} \div \frac{c}{d} = \frac{a}{b} \times \frac{d}{c} = \frac{ad}{bc}$$

分数の分母・分子に同じ数を掛けても，同じ数で割っても値は変わらない．分母・分子を共通な因数で割って簡単にすることを**約分**という．共通な因数がないとき，すなわち分母・分子が互いに素であるとき**既約分数**という．

■例 1.4

$\dfrac{105}{126}$ の約分は，右の表のように共通因数で分母・分子を割っていく．また素因数分解がわかれば次のように共通因数を消す．

$$\frac{105}{126} = \frac{\cancel{3}\cdot 5\cdot \cancel{7}}{2\cdot 3\cdot \cancel{3}\cdot \cancel{7}} = \frac{5}{6}$$

```
      5
     35
    105
    ───
    126
     42
      6
```

分数どうしの足し算・引き算にはそれらの値が変わらないように分母を揃えて計算する．数個の分数の分母を揃えることを**通分**するという．

■例 1.5

$$\frac{7}{6} + \frac{5}{8} = \frac{7\times 4}{6\times 4} + \frac{5\times 3}{8\times 3} = \frac{28}{24} + \frac{15}{24} = \frac{43}{24}$$

$$\frac{1}{3} + \frac{7}{20} - \frac{4}{15} = \frac{20}{60} + \frac{21}{60} - \frac{16}{60} = \frac{25}{60} = \frac{5}{12}$$

通分には分母がそれぞれの分数の分母の最小公倍数になるように，分母と分子に同じ数を掛ける．3つ以上の分数についても同じである．計算の結果は普通，約分して既約分数になおしておく．

(問題) **1.4** 次の式を計算し，1つの有理数で表せ．

(1) $\dfrac{3}{8} + \dfrac{2}{3}$ (2) $\dfrac{5}{11} - \dfrac{3}{7}$ (3) $\dfrac{2}{3} + \dfrac{5}{2} - \dfrac{7}{6}$

(4) $\dfrac{5}{6} \times \dfrac{9}{10}$ (5) $\dfrac{4}{15} \div \dfrac{20}{3}$ (6) $\dfrac{7}{18} \times \dfrac{9}{14} \div \dfrac{3}{8}$

1.3 実数の大小関係

大小関係　実数の間には大小関係がある．a が b より大きいとき $a > b$ と書く．a が b より小さいとき $a < b$ と書く．記号 $>$，$<$ を**不等号**という．次の法則が大小関係の基礎になっている．

> **[1.2] 実数の大小関係の基本法則**
>
> (1) 任意の実数 a, b について，次のどれか 1 つが成り立つ．
> $$a < b, \quad a = b, \quad a > b$$
> (2) $a < b \iff a - b < 0$
> $a = b \iff a - b = 0$
> $a > b \iff a - b > 0$
> (3) $a > 0, \quad b > 0 \Longrightarrow$
> $$a + b > 0, \quad ab > 0, \quad \frac{a}{b} > 0$$

ここで，$\Longrightarrow$ は「ならば」の意味に用いている．$p \iff q$ は「p ならば q であり，かつ q ならば p である」ことを表している．

基本法則 [1.2] から，演算と大小関係について次の性質が導かれる．

> **[1.3]**
>
> 実数 a, b, c, d について
> (1) $a > b, \quad b > c \Longrightarrow a > c$
> (2) $a > b \Longrightarrow a + c > b + c, \quad a - c > b - c$
> (3) $a > b \Longrightarrow$
> $$c > 0 \text{ のとき } ac > bc, \quad \frac{a}{c} > \frac{b}{c}$$
> $$c < 0 \text{ のとき } ac < bc, \quad \frac{a}{c} < \frac{b}{c}$$
> (4) $a > b, \quad c > d \Longrightarrow$
> $$a + c > b + d$$

証明 (1) 基本法則 [1.2] (2) により，$a > b, b > c$ ならば
$$a - b > 0, \quad b - c > 0$$
である．したがって基本法則 [1.2] (3) により
$$(a - b) + (b - c) = a - c > 0$$
$$\therefore \quad a > c$$
(2)〜(4) が成り立つことも同じように証明できる． 終

$a > b$ または $a = b$ であることをまとめて $a \geqq b$ と書く．$a < b$ または $a = b$ であることを $a \leqq b$ と書く．記号 $\geqq$, $\leqq$ も不等号という．

定理 [1.3] (3) によれば，実数 a が $a > 0$ のときも $a < 0$ のときも $a^2 > 0$ であることがわかる．また，$a^2 = 0$ ならば $a = 0$ であるから

[1.4]

　　任意の実数 a に対して　　$a^2 \geqq 0$

である．$a^2 = 0$ となるのは $a = 0$ のときに限る．

例題 1.1 実数 a, b について，$a^2 + b^2 = 0$ ならば $a = b = 0$ であることを証明せよ．

証明　$a^2 \geqq 0$, $b^2 \geqq 0$ であるから　　$a^2 + b^2 \geqq a^2 \geqq 0$
ところが $a^2 + b^2 = 0$ であるから　$0 \geqq a^2 \geqq 0$
すなわち　　　　　　　$a^2 = 0$　$\therefore$　$a = 0$
したがって　　　　　　$b^2 = 0$　$\therefore$　$b = 0$　　　　　終

[1.5]

　　実数 a, b が正のとき
$$a > b \iff a^2 > b^2$$

証明　$a > b > 0$ のとき，この両辺に a を掛け，また b を掛けると
$$a^2 > ab, \quad ab > b^2 \quad \therefore \quad a^2 > b^2$$

逆に $a^2 > b^2$ であるとき，もし $a > b$ でないとすると，基本法則 [1.2] (1) により $a = b$ または $a < b$ である．そのとき $a^2 = b^2$ または前半の証明により $a^2 < b^2$ である．これは $a^2 > b^2$ であることに反する．したがって $a > b$ でなければならない．
　　　　　　　　　　　　　　　　　　　　　　　　　　　　　終

この後半の証明方法は後に §6.2 で述べる背理法の一種である．

絶対値　数直線上で原点 O から点 A(a) までの距離を a の**絶対値**といい，記号 $|a|$ で表す．

$$|a| = \begin{cases} a > 0 \text{のときは } a \text{自身} \\ a = 0 \text{のときは } 0 \\ a < 0 \text{のときは } a \text{の符号を変えた正の値} -a \end{cases}$$

である．$a > 0$ と $a = 0$ のときをまとめて次のように表すこともある．

$$|a| = \begin{cases} a & (a \geqq 0 \text{のとき}) \\ -a & (a < 0 \text{のとき}) \end{cases}$$

■例 1.6

$$|3| = 3, \quad |-3| = 3$$

(問題) **1.5** 次の数の絶対値をいえ．

$$4, \quad -5, \quad 2.8, \quad -3.2, \quad -\pi$$

絶対値について，次の式が成り立つ．

$$|a| \geqq 0, \quad |-a| = |a|, \quad |a|^2 = a^2$$

$$|ab| = |a||b|, \quad \left|\frac{a}{b}\right| = \frac{|a|}{|b|}$$

数直線上で点 $A(a)$ と点 $B(b)$ の距離 AB は $|a-b|$ である．

■例 1.7

実数 a, b に対して $|x-a| = b$ である実数 x は

$$\begin{cases} x - a \geqq 0 \text{のとき} & x - a = b \\ x - a < 0 \text{のとき} & -(x-a) = b \end{cases}$$

したがって $x - a = b$ または $x - a = -b$ である．これをまとめて

$$x - a = \pm b$$

と表すこともある．$\pm$ を**複号**という．したがって

$$x = a \pm b$$

であり，数直線上で x は a からプラスマイナス b の距離にある．

問題 1.6 次のような実数 x の値を求めよ．

(1) $|x-5|=4$ (2) $|x+3|=7$

1.4 平方根を含む式の計算

平方根 2乗すると a になる数を a の **平方根** という．a が正の数のとき a の平方根は正と負の2つの数があり，そのうち正のほうを $\sqrt{a}$ で表す．負のほうは $-\sqrt{a}$ である．

$$(\sqrt{a})^2 = a, \quad (-\sqrt{a})^2 = a$$

である．たとえば，9の平方根は3と -3 であり，$\sqrt{9}=3$ である．

0の平方根は0だけであり，$\sqrt{0}=0$ とする．任意の実数の2乗は正または0であるから，負の数の平方根は実数の範囲では存在しない．

[1.6]

$a \geqq 0$ のとき $\quad \sqrt{a} \geqq 0 \quad \sqrt{a^2}=a$

一般に a が正であっても負であっても $\sqrt{a^2}=|a|$ である．

問題 1.7 次の値を求めよ．

(1) $\sqrt{16}$ (2) $\sqrt{(-5)^2}$

平方根について次の公式が成り立つ．

[1.7]

$a>0, \quad b>0$ のとき

$$\sqrt{ab}=\sqrt{a}\sqrt{b}, \quad \sqrt{\frac{a}{b}}=\frac{\sqrt{a}}{\sqrt{b}}$$

証明 第1式を証明しよう．

$$(\sqrt{a}\sqrt{b})^2 = (\sqrt{a})^2(\sqrt{b})^2 = ab$$

また $\sqrt{a}>0,\ \sqrt{b}>0$ であるから $\sqrt{a}\sqrt{b}>0$ であり，$\sqrt{a}\sqrt{b}$ は ab の正の平方根 $\sqrt{ab}$ に一致する． 　　終

■例 1.8

$$\sqrt{12} = \sqrt{4 \cdot 3} = \sqrt{4}\sqrt{3} = 2\sqrt{3}$$

$$\sqrt{\frac{27}{4}} = \frac{\sqrt{27}}{\sqrt{4}} = \frac{\sqrt{9 \cdot 3}}{2} = \frac{3\sqrt{3}}{2}$$

$$\sqrt{10}\sqrt{18} = \sqrt{10 \cdot 18} = \sqrt{2^2 \cdot 3^2 \cdot 5} = 6\sqrt{5}$$

$$\sqrt{0.54} = \sqrt{\frac{54}{100}} = \frac{\sqrt{9 \cdot 6}}{\sqrt{100}} = \frac{3\sqrt{6}}{10}$$

(問題) **1.8** 上の例にならって，次の式を変形せよ．

(1) $\sqrt{32}$ (2) $\sqrt{112}$ (3) $\sqrt{\dfrac{125}{121}}$ (4) $\sqrt{0.72}$

例題 **1.2** 次の式を簡単にせよ．

(1) $\sqrt{50} - \sqrt{32} + \sqrt{18}$ (2) $\sqrt{6}(\sqrt{6} - \sqrt{2})$

解 (1) $\sqrt{50} - \sqrt{32} + \sqrt{18} = \sqrt{25 \cdot 2} - \sqrt{16 \cdot 2} + \sqrt{9 \cdot 2}$
$= 5\sqrt{2} - 4\sqrt{2} + 3\sqrt{2} = 4\sqrt{2}$

(2) $\sqrt{6}(\sqrt{6} - \sqrt{2}) = (\sqrt{6})^2 - \sqrt{12} = 6 - 2\sqrt{3}$

(問題) **1.9** 次の式を簡単にせよ．

(1) $\sqrt{12} + \sqrt{27} - \sqrt{3}$ (2) $5\sqrt{7} + \sqrt{28} - \sqrt{63}$

分母に根号を含む分数を，値を変えないで分母に根号を含まない分数になおすことを，分母の**有理化**という．$(\sqrt{a})^2 = a$ を利用する．

■例 1.9

(1) $\dfrac{3}{\sqrt{6}}$ の分母・分子に $\sqrt{6}$ を掛ける．

$$\frac{3}{\sqrt{6}} = \frac{3\sqrt{6}}{(\sqrt{6})^2} = \frac{3\sqrt{6}}{6} = \frac{\sqrt{6}}{2}$$

(2) $$\frac{3\sqrt{5}}{2} - \frac{4}{\sqrt{5}} = \frac{3\sqrt{5}}{2} - \frac{4\sqrt{5}}{(\sqrt{5})^2} = \frac{3\sqrt{5}}{2} - \frac{4\sqrt{5}}{5}$$
$$= \left(\frac{3}{2} - \frac{4}{5}\right)\sqrt{5} = \frac{7\sqrt{5}}{10}$$

問題 1.10 次の分数の分母を有理化して簡単にせよ．

(1) $\dfrac{7}{\sqrt{6}}$　　　　　　　　　(2) $\dfrac{9}{\sqrt{21}}$

(3) $\dfrac{5}{\sqrt{18}} - \dfrac{3}{\sqrt{2}}$　　　　　　(4) $\dfrac{\sqrt{2}}{\sqrt{3}} - \dfrac{3}{2\sqrt{6}} + \dfrac{5\sqrt{3}}{6\sqrt{2}}$

練習問題 1

[1] 次の正の実数 x の値の範囲を不等式で表せ．
　(1) x の整数部分が 2 けたである．
　(2) x の小数第 3 位を四捨五入して得られる値が 3.14 である．

[2] 正の実数 a, b に対して次のことを証明せよ．
$$a > b \iff \sqrt{a} > \sqrt{b}$$

[3] 次のような実数 a の値を求めよ．
　(1) $|a - 3| = 5$　　　　(2) $|a + 2| = 8$

[4] $a = 1 + \sqrt{3}$, $b = 1 - \sqrt{5}$ のとき次の値を求めよ．
　(1) $|a + b|$　　　　　(2) $|a - b|$
　(3) $|a| + |b|$　　　　(4) $|a| - |b|$

[5] $\sqrt{144}$, $\sqrt{3969}$ を素因数分解を利用して求めよ．

§2 式の計算

2.1 整式の加法・減法

整式 $2x$, $3ax^2$ のように，いくつかの数と文字の積で表される式を**単項式**という．掛け合わされている文字の個数を単項式の**次数**といい，数の部分を**係数**という．特定の文字に着目し，他の文字を数と同じように考えることもある．

■例 2.1
単項式 $4ax^2$ の次数は 3, 係数は 4 である．
文字 x に着目したときの次数は 2, 係数は $4a$ である．

$$x^2 - 3x + 4$$

のように，単項式の和や差で表される式を**多項式**という．単項式と多項式を合わせて**整式**という．整式に含まれているおのおのの単項式を**項**という．とくに，着目した文字を含まない項を**定数項**という．

次 数 多項式の各項の次数のうちで最大のものをその多項式の**次数**という．定数項の次数は 0 である．

■例 2.2
多項式 $2x^2 + 3xy + y^3$ は x, y について 3 次である．x に着目するとき 2 次であり，y に着目するとき 3 次である．

整式で着目した文字の部分が同じである項を**同類項**という．同類項は x に着目するとき，次のように 1 つにまとめることができる．

$$5x - 2x = 3x, \quad ax^2 + bx^2 = (a+b)x^2$$

整式を整理するとき，同類項をまとめて，ある文字について次数の順に並べることが多い．次数の高い項から順に並べることを**降べきの順**に整理するといい，低い項から順に並べることを**昇べきの順**に整理するという．

整式の和と差 整式を 1 つの文字で表すことがある．整式 A と B の和 $A+B$, 差 $A-B$ の計算では同類項をまとめる．

■例 2.3

$$A = 3x^2 - x + 2, \quad B = -x^2 + x - 5$$

について

$$\begin{aligned}
A + B &= 3x^2 - x + 2 - x^2 + x - 5 \\
&= 2x^2 - 3 \\
A - B &= 3x^2 - x + 2 - (-x^2 + x - 5) \\
&= 3x^2 - x + 2 + x^2 - x + 5 \\
&= 4x^2 - 2x + 7
\end{aligned}$$

(問題) **2.1** 次の各組の式の和 $A+B$ と差 $A-B$ を求め，x について降べきの順に整理せよ．

(1)　$A = -2x + 4 + 5x^2,$ 　　　　$B = 3 + 2x^2 + 3x$
(2)　$A = 3x^2 - x^3 + 4,$ 　　　　$B = 4x^3 - 2x - x^2 + 5$
(3)　$A = x^3 + xy^2 - 2x^2y,$ 　　$B = 3xy^2 + 3x^3 - x^2y$

2.2　整式の乗法

単項式の積では，因数の個数に注目して 1 つの単項式にまとめる．

■例 2.4

$$x^2 x^3 = (x \times x) \times (x \times x \times x) = x^5$$
$$(2xy^2) \times (3x^3 y) = 2 \cdot 3 (x \times x^3)(y^2 \times y) = 6x^4 y^3$$
$$(-ax^2)^3 = (-a)^3 \times (x^2)^3 = -a^3 x^6$$

(問題) **2.2** 次の式を簡単にせよ．

(1)　$a^3 \times a^4$ 　　　　(2)　$(a^3)^4$ 　　　　(3)　$(x^3 y^2)^3$

(4)　$\left(-\dfrac{3}{2} b^3\right)^2$ 　　　(5)　$4a^2 b^3 \times (-2a^4 b)$

多項式の積では，次のようにかっこをはずして，単項式の和の形の多項式に表す．

■例 2.5

次の積を求めよ．

(1) $\quad 3x^2(x^2 - 3x + 2)$
$\quad\quad = (3x^2) \times x^2 - (3x^2) \times (3x) + (3x^2) \times 2$
$\quad\quad = 3x^4 - 9x^3 + 6x^2$

(2) $\quad (x^2 + 2x - 3)(2x - 4)$
$\quad\quad = (x^2 + 2x - 3) \times (2x) - (x^2 + 2x - 3) \times 4$
$\quad\quad = 2x^3 + 4x^2 - 6x - 4x^2 - 8x + 12$
$\quad\quad = 2x^3 - 14x + 12$

この場合次数に注意して，次のように計算できる．

$$\begin{array}{r} x^2 + 2x - 3 \\ \times) \quad 2x - 4 \\ \hline 2x^3 + 4x^2 - 6x \quad\quad \\ -4x^2 - 8x + 12 \\ \hline 2x^3 \quad\quad - 14x + 12 \end{array}$$

(展 開) 整式と整式の和・差・積は整式になる．整式の積を 1 つの整式として表すことを，式を**展開する**という．

整式の計算について，次の法則が成り立つ．

[2.1]

任意の整式 A, B, C について

(1) 交換法則 $\quad A + B = B + A$
$\quad\quad\quad\quad\quad\quad AB = BA$

(2) 結合法則 $\quad (A + B) + C = A + (B + C)$
$\quad\quad\quad\quad\quad\quad (AB)C = A(BC)$

(3) 分配法則 $\quad A(B + C) = AB + AC$
$\quad\quad\quad\quad\quad\quad (A + B)C = AC + BC$

(問題) 2.3 次の式を展開せよ．

(1) $(x+4)(x-5)$ 　　(2) $(x^2-2x+2)(x+3)$

(3) $(a^2-2a+3)(3-2a)$ 　　(4) $(3x-1)(x^2+x+3)$

式の展開には，次の公式がよく用いられる．

[2.2] 展開公式 (I)

(1) $(a+b)^2 = a^2 + 2ab + b^2$

(2) $(a-b)^2 = a^2 - 2ab + b^2$

(3) $(a+b)(a-b) = a^2 - b^2$

証明 (1) を証明する．他の式も同様に証明できる．
$$(a+b)^2 = a(a+b) + b(a+b)$$
$$= a^2 + ab + ba + b^2 = a^2 + 2ab + b^2$$
　　　　終

■例 2.6

$$(3x+2y)^2 = 9x^2 + 12xy + 4y^2$$
$$(a-5)^2 = a^2 - 10a + 25$$
$$(4x+3y)(4x-3y) = 16x^2 - 9y^2$$

(問題) 2.4 次の式を展開せよ．

(1) $(2a+3b)^2$ 　　(2) $(3x+y)^2$

(3) $(4a-3b)^2$ 　　(4) $(-a+2)^2$

(5) $(a+4)(a-4)$ 　　(6) $(5x-2y)(5x+2y)$

[2.3] 展開公式 (II)

(4) $(x+a)(x+b) = x^2 + (a+b)x + ab$

(5) $(ax+b)(cx+d) = acx^2 + (ad+bc)x + bd$

■例 2.7

$$(2x+3)(3x-4) = 2\cdot 3x^2 + \{2\cdot(-4)+3\cdot 3\}x + 3\cdot(-4)$$
$$= 6x^2 + x - 12$$

1次の項は右の計算のように線で結んだ項をたすき掛けに掛けた積の和になっている．実際の計算には x を省略すると簡単である．

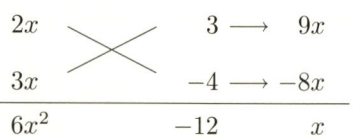

(問題) **2.5** 次の式を展開せよ．

(1) $(a+3)(a+4)$ (2) $(x+2)(x-7)$
(3) $(a-3b)(a-2b)$ (4) $(2x+y)(4x+3y)$
(5) $(3a-5)(2a-3)$ (6) $(2x+7y)(7x-2y)$

(例題) **2.1** 次の式を展開せよ．

(1) $(a+b+c)^2$ (2) $(x+y-3)(x-y+3)$

(解) (1) $(a+b+c)^2 = \{(a+b)+c\}^2$
$$= (a+b)^2 + 2(a+b)c + c^2$$
$$= a^2 + 2ab + b^2 + 2ac + 2bc + c^2$$
$$= a^2 + b^2 + c^2 + 2ab + 2ac + 2bc$$

この結果は公式として用いられる．

(2) $(x+y-3)(x-y+3) = \{x+(y-3)\}\{x-(y-3)\}$
$$= x^2 - (y-3)^2$$
$$= x^2 - (y^2 - 6y + 9)$$
$$= x^2 - y^2 + 6y - 9$$

この例のように，項をまとめると展開公式を適用して計算できる．

(問題) **2.6** 次の式を展開せよ．

(1) $(a+b-2)^2$ (2) $(x+2y-3)(x+2y+4)$
(3) $(a+2b-1)(a-2b+1)$ (4) $(x+y+z)(x-y+z)$

例題 2.2 $(a+b)^3$ を展開せよ.

解
$$\begin{aligned}(a+b)^3 &= (a+b)^2(a+b) \\ &= (a^2+2ab+b^2)(a+b) \\ &= a^3+2a^2b+ab^2+a^2b+2ab^2+b^3 \\ &= a^3+3a^2b+3ab^2+b^3\end{aligned}$$

3 次式についてよく用いられる展開公式をあげておく.

[2.4] 展開公式 (III)

(6) $(a+b)^3 = a^3+3a^2b+3ab^2+b^3$
(7) $(a-b)^3 = a^3-3a^2b+3ab^2-b^3$
(8) $(a+b)(a^2-ab+b^2) = a^3+b^3$
(9) $(a-b)(a^2+ab+b^2) = a^3-b^3$

問題 2.7 上の展開公式 (7)〜(9) を証明せよ.

■例 2.8
$$\begin{aligned}(2x-3)^3 &= (2x)^3 - 3(2x)^2\cdot 3 + 3(2x)\cdot 3^2 - 3^3 \\ &= 8x^3 - 36x^2 + 54x - 27 \\ (a+4)(a^2-4a+16) &= a^3 + 4^3 = a^3 + 64\end{aligned}$$

問題 2.8 次の式を展開せよ.
(1) $(x+2)^3$ (2) $(3a-b)^3$
(3) $(x+2)(x^2-2x+4)$ (4) $(2x-3y)(4x^2+6xy+9y^2)$

2.3 因数分解

因数分解 整式 A が整式 B, C を用いて $A = BC$ と表されるとき，整式 B, C を A の**因数**といい，整式を2つ以上の整式の積で表すことを**因数分解**という．因数分解は各因数がそれ以上は因数分解できないようになるまで行う．

$$AB + AC = A(B + C)$$

であるから，各項に共通な因数 A があれば，A をくくり出すことができる．

■例 2.9

$$3ax - 6a = 3a(x - 2)$$
$$x^2 y + xy^3 = xy(x + y^2)$$

問題 2.9 次の式を因数分解せよ．
(1) $ax + 3x$
(2) $x^3 - 2x^2$
(3) $2x^2 y + 3xy^2$
(4) $2x(x + y) - 5y(x + y)$
(5) $a^2 - ab + bc - ca$

因数分解は式の展開の逆の計算である．したがって，展開公式の各式は右辺の整式を左辺の積になおすものと考えれば，因数分解の公式になる．

[2.5] 因数分解の公式 (I)
(1) $a^2 + 2ab + b^2 = (a + b)^2$
(2) $a^2 - 2ab + b^2 = (a - b)^2$
(3) $a^2 - b^2 = (a + b)(a - b)$

■例 2.10

$$x^2 + 10x + 25 = (x + 5)^2$$
$$4a^2 - 12ab + 9b^2 = (2a - 3b)^2$$
$$4x^2 - 9y^2 = (2x + 3y)(2x - 3y)$$

問題 2.10 次の式を因数分解せよ．

(1) $x^2 + 6x + 9$ (2) $4a^2 + 4ab + b^2$ (3) $x^2 - 8x + 16$
(4) $9x^2 - 49y^2$ (5) $2ab^2 - 4ab + 2a$ (6) $-3a^2b^2 + 12b^4$

[2.6] 因数分解の公式（II）

(4) $x^2 + (a+b)x + ab = (x+a)(x+b)$
(5) $acx^2 + (ad+bc)x + bd = (ax+b)(cx+d)$

例題 2.3 次の式を因数分解せよ．

(1) $x^2 - 8x + 12$ (2) $6x^2 + 7xy - 20y^2$

解 (1) 公式 (4) により，$a+b = -8$，$ab = 12$ であるよう a, b を選べばよい．

右のように定数項 12 の因数のいろいろな組み合わせのうち，たすき掛けに掛けた積の和がちょうど $-8x$ になるような組み合わせを選ぶ．この場合 $a = -2$，$b = -6$ と選んで
$$x^2 - 8x + 12 = (x-2)(x-6)$$

(2) 公式 (5) の形をしている．この場合，$6x^2$ と $-20y^2$ の項の因数の組み合わせのうち，たすき掛けの積の和がちょうど $7xy$ になるようなものを選んで
$$6x^2 + 7xy - 20y^2 = (2x+5y)(3x-4y)$$

問題 2.11 次の式を因数分解せよ．

(1) $x^2 + 10x + 9$ (2) $x^2 - 8x + 15$
(3) $p^2 - 8p - 20$ (4) $a^2 + 5a - 14$
(5) $3x^2 + 7x + 4$ (6) $2x^2 - 3x - 2$
(7) $6x^2 + 5xy - 6y^2$ (8) $3a^2 - 8ab - 3b^2$

[2.7] 因数分解の公式（III）

(6)　$a^3 + 3a^2b + 3ab^2 + b^3 = (a+b)^3$

(7)　$a^3 - 3a^2b + 3ab^2 - b^3 = (a-b)^3$

(8)　$a^3 + b^3 = (a+b)(a^2 - ab + b^2)$

(9)　$a^3 - b^3 = (a-b)(a^2 + ab + b^2)$

$(a^2 - ab + b^2)$，$(a^2 + ab + b^2)$ などは，現段階の学習範囲ではこれ以上因数分解できない．

■例 2.11

$$a^3 - 6a^2b + 12ab^2 - 8b^3 = a^3 - 3a^2(2b) + 3a(2b)^2 - (2b)^3$$
$$= (a - 2b)^3$$
$$x^3 + 27y^3 = x^3 + (3y)^3$$
$$= (x + 3y)\{x^2 - x(3y) + (3y)^2\}$$
$$= (x + 3y)(x^2 - 3xy + 9y^2)$$

（問題）2.12 次の式を因数分解せよ．

(1)　$x^3 - 9x^2y + 27xy^2 - 27y^3$　　(2)　$8x^3 + 12x^2 + 6x + 1$

(3)　$a^3 + 1$　　(4)　$8x^3 - 27y^3$

いろいろな因数分解

例題 2.4 次の式を因数分解せよ．

(1)　$x^4 - 2x^2 - 8$　　(2)　$x^4 + x^2 + 1$

(3)　$2x^2 + xy - y^2 - 5x + y + 2$

解 (1) ある式をまとめて 1 つの文字で表す．この場合 $x^2 = X$ とおく．

$$x^4 - 2x^2 - 8 = X^2 - 2X - 8$$
$$= (X - 4)(X + 2)$$
$$= (x^2 - 4)(x^2 + 2)$$
$$= (x + 2)(x - 2)(x^2 + 2)$$

(2) 2乗の差を作り，公式 [2.5] (3) を用いる．
$$x^4 + x^2 + 1 = (x^4 + 2x^2 + 1) - x^2$$
$$= (x^2 + 1)^2 - x^2$$
$$= (x^2 + 1 + x)(x^2 + 1 - x)$$
$$= (x^2 + x + 1)(x^2 - x + 1)$$

(3) 複数の文字が含まれている場合，次数の最も低い文字に着目し，降べきの順に整理するとよい．いま，x に着目し，たすき掛けの因数分解を行う．
$$与式 = 2x^2 + (y-5)x - (y^2 - y - 2)$$
$$= 2x^2 + (y-5)x - (y+1)(y-2)$$
$$= \{x + (y-2)\}\{2x - (y+1)\}$$
$$= (x + y - 2)(2x - y - 1)$$

$$
\begin{array}{cccc}
x & & y-2 & \longrightarrow \quad (2y-4)x \\
2x & & -(y+1) & \longrightarrow \quad (-y-1)x \\
\hline
2x^2 & & -(y+1)(y-2) & (y-5)x
\end{array}
$$

問題 2.13 次の式を因数分解せよ．
(1) $(2a + 3b)^2 - 8(2a + 3b) + 7$
(2) $(2x - y)(2x - y + 3) - 10$
(3) $x^4 - 13x^2 + 36$
(4) $a^4 + 4b^4$
(5) $a^2 + ac + bc - b^2$
(6) $x^3 - 2x^2 - 3x$

2.4 整式の除法

整式の除法は，それぞれの整式を降べきの順に整理し，整数の位取りの代わりに各項の次数に注目して，整数の割り算と似た方法で計算する．

例題 2.5 次の整式の割り算を行え．
(1) $(8x^2 + 10x - 3) \div (4x - 1)$
(2) $(6x^3 - x^2 - 7x + 1) \div (2x^2 + x - 3)$

解 (1)

$$
\begin{array}{r}
2x+3 \\
4x-1{\overline{\smash{\big)}\,8x^2+10x-3}} \\
\underline{8x^2-2x} \longleftarrow (4x-1)\times 2x \\
12x-3 \\
\underline{12x-3} \longleftarrow (4x-1)\times 3 \\
0
\end{array}
$$

このとき，商が $2x+3$ で余りは 0 であるという．

(2)

$$
\begin{array}{r}
3x-2 \\
2x^2+x-3{\overline{\smash{\big)}\,6x^3-x^2-7x+1}} \\
\underline{6x^3+3x^2-9x} \longleftarrow (2x^2+x-3)\times 3x \\
-4x^2+2x+1 \\
\underline{-4x^2-2x+6} \longleftarrow (2x^2+x-3)\times (-2) \\
4x-5
\end{array}
$$

$2x^2+x-3$ は 2 次，$4x-5$ は 1 次であるからこれ以上割れない．

このとき，$3x-2$ を商，$4x-5$ を余りという．

この割り算から次の式が成り立つことがわかる．

$$8x^2+10x-3=(4x-1)(2x+3)$$
$$6x^3-x^2-7x+1=(2x^2+x-3)(3x-2)+4x-5$$

一般に，整式 A を B で割った**商**を Q，**余り**を R とすると

$$A=BQ+R, \quad R \text{ の次数} < B \text{ の次数}$$

と表される．$R=0$ となるとき，A は B で**割り切れる**という．例題 2.5 (1) で $8x^2+10x-3$ は $4x-1$ で割り切れている．

問題 2.14 次の割り算を行え．

(1) $(x^2-7x+12) \div (x-3)$

(2) $(2x^3+7x^2+6x+9) \div (x+3)$

(3) $(9a^3-a+3) \div (3a-2)$

(4)　$(3x^4 + 5x^3 - x^2 + 2x) \div (x^2 + 2x - 1)$

例題 2.6　整式 A を $x^2 + x - 1$ で割ったら商が $2x+1$, 余りが $-x+3$ であった. 整式 A を求めよ.

解
$$\begin{aligned} A &= (x^2 + x - 1)(2x + 1) - x + 3 \\ &= 2x^3 + x^2 + 2x^2 + x - 2x - 1 - x + 3 \\ &= 2x^3 + 3x^2 - 2x + 2 \end{aligned}$$

問題 2.15　整式 A を $x^2 - 3x + 1$ で割ったら商が $x^2 - 3x + 5$, 余りが $2x - 3$ であった. 整式 A を求めよ.

2.5　整式の約数・倍数

整式 A が整式 B で割り切れるとき, B を A の**約数**, A を B の**倍数**という. C を整式として
$$A = BC$$
と表される. C も A の約数であり, A は C の倍数である. 整式の約数・倍数は一般に整式であるが, 用語として約数・倍数が使われている.

いくつかの整式に共通な約数をそれらの**公約数**といい, 公約数の中で次数の最も高いものを**最大公約数**という. また, いくつかの整式に共通な倍数を**公倍数**といい, 公倍数のうちで次数の最も低いものを**最小公倍数**という. 数の因数については, 最大公約数の場合には数因数の最大公約数を, 最小公倍数の場合には数因数の最小公倍数をとっておく.

公約数が数の因数だけである 2 つの整式は**互いに素**であるという.

例題 2.7　次の各組の式の最大公約数と最小公倍数を求めよ.
(1)　$4x^3y$,　$6x^2y^2$　　　　　(2)　$x^2 + x - 6$,　$6x^2 - 9x - 6$
(3)　$x(x^2 + 2)$,　$2(x-1)(x+3)$

解 (1) 最大公約数は $2x^2y$, 最小公倍数は $12x^3y^2$

(2) 2つの整式を因数分解すると
$$x^2 + x - 6 = (x-2)(x+3)$$
$$6x^2 - 9x - 6 = 3(2x^2 - 3x - 2)$$
$$= 3(x-2)(2x+1)$$

最大公約数は $x-2$, 最小公倍数は $3(x-2)(x+3)(2x+1)$

(3) 公約数は 1 であり, 2つの整式は互いに素である.
最小公倍数は $2x(x^2+2)(x-1)(x+3)$

問題 2.16 次の各組の式の最大公約数と最小公倍数を求めよ.
(1) a^2b^4, a^3b (2) $3x^3yz^2$, $2x^2y^2z^5$
(3) $x^2 - 2x - 8$, $x^2 - x - 6$ (4) $x^2 - 3x - 4$, $x^2 - 6x + 8$

2.6 有理式

有理式 整式 A と 0 でない整式 B について $A \div B$ を, 割り切れない場合も含めて
$$\frac{A}{B}$$
の形に書き, **有理式**という. 割り切れる場合は整式である. 整式でない有理式を**分数式**という.
$$\frac{3x+4}{2}, \quad \frac{3}{2x-1}, \quad \frac{x^2-2x-3}{x^2+1}$$
は有理式である. 第1式は整式 $\frac{3}{2}x + 2$ と同じであり, あとの2つは分数式である.

約 分 C が 0 でない整式のとき,
$$\frac{A}{B} = \frac{AC}{BC}, \quad \frac{A}{B} = \frac{A \div C}{B \div C}$$
が成り立つ. $\frac{AC}{BC}$ を $\frac{A}{B}$ に変形することを**約分**という. 分子と分母に共通の因数があるとき約分できる. 約分ができない分数式, すなわち分子と分母が 1 以外に共通因数

をもたない分数式を**既約分数式**という．

■例 2.12

次は約分の例である．最後の分数式は既約分数式である．

(1) $\dfrac{12xy^3}{18x^2y} = \dfrac{2y^2}{3x}$

(2) $\dfrac{a^3+b^3}{a^2-b^2} = \dfrac{(a+b)(a^2-ab+b^2)}{(a+b)(a-b)} = \dfrac{a^2-ab+b^2}{a-b}$

(問題) **2.17** 次の分数式を約分せよ．

(1) $\dfrac{6xy^4}{8x^3y}$ (2) $\dfrac{16x^3y^2z}{24x^2yz^2}$ (3) $\dfrac{x^2-4x-21}{2x^2+4x-6}$ (4) $\dfrac{a^3+1}{a^2+2a+1}$

(有理式の加法・減法) $\dfrac{2}{x+1}$ と $\dfrac{3}{x-2}$ について

$$\dfrac{2}{x+1} = \dfrac{2(x-2)}{(x+1)(x-2)}, \quad \dfrac{3}{x-2} = \dfrac{3(x+1)}{(x+1)(x-2)}$$

のように，分母が同じ整式になるように変形できる．このように，いくつかの有理式の分母を同じにすることを**通分**するという．共通の分母としては，それらの有理式の分母の最小公倍数をとるとよい．

有理式の加法と減法については，分母が同じときには

$$\dfrac{A}{C} + \dfrac{B}{C} = \dfrac{A+B}{C}, \quad \dfrac{A}{C} - \dfrac{B}{C} = \dfrac{A-B}{C}$$

が成り立つ．分母が異なるときには，通分してから上の式を用いればよい．

(例題) **2.8** 次の式を 1 つの有理式にまとめよ．

(1) $\dfrac{c}{4ab^2} + \dfrac{a}{6bc}$ (2) $\dfrac{x}{x^2-4} - \dfrac{x+1}{x^2+x-2}$

(解) (1) 分母の最小公倍数は $12ab^2c$ であるから，第 1 の分数式の分子・分母には $3c$ を，第 2 の分数式では $2ab$ を掛けて通分して加える．

$$\dfrac{c}{4ab^2} + \dfrac{a}{6bc} = \dfrac{3c^2}{12ab^2c} + \dfrac{2a^2b}{12ab^2c} = \dfrac{3c^2+2a^2b}{12ab^2c}$$

(2) 2つの分母を因数分解すれば
$$x^2-4=(x+2)(x-2), \quad x^2+x-2=(x+2)(x-1)$$
であり，これらの最小公倍数は $(x+2)(x-2)(x-1)$ である．

$$\frac{x}{x^2-4}-\frac{x+1}{x^2+x-2}$$
$$=\frac{x}{(x+2)(x-2)}-\frac{x+1}{(x+2)(x-1)}$$
$$=\frac{x(x-1)}{(x+2)(x-2)(x-1)}-\frac{(x+1)(x-2)}{(x+2)(x-2)(x-1)}$$
$$=\frac{x^2-x-(x^2-x-2)}{(x+2)(x-2)(x-1)}=\frac{2}{(x+2)(x-2)(x-1)}$$

(問題) 2.18 次の式を1つの有理式にまとめよ．

(1) $\dfrac{5}{x-3}+2$

(2) $\dfrac{x+1}{x-1}+\dfrac{1}{x+1}$

(3) $\dfrac{2x}{x^2-1}-\dfrac{1}{x+1}$

(4) $\dfrac{x-1}{x^2-4}-\dfrac{x-2}{x^2+x-2}$

(5) $\dfrac{1}{p^2+5p}+\dfrac{1}{p^2+3p-10}$

(6) $\dfrac{1}{x+1}-\dfrac{1}{x-1}+\dfrac{2x}{x^2-1}$

(有理式の乗法・除法) 次の式が成り立つ．

$$\frac{A}{B}\times\frac{C}{D}=\frac{AC}{BD}, \quad \frac{A}{B}\div\frac{C}{D}=\frac{A}{B}\times\frac{D}{C}=\frac{AD}{BC}$$

■例 2.13

(1) $\dfrac{6a}{b^2c}\times\dfrac{bc^2}{2a^2}=\dfrac{6abc^2}{2a^2b^2c}=\dfrac{3c}{ab}$

(2) $\dfrac{x^2+4x+3}{x^2+x-2}\div\dfrac{x+3}{x-1}=\dfrac{(x+1)(x+3)}{(x+2)(x-1)}\times\dfrac{x-1}{x+3}=\dfrac{x+1}{x+2}$

(問題) 2.19 次の式を1つの有理式にまとめよ．

(1) $\dfrac{5b^2c}{6a} \times \dfrac{3a^3}{10bc^2}$ (2) $\left(-\dfrac{y}{3x^2}\right)^2$ (3) $\dfrac{4x}{21y^2} \div \dfrac{2}{9xy}$

(4) $\dfrac{x-3}{x+1} \times \dfrac{x^2-x-2}{x^2-9}$ (5) $\dfrac{x+1}{x^2-4} \div \dfrac{x^2+3x+2}{x-2}$

分数式 $\dfrac{A}{B}$ において，分子 A の次数が分母 B の次数より高いか等しいときは，A を B で割った商を Q，余りを R とすると
$$A = BQ + R$$
であり，R の次数は B の次数より低い．Q は整式であり，$\dfrac{A}{B}$ を

(1) $$\dfrac{A}{B} = Q + \dfrac{R}{B}$$

と表すことができる．

例題 2.9 $\dfrac{3x^3 + 5x^2 - 5x - 1}{3x - 1}$ を式 (1) の右辺の形で表せ．

解 分子の整式を分母で割ると
$$3x^3 + 5x^2 - 5x - 1 = (3x-1)(x^2 + 2x - 1) - 2$$
である．したがって
$$与式 = x^2 + 2x - 1 - \dfrac{2}{3x-1}$$

問題 2.20 次の分数式を式 (1) の右辺の形で表せ．

(1) $\dfrac{3x+2}{x+1}$ (2) $\dfrac{x^2-1}{x-3}$

(3) $\dfrac{2x^2-x+1}{2x+1}$ (4) $\dfrac{x^3+x}{x^2+x+1}$

無理式 根号中に文字を含む式を**無理式**という．
$$\sqrt{x+1}, \quad \sqrt{a^2-1}, \quad \dfrac{1}{a+\sqrt{a-1}}$$

などは無理式である．

無理式の計算に展開公式を利用できる．

例題 2.10 次の式を展開せよ．

(1) $(\sqrt{11} - 3)^2$ (2) $(\sqrt{5} + 4)(\sqrt{5} - 1)$

(3) $(a + \sqrt{1 - a^2})^2$ $(|a| \leq 1)$

解 (1)
$$(\sqrt{11} - 3)^2 = (\sqrt{11})^2 - 2 \cdot 3\sqrt{11} + 9$$
$$= 11 - 6\sqrt{11} + 9$$
$$= 20 - 6\sqrt{11}$$

(2)
$$(\sqrt{5} + 4)(\sqrt{5} - 1) = (\sqrt{5})^2 + 3\sqrt{5} - 4$$
$$= 5 + 3\sqrt{5} - 4$$
$$= 1 + 3\sqrt{5}$$

(3) $1 - a^2 \geq 0$ であることに注意して
$$(a + \sqrt{1 - a^2})^2 = a^2 + 2a\sqrt{1 - a^2} + (1 - a^2)$$
$$= 1 + 2a\sqrt{1 - a^2}$$

問題 2.21 次の式を展開せよ．$(a > 0)$

(1) $(\sqrt{3} - \sqrt{2})^2$ (2) $(\sqrt{7} - 2)(\sqrt{7} + 3)$

(3) $(\sqrt{a} + 3)^2$ (4) $(\sqrt{a} - \sqrt{5})(\sqrt{a} + \sqrt{5})$

分母に根号を含む式を，分母に根号を含まない分数式になおすことを，分母の**有理化**という．分母の有理化には，$a > 0, b > 0$ のとき
$$(\sqrt{a})^2 = a, \quad (\sqrt{a} + \sqrt{b})(\sqrt{a} - \sqrt{b}) = a - b$$
であることを利用する．

例題 2.11 次の式の分母を有理化せよ．$(a>0,\ b>0,\ c>1)$

(1) $\dfrac{2}{3-\sqrt{7}}$ (2) $\dfrac{1}{\sqrt{a}+\sqrt{b}}$ (3) $\dfrac{1}{c+\sqrt{c-1}}$

解 (1) 分母を 2 乗の差の形にするため，分子・分母に $3+\sqrt{7}$ を掛ける．

$$\frac{2}{3-\sqrt{7}}=\frac{2(3+\sqrt{7})}{(3-\sqrt{7})(3+\sqrt{7})}=\frac{2(3+\sqrt{7})}{9-7}=3+\sqrt{7}$$

(2) $\dfrac{1}{\sqrt{a}+\sqrt{b}}=\dfrac{\sqrt{a}-\sqrt{b}}{(\sqrt{a}+\sqrt{b})(\sqrt{a}-\sqrt{b})}=\dfrac{\sqrt{a}-\sqrt{b}}{a-b}$

(3) $\dfrac{1}{c+\sqrt{c-1}}=\dfrac{c-\sqrt{c-1}}{(c+\sqrt{c-1})(c-\sqrt{c-1})}$

$=\dfrac{c-\sqrt{c-1}}{c^2-c+1}$

問題 2.22 次の式の分母を有理化せよ．$(a>0)$

(1) $\dfrac{6}{\sqrt{7}+2}$ (2) $\dfrac{\sqrt{5}+\sqrt{3}}{\sqrt{5}-\sqrt{3}}$

(3) $\dfrac{1}{\sqrt{a}-2}$ (4) $\dfrac{1}{\sqrt{a^2+1}-a}$

練習問題 2

[1] 次の式を展開せよ．
(1) $(3a-2b)^2$ (2) $(2x+3y)(3x-5y)$
(3) $(4a+b)(4a-b)$ (4) $(x+1)(x+2)(x+3)(x+4)$
(5) $(a-b)(a+b)(a^2+b^2)$ (6) $(x^2+xy+y^2)(x^2-xy+y^2)$

[2] 次の式を因数分解せよ．
(1) $x^2+7xy+12y^2$ (2) $4a^3b-9ab^3$
(3) $12x^2+7x-12$ (4) $4x^4-17x^2+4$
(5) $a^3-2a^2b-9a+18b$ (6) $4a^2+2ab+bc-c^2$
(7) x^3+x^2-x-1 (8) $2x^2+xy-y^2+10x+4y+12$

[3] 次の割り算の商と余りを求めよ．

(1) $(a^3 - 2a^2 - 8a - 35) \div (a - 5)$
(2) $(6x^4 + x^3 + 3x^2 + 4x - 1) \div (2x + 1)$
(3) $(x^4 + 3x^2 + 4) \div (x^2 + x + 2)$
(4) $(2a^3 - a^2 + a - 12) \div (a^2 + 2a + 4)$

[4] (1) 整式 $6x^4 + 7x^3 - 14x^2 - 9x + 3$ を整式 A で割ったら商が $2x^2 + 3x - 1$, 余りが $2x - 1$ であった. 整式 A を求めよ.
(2) 整式 $4x^4 - 12x^2 + 5x + 3$ を整式 B で割ったら商は B と一致し, 余りが $5x - 6$ であった. 整式 B を求めよ.

[5] 次の各組の整式の最大公約数と最小公倍数を求めよ.
(1) $6x^2 - 13x + 6,\ \ 12x^2 + x - 6$
(2) $x^3 + x^2 - 4x - 4,\ \ x^3 + 2x^2 - x - 2,\ \ x^2 - x - 6$

[6] 次の式を1つの有理式で表せ.
(1) $\dfrac{3}{x^2 + x - 2} - \dfrac{2}{x^2 - 1}$
(2) $\dfrac{x}{x^2 - y^2} + \dfrac{y}{y^2 - x^2}$
(3) $\dfrac{a}{a+b} + \dfrac{b}{a-b}$
(4) $\dfrac{a-b}{a+b} - \dfrac{a+b}{a-b} + \dfrac{6ab}{a^2 - b^2}$
(5) $\dfrac{1}{(a-b)(a-c)} + \dfrac{1}{(b-c)(b-a)} + \dfrac{1}{(c-a)(c-b)}$

[7] 次の式を簡単にせよ.
(1) $\dfrac{x^2 - 11x + 30}{x^2 - 6x + 9} \times \dfrac{x-3}{x-5}$
(2) $\dfrac{x+2}{x+1} \div \dfrac{x^2 - x - 6}{x^2 - 2x - 3}$
(3) $\dfrac{x^4 - y^4}{(x+y)^2} \div \dfrac{(x-y)^2}{x+y} \times \dfrac{x^2 - y^2}{x^2 + y^2}$

[8] 次の式の分母を有理化せよ. $(a > b > 0)$
(1) $\dfrac{\sqrt{5} + \sqrt{3}}{\sqrt{7} - \sqrt{3}}$
(2) $\dfrac{5\sqrt{3} + \sqrt{2}}{4\sqrt{3} + \sqrt{2}}$
(3) $\dfrac{\sqrt{a+b} - \sqrt{a-b}}{\sqrt{a+b} + \sqrt{a-b}}$
(4) $\dfrac{\sqrt{x^2 + 1} + x}{\sqrt{x^2 + 1} - x}$

[9] 次の式を簡単にせよ. $(a > 0,\ x > 0)$
(1) $\dfrac{3}{\sqrt{7}} - \sqrt{7}$
(2) $\dfrac{1}{\sqrt{5} - \sqrt{3}} - \dfrac{1}{\sqrt{3} + 1}$
(3) $\dfrac{1}{\sqrt{a} - 2} + \dfrac{1}{\sqrt{a} + 2}$
(4) $\dfrac{\sqrt{x} - 1}{\sqrt{x} + 1} + \dfrac{\sqrt{x} + 1}{\sqrt{x} - 1}$

[10] $x = \sqrt{5} + \sqrt{2},\ y = \sqrt{5} - \sqrt{2}$ のとき, 次の式の値を求めよ.
(1) $x + y$
(2) xy
(3) $x^2 + y^2$
(4) $\dfrac{1}{x} + \dfrac{1}{y}$
(5) $\dfrac{y}{x} + \dfrac{x}{y}$

参考　繁分数式

電気抵抗が R_1, R_2 の2つの回路を並列に接続したとき、合成抵抗 R は
$$\frac{1}{R} = \frac{1}{R_1} + \frac{1}{R_2}$$
で与えられる。両辺の逆数をとると
$$R = \frac{1}{\dfrac{1}{R_1} + \dfrac{1}{R_2}}$$
の形になる。このように、分子または分母がさらに分数式を含んでいる分数式を**繁分数式**という。繁分数式を、分子・分母が分数式を含まない分数式に変形することを考えよう。

分数式の分子・分母に同じ式を掛けても変わらないから、次の繁分数式では分子・分母に x を掛けると
$$\frac{1}{1 + \dfrac{1}{x}} = \frac{x}{x+1}$$
となる。次の繁分数式では分子・分母に $x(x+1)$ を掛けて
$$\frac{\dfrac{2}{x} - \dfrac{1}{x+1}}{\dfrac{2}{x} + \dfrac{1}{x+1}} = \frac{2(x+1) - x}{2(x+1) + x} = \frac{x+2}{3x+2}$$
となる。最初の合成抵抗の式は次のようになる。
$$R = \frac{R_1 R_2}{R_1 + R_2}$$

問題　次の繁分数式を簡単な分数式になおしてみよ。

(1) $\dfrac{x}{1 + \dfrac{1}{x}}$　　(2) $\dfrac{2-x}{1 - \dfrac{1}{2+x}}$　　(3) $\dfrac{1}{\dfrac{1}{x} - \dfrac{1}{y}}$

(4) $\dfrac{1}{x - \dfrac{1}{x - \dfrac{1}{x}}}$　　(5) $\dfrac{1}{\dfrac{x}{y} + \dfrac{y}{x}}$

2章 2次の関数・方程式・不等式

運動や物質の変化などの自然現象，人口の動態・経済の変動などの社会現象を数式で表し，その性質を明らかにしようとするとき，関数の考え方は重要である．1次関数・簡単な2次関数についてはすでに学んでいるが，ここでは2次式で表される関数の性質，方程式・不等式の解法の基本を学ぶ．

§3 2次関数

3.1 2次関数のグラフ

座標平面 平面上に原点 O と x 軸，y 軸を定めると，平面上の各点は座標 (x, y) で表される．このように，座標軸が定められた平面を**座標平面**という．座標が (x, y) である点 P を P(x, y) と書く．

座標平面は座標軸によって 4 つの部分に分けられる．各部分を**象限**といい，図のように順に第 1 象限・第 2 象限などという．座標軸上の点はどの象限にも属さないものとする．

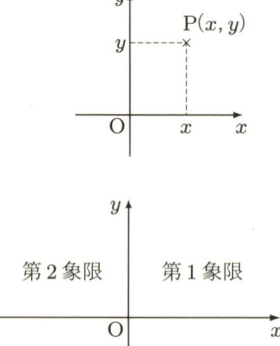

(問題) 3.1 各象限の点の座標 (x, y) はどんな符号をとるか．

1次関数
$$y = ax + b \quad (a, b \text{ は定数}, a \neq 0)$$

のように，y が変数 x の 1 次式で表されるとき，y を x の **1次関数**という．そのグラフは傾きが a で点 $(0, b)$ を通る直線になることは学んでいる．

2次関数 y が変数 x の 2 次式

$$(1) \qquad y = ax^2 + bx + c \quad (a, b, c \text{ は定数}, a \neq 0)$$

で表されるとき，y を x の **2次関数**という．そのグラフの性質を調べよう．

$y = ax^2$ のグラフ

$$(2) \qquad y = ax^2 \quad (a \neq 0)$$

の形の 2 次関数のグラフについても学んでいる．

$y = x^2$, $y = 3x^2$, $y = \dfrac{1}{3}x^2$ のグラフは右の図の x 軸より上の曲線になる．それらは y 軸に関して対称である．

$y = -x^2$, $y = -3x^2$, $y = -\dfrac{1}{3}x^2$ のグラフは $y = x^2$, $y = 3x^2$, $y = \dfrac{1}{3}x^2$ のグラフと x 軸に関して対称な曲線になる．

この形の曲線を**放物線**という．放物線の対称軸をその放物線の**軸**，放物線と軸の交点を**頂点**という．放物線 $y = ax^2$ の軸は y 軸であり，頂点は原点 O である．

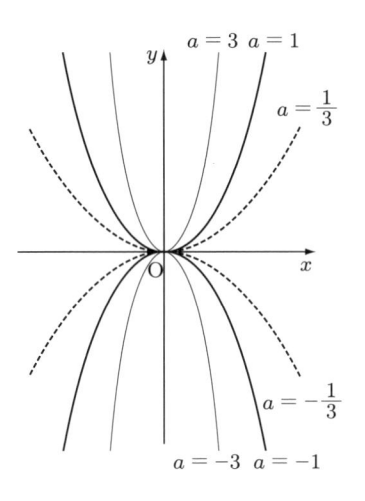

放物線 $y = ax^2$ の形は x^2 の係数 a の値によってきまる．

$a > 0$ のときに**下に凸**である．

$a < 0$ のときに**上に凸**である．

問題 3.2 次の関数のグラフをかけ．

(1) $y = 2x^2$ \hspace{4em} (2) $y = -2x^2$

$y = a(x-p)^2 + q$ のグラフ

■例 3.1

次の 3 つの関数のグラフの関係を調べよう．

$$y = 2x^2 \hspace{8em} ①$$
$$y = 2(x-3)^2 \hspace{6em} ②$$
$$y = 2(x-3)^2 + 4 \hspace{4em} ③$$

3つの関数について，$x=0$ を中心に x のおもな値に対する y の値を計算すると次の表になる．

x	$\cdots$	-3	-2	-1	0	1	2	3	4	5	6	$\cdots$
$2x^2$	$\cdots$	18	8	2	0	2	8	18	32	50	72	$\cdots$
$2(x-3)^2$	$\cdots$	72	50	32	18	8	2	0	2	8	18	$\cdots$
$2(x-3)^2+4$	$\cdots$	76	54	36	22	12	6	4	6	12	22	$\cdots$

この表の座標をもつ点を座標平面上にとり，滑らかな曲線で結ぶとグラフは図の①，②，③の曲線が得られる．②と③の曲線は直線 $x=3$ に関して対称であり，軸は直線 $x=3$ である．

曲線②の頂点は点 $(3, 0)$ である．

曲線③の頂点は点 $(3, 4)$ である．

x^2 の係数が同じであるから，それらは同じ形の放物線である．①のグラフを x 軸の正の向きに 3 だけ平行移動すれば，②のグラフになる．次に，②のグラフを y 軸の正の向きに 4 だけ平行移動すれば，③のグラフになる．すなわち，関数①のグラフを x 軸方向に 3，y 軸方向に 4 だけ平行移動すれば関数③のグラフになる．

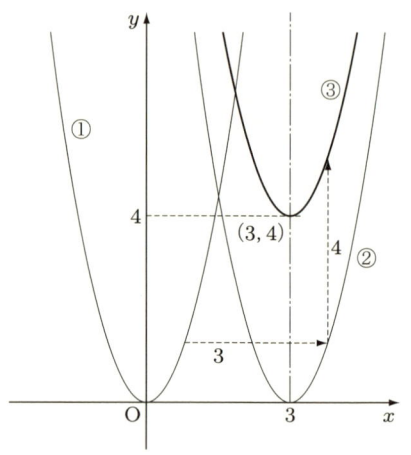

一般に，座標平面上の点 $P(x, y)$ を，座標が
$$\begin{cases} x' = x+p \\ y' = y+q \end{cases}$$
である点 $P'(x', y')$ に移す操作を平面上の**平行移動**という．

2次関数 $y = a(x-p)^2$ は $x=p$ とするとき $y=0$ であり，頂点は $(p, 0)$ である．2次関数
$$y = a(x-p)^2 + q$$

は $y = a(x-p)^2$ に q を加えたものであり，その頂点は (p, q) である．

[3.1]

2次関数 $y = a(x-p)^2 + q$ のグラフは，
2次関数 $y = ax^2$ のグラフを
x 軸方向に p，y 軸方向に q だけ平行移動した放物線である．
その放物線の軸は直線 $x = p$，頂点は点 (p, q) である．

たとえば x 軸の正の向きに -2 だけ平行移動することは，負の向きに 2 だけ平行移動することと同じである．y 軸方向の平行移動についても同様である．

$y = a(x-p)^2 + q$ のグラフをかくには頂点とそれ以外の点，たとえば y 軸との交点をとり，軸についての対称性を利用するとよい．

(問題) 3.3 次の2次関数の頂点を求めてグラフをかけ．
(1) $y = -2(x+1)^2$　　　　(2) $y = -2x^2 + 2$
(3) $y = -2(x+1)^2 + 2$

(問題) 3.4 関数 $y = 2x^2 - 3$ のグラフを次のように平行移動したグラフを表す関数を求め，その式を $y = ax^2 + bx + c$ の形に展開せよ．
(1) x 軸方向に -1　　　　(2) y 軸方向に 2
(3) x 軸方向に -1，y 軸方向に 4

$y = ax^2 + bx + c$ のグラフ

この関数を $y = a(x-p)^2 + q$ の形に変形できればグラフがかける．

$$\begin{aligned}
y &= ax^2 + bx + c \\
&= a\left(x^2 + \frac{b}{a}x\right) + c \\
&= a\left\{x^2 + 2 \cdot \frac{b}{2a}x + \left(\frac{b}{2a}\right)^2\right\} - \frac{b^2}{4a} + c \\
&= a\left(x + \frac{b}{2a}\right)^2 - \frac{b^2 - 4ac}{4a}
\end{aligned}$$

と変形できる．定理 [3.1] により，そのグラフは $y = ax^2$ のグラフを

x 軸方向に $-\dfrac{b}{2a}$, y 軸方向に $-\dfrac{b^2-4ac}{4a}$

だけ平行移動した放物線である．したがって

[3.2]

2 次関数 $y = ax^2 + bx + c$ $(a \neq 0)$ は

$$y = a\left(x + \dfrac{b}{2a}\right)^2 - \dfrac{b^2-4ac}{4a}$$

と表される．そのグラフは

軸が直線 $x = -\dfrac{b}{2a}$, 頂点が点 $\left(-\dfrac{b}{2a},\ -\dfrac{b^2-4ac}{4a}\right)$

の放物線である．
$a > 0$ ならば下に凸であり，$a < 0$ ならば上に凸である．

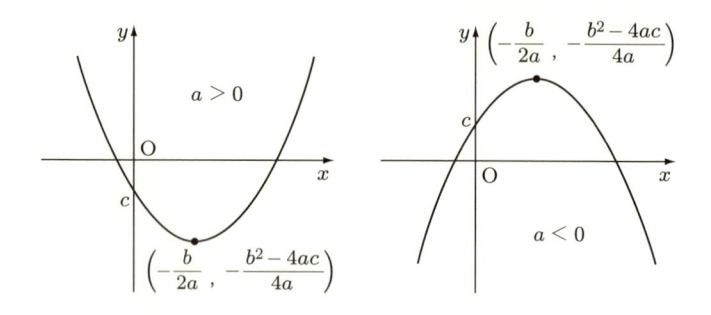

$y = ax^2 + bx + c$ は $x = 0$ のとき $y = c$ であるから，グラフと y 軸の交点は $(0,\ c)$ である．

例題 3.1 次の 2 次関数のグラフをかけ．

(1) $y = x^2 - 4x + 1$ (2) $y = -2x^2 - 3x + 2$

解 (1) $\qquad y = x^2 - 4x + 4 - 3 = (x-2)^2 - 3$

と変形される．このグラフは $y = x^2$ のグラフを x 軸方向に 2, y 軸方向に -3 だけ平行移動した放物線であり，

頂点は $(2,\ -3)$, 軸は直線 $x = 2$

である．$x = 0$ のとき $y = 1$ であり，y 軸との交点は $(0,\ 1)$ である（図 (1)）．

(1) のグラフ: 頂点 $(2, -3)$、y 軸との交点 $(0, 1)$ を通る下に凸の放物線

(2) のグラフ: 頂点 $\left(-\dfrac{3}{4}, \dfrac{25}{8}\right)$ の上に凸の放物線

(1)

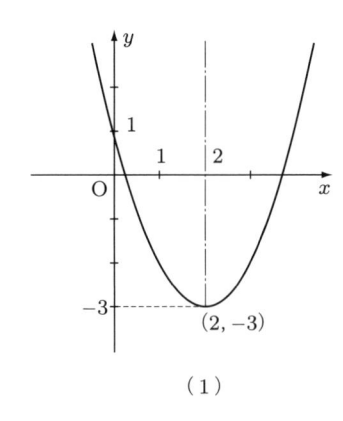

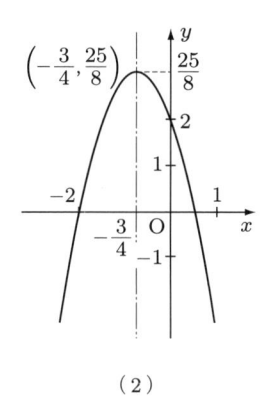

(2)

(2)
$$y = -2\left(x^2 + \dfrac{3}{2}x\right) + 2$$
$$= -2\left(x^2 + \dfrac{3}{2}x + \dfrac{9}{16}\right) + \dfrac{9}{8} + 2$$
$$= -2\left(x + \dfrac{3}{4}\right)^2 + \dfrac{25}{8}$$

ゆえに,この関数のグラフは放物線 $y = -2x^2$ を x 軸方向に $-\dfrac{3}{4}$,y 軸方向に $\dfrac{25}{8}$ だけ平行移動した放物線である.

$$\text{頂点は } \left(-\dfrac{3}{4}, \dfrac{25}{8}\right), \quad \text{軸は直線 } x = -\dfrac{3}{4}$$

であり,y 軸との交点は $(0, 2)$ である(図 (2)).

問題 3.5 次の2次関数のグラフをかけ.
(1) $y = x^2 + 4x - 5$
(2) $y = 2x^2 - 5x + 2$
(3) $y = -x^2 - 6$
(4) $y = -3x^2 + 12x - 12$

3.2　2次関数の最大・最小

最大値・最小値　x の値が変化すると 2 次関数 $y = ax^2 + bx + c$ の値も変化する．y の最大値・最小値を求めるには，グラフ上の点の y 座標の変化を調べればよい．

例題 3.2　例題 3.1 の 2 次関数について最大値・最小値を求めよ．

解 (1)
$$y = x^2 - 4x + 1 = (x-2)^2 - 3$$
である．x の任意の値に対して $(x-2)^2 \geqq 0$ であるからつねに
$$y \geqq -3$$
であり，$x = 2$ のとき最小値 -3 をとる．最大値はない．

(2)
$$y = -2\left(x + \frac{3}{4}\right)^2 + \frac{25}{8}$$
であるから，つねに
$$y \leqq \frac{25}{8}$$
である．$x = -\frac{3}{4}$ のとき最大値 $\frac{25}{8}$ をとる．最小値はない．

[3.3]

2 次関数 $y = a(x-p)^2 + q$ について
$a > 0$ ならば $x = p$ のとき最小値 q をとり，最大値はない．
$a < 0$ ならば $x = p$ のとき最大値 q をとり，最小値はない．

定理 [3.2] とその図から，一般の 2 次関数について次のことがわかる．

[3.4]

2 次関数 $y = ax^2 + bx + c$ は
$a > 0$ ならば $x = -\dfrac{b}{2a}$ のとき　最小値 $-\dfrac{b^2 - 4ac}{4a}$ をとる．
$a < 0$ ならば $x = -\dfrac{b}{2a}$ のとき　最大値 $-\dfrac{b^2 - 4ac}{4a}$ をとる．

問題 3.6 次の 2 次関数の最大値または最小値を求めよ．

(1) $y = x^2 - 2x + 5$ (2) $y = -x^2 - 4x - 7$

(3) $y = x^2 - x - 2$ (4) $y = -\dfrac{1}{3}x^2 + 6x - 12$

制限された範囲での最大値・最小値　2 次関数の変数 x が変化する範囲は，指示のない場合には実数全体で考える．例題 3.2 ではそのような範囲での最大値・最小値を考えた．次に x の範囲が制限されている場合のグラフと最大値・最小値を考える．

例題 3.3 x が $0 \leqq x \leqq 3$ の範囲で変化するとき，2 次関数
$$y = -x^2 + 2x + 2$$
の最大値と最小値を求めよ．

解　$y = -(x-1)^2 + 3 \quad (0 \leqq x \leqq 3)$
であり，グラフは図のような放物線の一部である．このグラフ上で y 座標が最大値または最小値になる点を考える．

　$x = 1$ のとき最大値 3 をとり，$x = 3$ のとき最小値 -1 をとる．

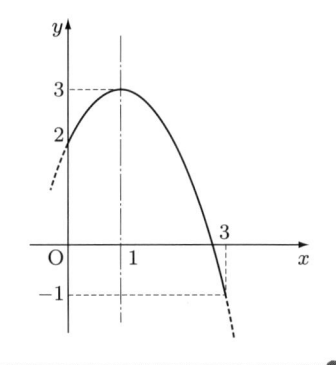

x の範囲が制限されている場合，2 次関数のグラフは放物線の一部分になる．したがって，その部分が頂点や端点を含むかどうかに注意しなければならない．たとえば，例題 3.3 で x の範囲を $0 \leqq x < 3$ とするとグラフの端点 $(3, -1)$ が含まれないから，最小値は存在しない．

問題 3.7 次の関数のグラフをかき，[ ] で示された x の範囲で，関数 y の最大値と最小値とそのときの x の値を求めよ．

(1) $y = x^2 - 4x \quad [1 \leqq x \leqq 5]$

(2) $y = -x^2 - 2x + 3 \quad [-4 \leqq x \leqq 1]$

例題 3.4 長さ 40 cm の針金を曲げて長方形を作るとき，面積を最大にするにはどうすればよいか．

解 長方形の 2 辺の長さを x cm と y cm とすると，
$$2x + 2y = 40$$
であり，x の範囲は $0 < x < 20$ である．長方形の面積を S とすると
$$\begin{aligned} S = xy &= x(20-x) \\ &= -x^2 + 20x \\ &= -(x-10)^2 + 100 \end{aligned}$$
と表される．$x = 10$ のとき S は最大値 100 をとる．1 辺の長さ 10 cm の正方形を作れば，最大の面積 $100\,\text{cm}^2$ になる．

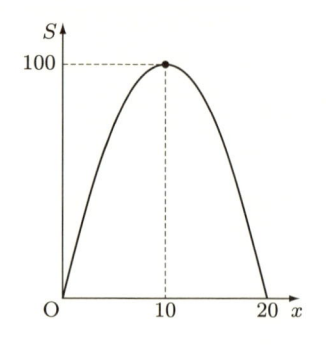

問題 3.8 長さ 40 cm の針金を 2 つに切り，それぞれを折り曲げて 2 つの正方形を作るとき，面積の和を最小にするにはどのように切ればよいか．

練習問題 3
---

[1] $y = 2x^2 - 12x + 13$ のグラフを平行移動して，$y = 2x^2 + 4x + 5$ のグラフに重ねるにはどのように平行移動すればよいか．

[2] グラフが次の性質をもつ 2 次関数を求めよ．
  (1) 頂点が点 $(2, 1)$ であり，点 $(-1, -8)$ を通る
  (2) 直線 $x = -2$ を軸とし，原点と点 $(-3, -6)$ を通る
  (3) 3 点 $(-1, 0)$, $(3, 0)$, $(0, 6)$ を通る
  (4) 3 点 $(-1, 1)$, $(1, -1)$, $(0, -3)$ を通る

[3] 2 次関数 $y = ax^2 + bx - 3$ は $x = 2$ のとき最大値 5 をとるという．a, b の値を定めよ．

[4] 変数 x を次の範囲に制限するとき，関数 $y = x^2 - 4x$ の最大値・最小値を求めよ．
  (1) $3 \leqq x \leqq 5$
  (2) $1 \leqq x \leqq 3$

§4 2次方程式

4.1 2次方程式の解の公式

2次方程式の解 2次関数 $y = ax^2 + bx + c$ (a, b, c は定数, $a \neq 0$) のグラフと x 軸 $y = 0$ の交点を知るには,
$$ax^2 + bx + c = 0$$
を満たす x の値を求めればよい.この形の方程式を **2次方程式** という.

方程式が成り立つような x の値を,その方程式の **解** という.2次方程式を因数分解によって解くことは,すでに学んでいる.

■例 4.1 ─────────────

2次方程式 $3x^2 - 7x - 6 = 0$ の左辺を因数分解すると
$$(x-3)(3x+2) = 0 \qquad ①$$
となる.したがって
$$x - 3 = 0 \quad \text{または} \quad 3x + 2 = 0 \qquad ②$$
すなわち解は
$$x = 3, \quad -\frac{2}{3}$$

─────────────

この解法で①から②を導くとき次のことが基礎になっている.
$$AB = 0 \iff A = 0 \quad \text{または} \quad B = 0$$

解の公式 2次方程式 $ax^2 + bx + c = 0$ ($a \neq 0$) の解の公式を導こう.

定数項 c を右辺に移項して,両辺を a で割ると
$$x^2 + \frac{b}{a}x = -\frac{c}{a}$$
となる.左辺を2乗の形にするために両辺に $\left(\dfrac{b}{2a}\right)^2$ を加えると
$$x^2 + 2\frac{b}{2a}x + \left(\frac{b}{2a}\right)^2 = \left(\frac{b}{2a}\right)^2 - \frac{c}{a}$$

$$\left(x+\frac{b}{2a}\right)^2=\frac{b^2-4ac}{4a^2}$$

となる．$b^2-4ac\geqq 0$ であるときには $\sqrt{b^2-4ac}$ を考えることができるから，両辺の平方根をとれば

$$x+\frac{b}{2a}=\pm\frac{\sqrt{b^2-4ac}}{2a}$$

$\frac{b}{2a}$ を右辺に移項して，次の公式が導かれる．

[4.1] 2次方程式の解の公式

2次方程式

$$ax^2+bx+c=0\quad(a,b,c\text{ は実数},\ a\neq 0)$$

の解は次の式で与えられる．

$$x=\frac{-b\pm\sqrt{b^2-4ac}}{2a}$$

■例 4.2

例 4.1 の 2 次方程式 $3x^2-7x-6=0$ に解の公式を適用すると，

$$x=\frac{-(-7)\pm\sqrt{(-7)^2-4\cdot 3\cdot(-6)}}{2\cdot 3}$$

$$=\frac{7\pm\sqrt{121}}{6}=\frac{7\pm 11}{6}$$

複号が $+$ の場合と $-$ の場合に分けて，解は

$$x=3,\quad -\frac{2}{3}$$

問題 4.1 次の方程式を解け．

(1) $x^2-3x-4=0$ (2) $x^2+8x+12=0$
(3) $x^2+4x+4=0$ (4) $3x^2-x-2=0$
(5) $6x^2-7x+2=0$ (6) $9x^2-4=0$

いま，2次方程式
$$x^2 + 2x + 2 = 0$$
に解の公式を用いると
$$x = \frac{-2 \pm \sqrt{4-8}}{2} = \frac{-2 \pm \sqrt{-4}}{2}$$
となる．しかし，負の数の平方根は実数の範囲では存在しないから，この方程式の解は実数の範囲では存在しない．

このように，$b^2 - 4ac < 0$ である場合にも2次方程式 $ax^2 + bx + c = 0$ の解が存在するようにするためには，次に述べるように，数の範囲を実数からさらに広げて考えなければならない．

4.2 複素数

複素数　まず，2乗すると -1 になるような1つの新しい数を考え，これを記号 i で表す．すなわち
$$i^2 = -1$$
となる数 i を考える．i を**虚数単位**という．

次に，$2 + 3i$, $4 - 5i$ のように，実数 a, b と虚数単位 i を用いて
$$a + bi$$
の形で表される数を考えて，**複素数**という．

$b = 0$ のとき，複素数 $a + 0i$ は実数 a と同じである．すなわち $a + 0i = a$ とする．実数は複素数の特別なものと考える．

$b \neq 0$ であるような複素数 $a + bi$ を**虚数**という．とくに $0 + bi = bi$ の形の複素数を**純虚数**という．

複素数 $a + bi$ について a をその**実部**，b を**虚部**という．また，$a - bi$ を $a + bi$ の**共役複素数**という．

2つの複素数 $a + bi$ と $c + di$ (a, b, c, d は実数) が**等しい**ことは次のように定める．
$$a + bi = c + di \iff a = c, \quad b = d$$
とくに
$$a + bi = 0 \iff a = b = 0$$

複素数の計算 複素数の加減乗除は，i を 1 つの文字のように取り扱って，整式と同じ方法で計算する．計算の途中で i^2 が現れたとき，$i^2 = -1$ とおき換える．

例題 4.1 複素数 $4 - 3i$ と $2 + i$ の和・差・積・商を求めよ．

解
$$(4 - 3i) + (2 + i) = (4 + 2) + (-3 + 1)i = 6 - 2i$$
$$(4 - 3i) - (2 + i) = (4 - 2) + (-3 - 1)i = 2 - 4i$$
$$(4 - 3i)(2 + i) = 8 - 2i - 3i^2 = 8 - 2i + 3 = 11 - 2i$$
$$\frac{4 - 3i}{2 + i} = \frac{(4 - 3i)(2 - i)}{(2 + i)(2 - i)} = \frac{8 - 10i + 3i^2}{4 - i^2} = \frac{5 - 10i}{5}$$
$$= 1 - 2i$$

問題 4.2 複素数 $2 - 3i$ と $4 + 5i$ の和・差・積・商を求めよ．

問題 4.3 次の式を 1 つの複素数で表せ．
(1) $(1 + i)^2$
(2) $(\sqrt{2} + 3i)(\sqrt{2} - 3i)$
(3) $\dfrac{1 - i}{2 + 3i}$
(4) $1 + \dfrac{1}{i} + \dfrac{1}{i^2} + \dfrac{1}{i^3}$

複素数 $a + bi$, $c + di$ (a, b, c, d は実数) の和・差・積・商は
$$(a + bi) \pm (c + di) = (a \pm c) + (b \pm d)i \quad \text{(複号同順)}$$
$$(a + bi)(c + di) = ac + (ad + bc)i + bdi^2$$
$$= (ac - bd) + (ad + bc)i$$

$c + di \neq 0$ のとき $c^2 + d^2 > 0$ であり
$$\frac{a + bi}{c + di} = \frac{(a + bi)(c - di)}{(c + di)(c - di)} = \frac{ac + bd}{c^2 + d^2} + \frac{bc - ad}{c^2 + d^2}i$$

このように複素数の和・差・積・商もまた複素数である．

複号同順とは 1 つの式の中でまたは組になっている式で，$\pm$ または $\mp$ の上側の符号の組み合わせた式と下側の符号の組み合わせた式がそれぞれ成り立つことをいう．

負の数の平方根 k が正の数のとき $-k$ は負の数であり

$$(\sqrt{k}i)^2 = ki^2 = -k$$

であるから

$$\sqrt{-k} = \sqrt{k}i$$

とする．とくに $\sqrt{-1} = i$ とする．$-k$ の平方根は方程式 $x^2 = -k$ の解であり，

$$\sqrt{-k} = \sqrt{k}i \quad \text{と} \quad -\sqrt{-k} = -\sqrt{k}i$$

の2つである．

■例 4.3
-3 の平方根は方程式 $x^2 = -3$ を解いて $\sqrt{3}i$ と $-\sqrt{3}i$ である．

■例 4.4
$$\sqrt{-4} = \sqrt{4}i = 2i, \quad \sqrt{-5} = \sqrt{5}i$$

(問題) **4.4** 次の数を i を用いて表せ．

(1) $\sqrt{-9}$ (2) $\sqrt{-28}$ (3) $\sqrt{-\dfrac{25}{3}}$

定理 [2.5] で，$a > 0$, $b > 0$ のとき

(1) $$\sqrt{a}\sqrt{b} = \sqrt{ab}, \quad \dfrac{\sqrt{a}}{\sqrt{b}} = \sqrt{\dfrac{a}{b}}$$

が成り立つことを述べた．しかし，たとえば $a = -3$, $b = -5$ のとき

$$\sqrt{-3}\sqrt{-5} = (\sqrt{3}i)(\sqrt{5}i) = \sqrt{15}i^2 = -\sqrt{15}$$
$$\sqrt{(-3)(-5)} = \sqrt{15}$$

である．このように，$a < 0$, $b < 0$ のとき (1) の等式が成り立たない．

(問題) **4.5** 次の式を i を用いて表し，1つの複素数で表せ．

(1) $\sqrt{-4} - \sqrt{-9}$ (2) $\sqrt{-2} \times \sqrt{-3}$

(3) $\dfrac{\sqrt{6}}{\sqrt{-3}}$ (4) $\dfrac{\sqrt{3}+\sqrt{-2}}{\sqrt{3}-\sqrt{-2}}$

4.3　2次方程式の解

複素数の範囲まで広げれば，$b^2-4ac<0$ の場合にも $\sqrt{b^2-4ac}$ が考えられるから，係数 a,b,c がどんな実数であっても解の公式 [4.1] が成り立つ．

例題 4.2 解の公式を用いて，次の2次方程式を解け．
(1) $2x^2+5x+1=0$ 　　(2) $9x^2-6x+1=0$
(3) $x^2-3x+5=0$

解 (1) 係数を順に $a=2$, $b=5$, $c=1$ として公式に代入すると
$$x=\dfrac{-5\pm\sqrt{5^2-4\cdot 2\cdot 1}}{2\cdot 2}=\dfrac{-5\pm\sqrt{17}}{4}$$
(2) $$x=\dfrac{6\pm\sqrt{6^2-4\cdot 9\cdot 1}}{2\cdot 9}=\dfrac{6}{18}=\dfrac{1}{3}$$
(3) $$x=\dfrac{3\pm\sqrt{3^2-4\cdot 1\cdot 5}}{2\cdot 1}=\dfrac{3\pm\sqrt{-11}}{2}=\dfrac{3\pm\sqrt{11}i}{2}$$

方程式の解が，この例の (1), (2) のように実数であるとき**実数解**といい，(3) のように虚数であるとき**虚数解**という．とくに (2) の解は2つの解が一致したものと考えられるから，**2重解**という．2重解を2つの解と数えると，

  2次方程式は複素数の範囲でつねに2つの解をもつ．

(1), (3) のように $\sqrt{}$ の部分が簡単にならないときは，解を複号のまま書く．

問題 4.6 次の2次方程式を解け．
(1) $2x^2-x-2=0$ 　　(2) $x^2+2x+2=0$
(3) $3x^2-2x-1=0$ 　　(4) $4x^2-4x+1=0$
(5) $x^2+\sqrt{5}x+1=0$ 　　(6) $3x^2-3x+2=0$

(7) $x^2 + 5x = 0$　　　　　　　　(8) $x^2 + 7 = 0$

2次方程式 $ax^2+bx+c=0$（a, b, cは実数）の解が虚数解である場合，例題 4.2 (3) の解のように，2つの解は

$$x = \frac{-b}{2a} + \frac{\sqrt{4ac-b^2}}{2a}i \quad \text{と} \quad x = \frac{-b}{2a} - \frac{\sqrt{4ac-b^2}}{2a}i$$

となり共役である．2次方程式が虚数解をもてば，その共役複素数も解である．

4.4　判別式

2次方程式

(1) 　　　　　　　　$ax^2 + bx + c = 0$　　（a, b, cは実数，$a \neq 0$）

について

$$D = b^2 - 4ac$$

とおくと，その解は次のように書くことができる．

$$x = \frac{-b \pm \sqrt{D}}{2a}$$

式 D の値が，$D > 0$ ならば $\sqrt{D}$ は正の実数であり，2つの解は異なる実数である．$D = 0$ ならば解は2重解であり，実数である．$D < 0$ ならば $\sqrt{D}$ は純虚数であり，2つの解は異なる虚数である．ゆえに，2次方程式の解について次の定理を述べることができる．

[4.2]

2次方程式

$$ax^2 + bx + c = 0 \quad (a, b, c は実数, a \neq 0)$$

について，$D = b^2 - 4ac$ とおくとき，

　　　　　$D > 0 \iff$ 異なる2つの実数解をもつ．
　　　　　$D = 0 \iff$ 2重解をもつ．
　　　　　$D < 0 \iff$ 異なる2つの虚数解をもつ．

2次方程式 (1) の解の種類は式 D の符号によって知ることができるので，$D = b^2 - 4ac$ をその 2 次方程式の**判別式**という．

例題 4.3 次の方程式の解を判別し，解を求めよ．
(1) $x^2 + 3x + 2 = 0$
(2) $4x^2 - 4x + 1 = 0$
(3) $3x^2 - 2x + 2 = 0$

解 (1) 判別式は $D = 3^2 - 4 \cdot 1 \cdot 2 = 1 > 0$
であるから，異なる 2 つの実数解をもつ．それらは
$$x = \frac{-3 \pm 1}{2} \quad \therefore \quad x = -1, -2$$

(2) $D = (-4)^2 - 4 \cdot 4 \cdot 1 = 0$
であるから 2 重解をもつ．2 重解は $x = \dfrac{1}{2}$ である．

(3) $D = (-2)^2 - 4 \cdot 3 \cdot 2 = -20 < 0$
であるから，異なる 2 つの虚数解をもつ．解は
$$x = \frac{1 + \sqrt{5}i}{3}, \quad \frac{1 - \sqrt{5}i}{3}$$

問題 4.7 次の方程式の解を判別し，解を求めよ．
(1) $2x^2 - 4x + 1 = 0$
(2) $x^2 - x + 2 = 0$
(3) $\dfrac{1}{4} - \dfrac{1}{2}x = x^2$
(4) $2x^2 + x + \dfrac{1}{8} = 0$

例題 4.4 2 次方程式 $x^2 - 12x + 7m + 1 = 0$ が 2 重解をもつように m の値を定め，そのときの解を求めよ．

解 2 重解をもつためには，次の式が成り立てばよい．
$$D = 12^2 - 4(7m + 1) = 0$$
すなわち
$$144 - 28m - 4 = 0$$

これを解いて
$$m = 5$$
そのとき，与えられた方程式は
$$x^2 - 12x + 36 = (x-6)^2 = 0$$
となり，2重解は $x = 6$

(問題) 4.8 次の2次方程式が2重解をもつように m の値を定め，そのときの解を求めよ．
(1) $x^2 + 10x + 8m + 9 = 0$ (2) $x^2 + (m+3)x + 4m = 0$
(3) $mx^2 + mx + 2 = 0$

4.5 解と係数の関係

2次方程式 $ax^2 + bx + c = 0 \quad (a \neq 0)$ の2つの解を α, β とすると，
$$\alpha = \frac{-b + \sqrt{D}}{2a}, \quad \beta = \frac{-b - \sqrt{D}}{2a}, \quad D = b^2 - 4ac$$
であり，
$$\alpha + \beta = -\frac{2b}{2a} = -\frac{b}{a}$$
$$\alpha\beta = \frac{b^2 - D}{4a^2} = \frac{b^2 - (b^2 - 4ac)}{4a^2} = \frac{c}{a}$$
となる．したがって，

[4.3] 解と係数の関係

2次方程式
$$ax^2 + bx + c = 0 \quad (a \neq 0)$$
の2つの解を α, β とすれば，次の関係が成り立つ．
$$\alpha + \beta = -\frac{b}{a}, \quad \alpha\beta = \frac{c}{a}$$

例題 4.5 2次方程式 $2x^2 - 7x + 4 = 0$ の2つの解を α, β とするとき,$\dfrac{\alpha}{\beta} + \dfrac{\beta}{\alpha}$ の値を求めよ.

解 解と係数の関係により

$$\alpha + \beta = \frac{7}{2}, \quad \alpha\beta = \frac{4}{2} = 2$$

$$\frac{\alpha}{\beta} + \frac{\beta}{\alpha} = \frac{\alpha^2 + \beta^2}{\beta\alpha} = \frac{(\alpha+\beta)^2 - 2\alpha\beta}{\alpha\beta}$$

$$= \frac{1}{2}\left\{\left(\frac{7}{2}\right)^2 - 2\cdot 2\right\} = \frac{1}{2}\cdot\frac{33}{4} = \frac{33}{8}$$

問題 4.9 2次方程式 $3x^2 - 4x - 2 = 0$ の2つの解を α, β とするとき,次の式の値を求めよ.
(1) $\alpha^2 + \beta^2$ (2) $\alpha^3 + \beta^3$

解による因数分解 因数分解によって2次方程式を解く方法があったが,逆に2次方程式の解を知ることによって2次式を因数分解できる.方程式

$$ax^2 + bx + c = 0 \quad (a \neq 0)$$

の2つの解を α, β とすれば,解と係数の関係により

$$ax^2 + bx + c = a\left(x^2 + \frac{b}{a}x + \frac{c}{a}\right)$$

$$= a\{x^2 - (\alpha+\beta)x + \alpha\beta\}$$

$$= a(x-\alpha)(x-\beta)$$

となる.ゆえに

[4.4]

2次方程式 $ax^2 + bx + c = 0 \quad (a \neq 0)$ の2つの解を α, β とすれば,左辺の2次式は次のように因数分解される.

$$ax^2 + bx + c = a(x-\alpha)(x-\beta)$$

例題 4.6 次の式を1次式の積に因数分解せよ．
(1) $21x^2 - 2x - 3$　　(2) $x^2 - 2x - 1$
(3) $2x^2 + 2x + 1$

解 (1) $21x^2 - 2x - 3 = 0$ を解くと
$$x = \frac{2 \pm \sqrt{4 + 252}}{2 \cdot 21} = \frac{2 \pm 16}{42}$$
$$x = \frac{18}{42} = \frac{3}{7} \quad \text{または} \quad x = -\frac{14}{42} = -\frac{1}{3}$$
である．したがって
$$21x^2 - 2x - 3 = 21\left(x - \frac{3}{7}\right)\left(x + \frac{1}{3}\right)$$
$$= (7x - 3)(3x + 1)$$

(2) $x^2 - 2x - 1 = 0$ を解の公式で解くと $x = 1 \pm \sqrt{2}$ であるから，
$$x^2 - 2x - 1 = (x - 1 - \sqrt{2})(x - 1 + \sqrt{2})$$

(3) $2x^2 + 2x + 1 = 0$ を解の公式で解くと $x = \dfrac{-1 \pm i}{2}$ であるから，
$$2x^2 + 2x + 1 = 2\left(x + \frac{1-i}{2}\right)\left(x + \frac{1+i}{2}\right)$$

この例の (2), (3) のように，因数の1次式の定数項が無理数または複素数になる場合がある．複素数の範囲で考えれば，2次式は必ず2つの1次式の積に因数分解できる．ふつう因数分解といえば有理数の範囲で考える．問題によっては実数の範囲で考えることもある．判別式が負であると実数の範囲では1次式の積に因数分解できない．

問題 4.10 次の式を実数の範囲で因数分解せよ．
(1) $x^2 + 2x - 5$　　(2) $3x^2 - 4x - 2$

2つの数 α, β を解にもつ2次方程式で，x^2 の係数が1であるものは
$$(x - \alpha)(x - \beta) = x^2 - (\alpha + \beta)x + \alpha\beta = 0$$

[4.5]

2つの数 α, β の和が $\alpha + \beta = p$,積が $\alpha\beta = q$ であるとき,2つの数 α, β は,2次方程式
$$x^2 - px + q = 0$$
の解である.

問題 4.11 次の各組の2つの数を解とする2次方程式を作れ.

(1) $3, -5$　　(2) $2+\sqrt{3}, 2-\sqrt{3}$　　(3) $\dfrac{2+5i}{2}, \dfrac{2-5i}{2}$

練習問題 4

[1] 次の数を $a + bi$ の形に表せ.

　(1) $(1+i)^3$　　(2) $\dfrac{\sqrt{2}+4i}{\sqrt{2}-2i}$

　(3) $(1+\sqrt{3}i)^2 - 2(1+\sqrt{3}i) + 4$

[2] 次の方程式を解け.

　(1) $3x^2 - 5x - 12 = 0$　　(2) $12x^2 - x - 1 = 0$

　(3) $1 - 2x = 4x^2$　　(4) $(x-1)^2 = 4$

　(5) $x^2 - x - 1 = 0$　　(6) $x^2 - x + 1 = 0$

[3] 次の2次方程式が2重解をもつように m の値を定め,そのときの解を求めよ.

　(1) $2x^2 + mx + m - 2 = 0$　　(2) $mx^2 - 12x + 2m + 1 = 0$

[4] x の2次式 $4x^2 - 6x + m - 1$ が1次式の2乗であるように m の値を定めて,この2次式を因数分解せよ.

[5] $5x^2 - 6x + 2 = 0$ の2つの解を α, β とするとき,次の式の値を求めよ.

　(1) $(\alpha - \beta)^2$　　(2) $\alpha^3 + \beta^3$

[6] 2次方程式 $2x^2 + x - 5 = 0$ の2つの解を α, β とするとき,次の2数を解とする2次方程式を作れ.

　(1) $\alpha + 2, \beta + 2$　　(2) $\dfrac{1}{\alpha}, \dfrac{1}{\beta}$

§5 2次関数のグラフと不等式

5.1 グラフと方程式の解

x 軸との共有点　2次関数

$$(1) \qquad y = ax^2 + bx + c \quad (a, b, c は実数. a \neq 0)$$

のグラフと x 軸との共有点を調べよう．

$$D = b^2 - 4ac$$

とおく．定理 [3.4] により 2 次関数 (1) のグラフは

$a > 0$ のとき，下に凸であり，関数の最小値は $-\dfrac{D}{4a}$

$a < 0$ のとき，上に凸であり，関数の最大値は $-\dfrac{D}{4a}$

である．グラフと x 軸の位置関係は，a と D の値によって下の図のようになる．

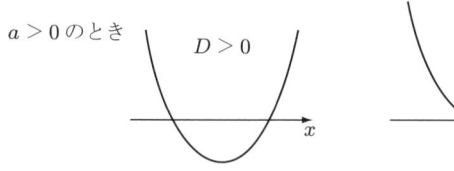

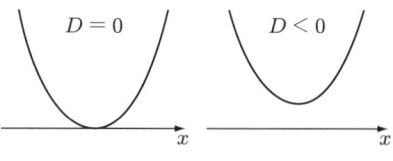

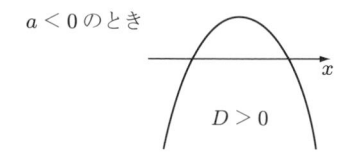

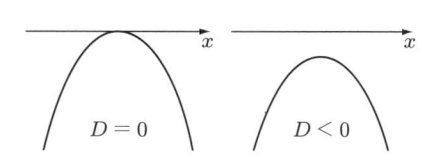

したがって，a が正であっても負であっても，2 次関数のグラフは

$D > 0$ のとき，x 軸と 2 点で交わる．

$D = 0$ のとき，x 軸と 1 点だけを共有する．このとき 2 次関数のグラフは
x 軸と**接する**といい，共有点を**接点**という．

$D < 0$ のとき，x 軸と交わらない．

一方，x 軸は $y = 0$ で表されるから，2 次関数のグラフと x 軸の共有点の x 座標は 2 次方程式

$$ax^2 + bx + c = 0$$

の実数解で与えられる．定理 [4.2] により，判別式 $D = b^2 - 4ac$ の符号によって 2 つの実数解，2 重解，虚数解をもつ場合が起こる．

[5.1]

判別式 $D = b^2 - 4ac$ と，2 次関数 $y = ax^2 + bx + c$ のグラフと x 軸の共有点の個数と，2 次方程式 $ax^2 + bx + c = 0$ の解との間には次の関係がある．
(1) $D > 0 \iff x$ 軸と 2 点で交わる $\iff$ 異なる 2 実数解
(2) $D = 0 \iff x$ 軸と 1 点で接する $\iff$ 2 重解
(3) $D < 0 \iff x$ 軸と交わらない $\iff$ 異なる 2 虚数解

例題 5.1 次の 2 次関数のグラフと x 軸の共有点を求めよ．

(1) $y = x^2 - 6x + 5$ (2) $y = x^2 - 6x + 9$ (3) $y = x^2 - 6x + 13$

解 (1) 判別式は $D = 6^2 - 4 \cdot 1 \cdot 5 = 16 > 0$ であり，2 次方程式

$$x^2 - 6x + 5 = (x - 1)(x - 5) = 0$$

は 2 つの実数解 $x = 1, 5$ をもつ．このグラフと x 軸は 2 点 $(1, 0)$, $(5, 0)$ で交わる．

(2) 判別式は $D = 6^2 - 4 \cdot 1 \cdot 9 = 0$ であり，2 次方程式

$$x^2 - 6x + 9 = (x - 3)^2 = 0$$

は 2 重解 $x = 3$ をもつ．このグラフは x 軸に接し，接点は $(3, 0)$ である．

(3) 判別式は $D = 6^2 - 4 \cdot 1 \cdot 13 = -16 < 0$ であり，2 次方程式

$$x^2 - 6x + 13 = 0$$

は 2 つの虚数解 $x = 3 \pm 2i$ をもつ．このグラフは x 軸と交わらない．

例題 5.2 2 次関数 $y = x^2 - 6x + k$ のグラフと x 軸との共有点の個数は，k の値の変化によってどのように変わるか調べよ．

解 x 軸との共有点の x 座標は 2 次方程式

$$x^2 - 6x + k = 0 \qquad \qquad ①$$

の実数解である．判別式 D は
$$D = 36 - 4k = 4(9 - k)$$
であるから，次の 3 つの場合が起こる．

(1) $D > 0$，すなわち $k < 9$ のとき，共有点は 2 個である．

(2) $D = 0$，すなわち $k = 9$ のとき，共有点は 1 個である．方程式①の解は 2 重解 $x = 3$ である．

(3) $D < 0$，すなわち $k > 9$ のとき，共有点はない．

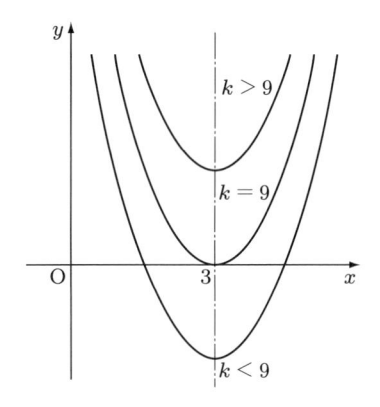

(問題) **5.1** 次の 2 次関数のグラフと x 軸の共有点の個数を調べ，共有点があるときはその x 座標を求めよ．

(1) $y = x^2 - 3x + 3$ (2) $y = x^2 + 4x + 4$

(3) $y = -3x^2 + 2x - 1$ (4) $y = -x^2 + 2x + 3$

直線との共有点

(例題) **5.3** $y = x^2 - 4x + 3$ のグラフと直線 $y = x - 1$ の交点を求めよ．

(解) 交点の座標 (x, y) は同時に 2 つの式を満たすから，連立方程式
$$\begin{cases} y = x^2 - 4x + 3 \\ y = x - 1 \end{cases}$$
の解である．この 2 式から
$$x^2 - 4x + 3 = x - 1$$
$$x^2 - 5x + 4 = 0$$
$$x = 1, 4$$
そのとき $y = 0, 3$
ゆえに交点は $(1, 0)$ と $(4, 3)$

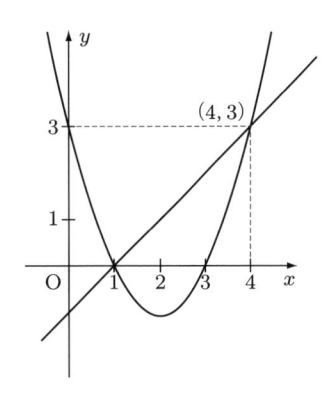

(問題) **5.2** 次の2次関数のグラフと直線の共有点があればその座標を求めよ．

(1) $y = x^2 - 6x - 1$, $\quad y = -x + 5$
(2) $y = -x^2 + 7x - 6$, $\quad y = x - 3$
(3) $y = 2x^2 + 3x + 1$, $\quad y = 2x - 3$

放物線とその軸に平行でない直線が1点だけを共有するとき，放物線と直線はその点で**接する**といい，その点を**接点**という．また，その直線を放物線のその点における**接線**という．

(例題) **5.4** 2次関数 $y = x^2 + 4x + 2$ のグラフと直線 $y = 2x + k$ が接するように k の値を定め，そのときの接点の座標を求めよ．

(解) 2次関数のグラフと直線の共有点は連立方程式

$$\begin{cases} y = x^2 + 4x + 2 & \text{①} \\ y = 2x + k & \text{②} \end{cases}$$

の解である．ゆえに，その x 座標は

$$x^2 + 4x + 2 = 2x + k$$
$$x^2 + 2x + (2 - k) = 0 \quad \text{③}$$

の解である．

接するための条件は，この方程式が2重解をもつことであるから

$$D = 4 - 4(2 - k) = 0$$

これを解いて

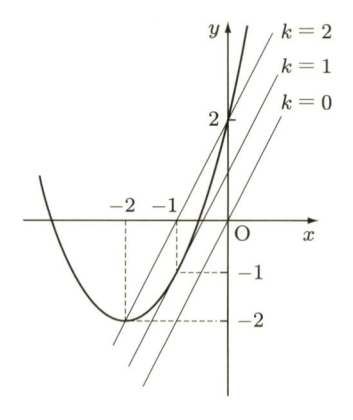

$$k = 1$$

である．このとき方程式③の解は $x = -1$ であり，これを式②に代入して $y = -1$ を得る．接点は $(-1, -1)$ である．

2次関数のグラフと $k = 0, 1, 2$ のときの直線をかけば上の図になる．

問題 5.3 次の各組の2次関数のグラフと直線が接するように a の値を定め，その接点の座標を求めよ．
(1) $y = 2x^2 - 6x + a$, $y = 2x + 1$
(2) $y = 2x^2 + 5x + 5$, $y = -3x + a$
(3) $y = x^2 - 4x + a$, $y = 2ax - 2$

5.2 不等式

実数の大小関係と基本的法則については §2 で学んだ．

§4.2 で新しく考えた虚数については大小関係を考えない．したがって，今後不等式に含まれる文字はすべて実数を表すものとする．

1次不等式 不等式 $3x > 6$ は $x > 2$ である実数 x について成り立つが，$x \leqq 2$ である x では成り立たない．不等式が成り立つような実数を不等式の**解**といい，すべての解を求めることを**不等式を解く**という．不等式 $3x > 6$ の解は
$$x > 2$$
と表される．

例題 5.5 不等式 $-2x + 6 < 0$ を解け．

解 6 を右辺に移項すれば
$$-2x < -6$$
となる．両辺を -2 で割ると不等号の向きが逆になるから，解は
$$x > 3$$

グラフで考えると，右図のように $y = -2x + 6$ のグラフが x 軸より下にあるような x の範囲が解であり，$x > 3$ となる．

例題 5.5 の不等式が $-2x + 6 \leqq 0$ であるときは，$-2x + 6 = 0$ の解 $x = 3$ も含めて解は $x \geqq 3$ となる．

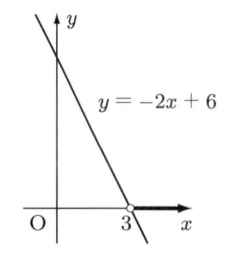

問題 5.4 次の不等式を解け.

(1) $2x - 8 < 0$ （2) $2x - 8 \leqq 0$
(3) $2x - 8 > 0$ （4) $2x - 8 \geqq 0$

問題 5.5 次の不等式を解け.

(1) $2 - x > 3x + 6$ （2) $6x - 8 \geqq 3x - 5$

5.3 2次不等式

移項などして整理すると次の形になる不等式を **2次不等式** という.

$$x^2 + bx + c > 0, \quad x^2 + bx + c < 0$$
$$x^2 + bx + c \geqq 0, \quad x^2 + bx + c \leqq 0$$

2次関数のグラフを利用して2次不等式を解くことを考えよう.

x 軸と異なる2点で交わる場合 これは2次方程式が異なる2つの実数解をもつ場合である.

例題 5.6 次の2次不等式を解け.

(1) $x^2 - 2x - 3 > 0$ （2) $x^2 - 2x - 3 < 0$

解 (1) 2次方程式 $x^2 - 2x - 3 = 0$ は

$$(x+1)(x-3) = 0$$

であり, 解は $x = -1$ と $x = 3$ である. したがって2次関数 $y = x^2 - 2x - 3$ のグラフは x 軸と2点 $(-1, 0), (3, 0)$ で交わる. グラフは下に凸であり, x 軸より上にあるような x の範囲

$$x < -1, \quad x > 3$$

が解である.

関数の符号の変化を調べると次の表になる. これからも解が求められる.

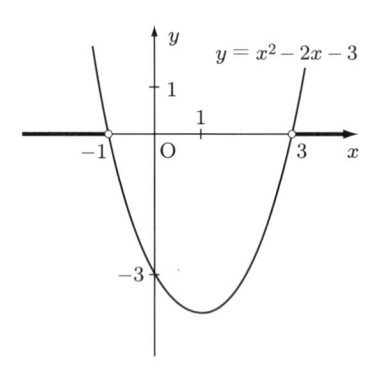

x		-1		3	
$x+1$	$-$	0	$+$	$+$	$+$
$x-3$	$-$	$-$	$-$	0	$+$
$(x+1)(x-3)$	$+$	0	$-$	0	$+$

(2) $y=x^2-2x-3$ のグラフが x 軸より下にあるような x の範囲は
$$-1<x<3$$

$ax^2+bx+c=0\ (a>0)$ が異なる 2 つの実数解 $\alpha,\ \beta\ (\alpha<\beta)$ をもつとき，$y=ax^2+bx+c$ のグラフは下に凸で x 軸と 2 点 $(\alpha, 0),\ (\beta, 0)$ で交わるから，

[5.2]

$a>0$ であって，$ax^2+bx+c=0$ が異なる 2 つの実数解 $\alpha,\ \beta\ (\alpha<\beta)$ をもつとき，

不等式 $ax^2+bx+c>0$ の解は $x<\alpha,\ x>\beta$

不等式 $ax^2+bx+c<0$ の解は $\alpha<x<\beta$

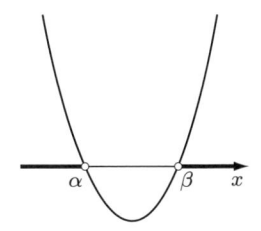

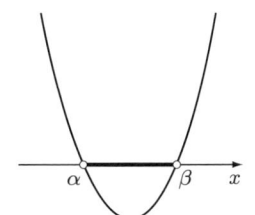

(問題) **5.6** 次の 2 次不等式を解け．
(1) $2x^2-x-3>0$　　(2) $x^2-4<0$
(3) $x^2+3x-4\geqq 0$　　(4) $x^2-5x\leqq 0$

x^2 の係数が負のときは，不等式の両辺に -1 を掛けて，x^2 の係数が正になるように変形して考えればよい．たとえば $-x^2+5x+6<0$ は両辺に -1 を掛けると $x^2-5x-6>0$ となり，例題 5.6 のように解けばよい．

問題 5.7 次の 2 次不等式を解け.
(1) $-x^2 + 5x + 6 < 0$ (2) $-x^2 + 2x + 1 \geqq 0$

x 軸と接する場合 これは 2 次方程式が 2 重解をもつ場合である.

例題 5.7 次の 2 次不等式を解け.
(1) $x^2 - 4x + 4 > 0$ (2) $x^2 - 4x + 4 < 0$
(3) $x^2 - 4x + 4 \geqq 0$ (4) $x^2 - 4x + 4 \leqq 0$

解
$$x^2 - 4x + 4 = (x-2)^2 = 0$$
の解は 2 重解 $x = 2$ である. $y = x^2 - 4x + 4$ のグラフは下に凸であり,頂点 $(2, 0)$ で x 軸に接する.

(1) グラフが x 軸より上にあるような x の範囲は
$$x < 2, \quad x > 2$$
である. 解は $x = 2$ を除くすべての実数.

(2) グラフが x 軸より下にある部分はないから,不等式を満たす x の値はない. つまり,解はない.

(3) グラフが x 軸より上または x 軸上にある部分はグラフ全体であり,解はすべての実数である.

(4) グラフが x 軸より下または x 軸上にある部分は x 軸との接点 $(2, 0)$ だけである. したがって解は $x = 2$ である.

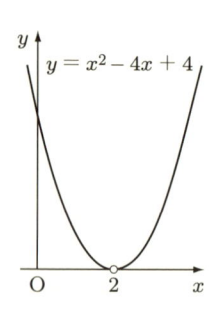

[5.3]

2 次方程式 $ax^2 + bx + c = 0 \ (a > 0)$ が 2 重解 α をもつとき,

$ax^2 + bx + c > 0$ の解は α 以外のすべての実数
$ax^2 + bx + c < 0$ の解はない
$ax^2 + bx + c \geqq 0$ の解は すべての実数
$ax^2 + bx + c \leqq 0$ の解は $x = \alpha$

問題 5.8 次の2次不等式を解け．
(1) $x^2 - 6x + 9 \leqq 0$ (2) $-x^2 - 4x - 4 < 0$

x軸との共有点をもたない場合　これは2次方程式 $ax^2 + bx + c = 0$ の判別式 D が負で，解が虚数解の場合である．$a > 0$ のときグラフは下に凸で，つねに x 軸より上方にある．したがって

[5.4]

2次方程式 $ax^2 + bx + c = 0 \ (a > 0)$ が虚数解をもつとき

$ax^2 + bx + c > 0$　の解は　すべての実数

$ax^2 + bx + c < 0$　の解はない

不等号 $>$, $<$ の代わりに $\geqq$, $\leqq$ であっても，この定理は成り立つ．

例題 5.8　不等式 $2x^2 - 3x + 4 > 0$ を解け．

解　方程式 $2x^2 - 3x + 4 = 0$ の判別式は
$$D = 3^2 - 4 \cdot 2 \cdot 4 = -23 < 0$$
であるから，この方程式は虚数解をもつ．x^2 の係数が正であるから，解はすべての実数である．

問題 5.9 次の不等式を解け．
(1) $2x^2 - 4x + 3 < 0$ (2) $x^2 - 6x + 10 > 0$
(3) $-2x^2 + 7x - 8 \leqq 0$ (4) $-x^2 + x - 1 \geqq 0$

判別式が $D < 0$ の場合，x 軸との共有点はないから

[5.5]

$a \neq 0$ のときすべての実数 x に対して
$$ax^2 + bx + c > 0 \iff a > 0 \text{ かつ } D = b^2 - 4ac < 0$$

$$ax^2 + bx + c < 0 \iff a < 0 \text{ かつ } D = b^2 - 4ac < 0$$

例題 5.9 2次不等式 $3mx^2 + 12x + m + 1 > 0$ がすべての実数 x に対して成り立つような実数 m の値の範囲を求めよ．

解 定理 [5.5] により

$$3m > 0 \quad \text{かつ} \quad D = 12^2 - 4 \cdot 3m \cdot (m+1) < 0$$

であるような m の範囲を求めればよい．第1式より $m > 0$．第2の不等式を解くと

$$144 - 12m^2 - 12m < 0$$
$$m^2 + m - 12 > 0$$
$$(m+4)(m-3) > 0$$
$$\therefore \quad m < -4, \quad m > 3$$

$m > 0$ であるから，求める m の範囲は

$$m > 3$$

問題 5.10 次の2次不等式がすべての実数 x に対して成り立つような実数 a の値の範囲を求めよ．

(1) $x^2 - ax + 4 > 0$ 　　　　(2) $ax^2 + 2ax + 3a - 4 > 0$

連立不等式

例題 5.10 次の連立不等式を解け．

$$\begin{cases} x - 2 > 6 - 3x & \text{①} \\ 3 - x \geqq 2x - 9 & \text{②} \end{cases}$$

解
①より　$x > 2$　　③
②より　$x \leqq 4$　　④

連立不等式の解は③，④を同時に満たす実数であるから

$$2 < x \leqq 4$$

問題 5.11 次の連立不等式を解け.

(1) $\begin{cases} x - 1 < 3x + 1 \\ 6x - 5 < 4x + 3 \end{cases}$ (2) $\begin{cases} 8x + 5 \geqq 2x + 3 \\ 4x + 5 < 6(1 - x) \end{cases}$

■例 5.1

不等式 $2 < x - 1 < 4$ について -1 を移項すると
$$3 < x < 5$$
である. これは直線 $y = x - 1$ が x 軸に平行な 2 直線 $y = 2$ と $y = 4$ にはさまれるような x の範囲である.

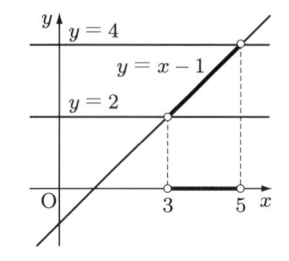

例題 5.11 不等式 $|x - 3| < 2$ を解け.

解 絶対値の意味から $|a| < 2$ と $-2 < a < 2$ は同じである. 与えられた不等式は
$$-2 < x - 3 < 2$$
と同じである. 3 を移項すると
$$1 < x < 5$$

数直線上では, 不等式 $|x - 3| < 2$ は座標 3 の点から点 x までの距離が 2 より小さいことを表すから, 解は図の太線部分になる.

問題 5.12 次の不等式を解け.
(1) $|2x - 3| < 1$ (2) $|5 - x| > 2$

例題 5.12 次の連立不等式を解け.
$$\begin{cases} 2x^2 - x - 3 < 0 & \text{①} \\ x^2 - 4x + 2 \geqq 0 & \text{②} \end{cases}$$

解 2次関数
$$y = 2x^2 - x - 3$$
$$= (x+1)(2x-3)$$

のグラフは x 軸と 2 点 $(-1, 0)$, $\left(\dfrac{3}{2}, 0\right)$ で交わる．したがって不等式①の解は
$$-1 < x < \dfrac{3}{2} \qquad \text{③}$$

式②を 0 とおいた方程式の解は $2 \pm \sqrt{2}$ であるから，不等式②の解は
$$x \leqq 2 - \sqrt{2}, \quad x \geqq 2 + \sqrt{2} \qquad \text{④}$$

2つの不等式を同時に満たす x の範囲は③と④の共通部分であるから
$$-1 < x \leqq 2 - \sqrt{2}$$

問題 5.13 次の連立不等式を解け.

(1) $\begin{cases} x^2 + x - 12 < 0 \\ x^2 + 4x - 5 < 0 \end{cases}$ (2) $\begin{cases} -x^2 + 6x - 8 < 0 \\ 6x^2 + x - 15 \leqq 0 \end{cases}$

練習問題 5

[1] 2次関数 $y = x^2 + 2x + k$ のグラフと x 軸の共有点の個数が，k の値によってどのように変わるかを調べよ．

[2] 直線 $x + y = k$ が 2次関数 $y = x^2 - 5x + 5$ のグラフと接するように k の値を定め，その接点の座標を求めよ．

[3] 2次関数 $y = x^2 - 3x - 4$ と $y = -x^2 + 2x + 8$ のグラフの共有点を求めよ．

[4] 次の不等式を解け．

(1) $x^2 < 4x - 1$ (2) $(x+4)(2-x) \leqq -7$
(3) $4x^2 + 9 > 12x$ (4) $-4 < 2x^2 - 3x$
(5) $-4x^2 - 12x \geqq 9$ (6) $2x^2 - 5x + 6 \leqq 0$

[5] 次の不等式が x のすべての値に対して成り立つような a の値の範囲を求めよ．

(1) $x^2 - 2ax + 3a + 4 > 0$ (2) $ax^2 - 8x + a - 6 \geqq 0$

[6] 次の連立不等式を解け．

(1) $\begin{cases} 3x - 2 > 0 \\ x^2 - x - 6 < 0 \end{cases}$ (2) $\begin{cases} 2x^2 + x - 1 \geqq 0 \\ x^2 + 3x + 2 \geqq 0 \end{cases}$

[7] 長さ 100 m のロープを長方形に張って，長方形の面積が 400 m^2 以上になるようにしたい．1 辺の長さを何 m にしたらよいか．

[8] 2 次関数 $y = 2 - x^2$ のグラフと直線 $y = mx + 3$ の共有点の個数が m の値によってどのように変わるか調べよ．

3章 命題・等式・関数

数学では考える対象をはっきりさせることが必要であり，そのようなものの集まりとして集合を定義する．また，正しいか正しくないか判定できる記述を命題といい，命題の間で正しい推論を展開することが大切であり，これらは数学を理解するために不可欠である．その上で，恒等式・方程式・不等式を学ぶ．整式に関する因数定理・剰余の定理は重要で，応用範囲も広い．さらに関数の考えを導入し，基本的な関数のグラフの性質を調べる．

§6 集合と命題

6.1 集合

集合 ある条件を満たすもの全体の集まりを**集合**といい，集合を構成している個々のものをその集合の**要素**または**元**という．

例 6.1

(1) 12 の約数の集合は $\{1, 2, 3, 4, 6, 12\}$

(2) 正の偶数の集合は $\{2, 4, 6, \cdots\}$

(3) 正の実数の集合は $\{x \mid x > 0\}$

この例のように，集合を表すには次の方法がある．

(1) 要素をすべて書き並べて $\{\ \ \}$ でくくる．
(2) 構成する規則がわかるとき，要素の一部を書き，残りを $\cdots$ で表す．
(3) すべての要素が満たす条件を書く．

$$\{x \mid x \text{ が満たす条件}\}$$

正の偶数の集合は $\{2n \mid n \text{ は自然数}\}$ と表すこともできる．

（問題） 6.1 次の集合を適当な表し方で示せ．
(1) 1 から 10 までの偶数の集合　　(2) 正の奇数の集合
(3) 0 以上 1 以下の実数の集合

集合を文字 A, B などで表す．a が集合 A の要素であるとき，a は A に**属す**といい，
$$a \in A \quad \text{または} \quad A \ni a$$
と書く．a が A の要素でないことを
$$a \notin A \quad \text{または} \quad A \not\ni a$$
と書く．

■例 6.2

$$A = \{1, 2, 3\} \text{ のとき } 3 \in A, \quad 4 \notin A.$$

（問題） 6.2 $A = \{1, 2, 3, 4\}$, $B = \{x \mid x \text{ は正の奇数}\}$ とするとき，次のそれぞれの数は A に属すか，B に属すか，どちらにも属さないかを述べよ．
$$4, \quad 9, \quad 3, \quad -1, \quad 5.8$$

部分集合　集合 A と B について，A の要素がすべて B の要素であるとき，A は B の**部分集合**であるといい，
$$A \subset B \quad \text{または} \quad B \supset A$$
と書く．このとき A は B に**含まれる**，B は A を**含む**という．

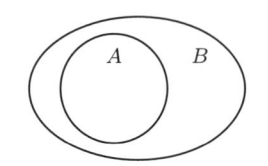

集合 A と B が，$A \subset B$ かつ $B \subset A$ であるとき，A の任意の要素は B の要素であり，B の任意の要素も A の要素であるから，A と B は同じ要素で構成されている．このとき A と B は**等しい**といい，$A = B$ と書く．

（問題） 6.3 次の集合 A, B, C, N について，包含関係を記号で表せ．
$$A = \{1, 2, 3, 4\}, \quad B = \{1, 2, 3, 4, 6\}$$
$$C = \{x \mid x \text{ は } 12 \text{ の約数}\}, \quad N = \{x \mid x \text{ は自然数}\}$$

共通部分・和集合 集合 A, B について，A と B の両方に属している要素全体の集合を A と B の**共通部分**または**交わり**といい，$A \cap B$ で表す．

また，A と B の少なくとも一方に属している要素全体の集合を A と B の**和集合**または**結び**といい，$A \cup B$ で表す．

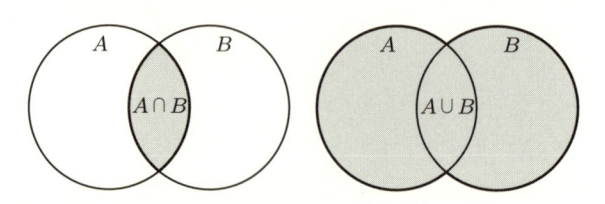

■例 6.3 ─────────────────────

$A = \{1, 2, 3, 4\}, \quad B = \{1, 3, 5, 7\}$ のとき

$$A \cap B = \{1, 3\}, \quad A \cup B = \{1, 2, 3, 4, 5, 7\}$$

───────────────────────────

(問題) 6.4 $A = \{1, 3, 5, 7, 9\}, B = \{x \mid x \text{ は } 12 \text{ の約数}\}$ のとき $A \cap B, A \cup B$ を求めよ．

空集合 $A = \{1, 3, 5\}, B = \{2, 4\}$ とするとき，共通部分 $A \cap B$ に属す要素は何もない．要素が 1 つもないものも，集合の特別な場合と考えて，**空集合**といい，記号 ϕ で表す．上の集合 A, B について $A \cap B = \phi$ である．空集合はどの集合に対してもその部分集合である．

全体集合 約数や倍数を扱うとき，自然数全体の集合の中で考えている．1 次不等式の解を求めるときは実数全体の集合の中で考えている．このように，ある対象を考えるとき，はじめに対象となるもの全体の集合 U を定めて，その要素や部分集合を考えるのが普通である．このとき U を**全体集合**という．

補集合 全体集合 U と部分集合 A が与えられたとき，A に属さない U の要素の集合を A の**補集合**といい，記号 $\overline{A}$ で表す．すなわち

$$\overline{A} = \{x \mid x \in U, x \notin A\}$$

である．

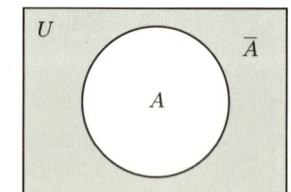

■例 6.4

(1) $U = \{1, 2, 3, 4, 5, 6\}$, $A = \{1, 2, 3, 6\}$ のとき，
$$\overline{A} = \{4, 5\}$$

(2) 自然数全体の集合 N を全体集合とするとき，$A = \{x \mid x \text{ は正の偶数}\}$ の補集合 $\overline{A}$ は
$$\overline{A} = \{x \mid x \text{ は正の奇数}\}$$

(問題) **6.5** 全体集合を $U = \{x \mid x \text{ は } 1 \text{ から } 10 \text{ までの自然数}\}$ とするとき，次の集合の補集合を求めよ．
$$A = \{3, 6, 9\}, \quad B = \{x \mid x \text{ は } 8 \text{ の約数}\}$$

全体集合 U の中で，集合 A の補集合 $\overline{A}$ の補集合は A 自身である．また
$$A \cup \overline{A} = U, \quad A \cap \overline{A} = \phi$$
が成り立つ．全体集合と空集合は互いに補集合である．

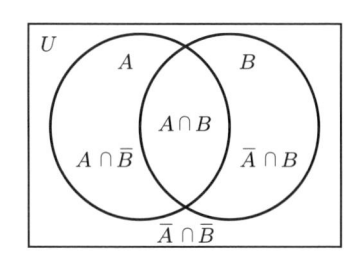

部分集合 A と B について，全体集合 U は次の 4 つの部分集合に分けられる．
$$A \cap B, \quad A \cap \overline{B}, \quad \overline{A} \cap B, \quad \overline{A} \cap \overline{B}$$
これから次の等式が成り立つ．

[6.1] **ド・モルガンの法則**

(1) $\overline{A \cap B} = \overline{A} \cup \overline{B}$

(2) $\overline{A \cup B} = \overline{A} \cap \overline{B}$

いままでは数を要素とする集合だけを例にあげてきたが，数学ではそれ以外にもいろいろの集合を扱う．

実数全体の集合を数直線で表すとき，集合 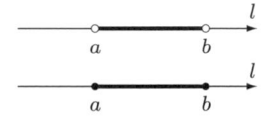
$$A = \{x \mid a < x < b\}$$
は両端の点 a と b を含まない線分，
$$B = \{x \mid a \leqq x \leqq b\}$$

は両端の点 a と b を含む線分を表す.

(問題) **6.6** 集合 $A = \{x \mid -2 < x < 5\}$, $B = \{x \mid -3 \leqq x \leqq 3\}$ を数直線上に図示し, $A \cap B$, $A \cup B$ を示せ.

(要素の個数) 集合の要素の個数が有限であるとき, その個数を $n(A)$ で表す.

■例 **6.5**

$A = \{1, 3, 5, 7\}$ のとき $n(A) = 4$

空集合 ϕ については $n(\phi) = 0$ である.

集合 A と B が共通部分をもたないとき, 和集合 $A \cup B$ の要素の個数は, A, B の要素の個数の和に等しい.

$A \cap B = \phi \implies n(A \cup B) = n(A) + n(B)$

共通部分が空集合でない, すなわち $A \cap B \neq \phi$ の場合には

$$n(A) = a, \quad n(B) = b$$
$$n(A \cap B) = c$$

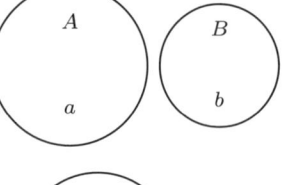

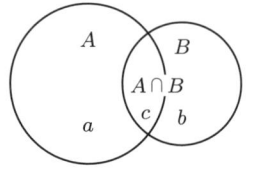

とし, A と B の補集合をそれぞれ $\overline{A}, \overline{B}$ とすると, 上の図からわかるように

$$n(A \cap \overline{B}) = a - c, \quad n(\overline{A} \cap B) = b - c$$

である. したがって

$$n(A \cup B) = c + (a - c) + (b - c) = a + b - c$$

である. ゆえに次の公式が成り立つ.

[6.2]

集合 A, B の要素の個数について
$$n(A \cup B) = n(A) + n(B) - n(A \cap B)$$

全体集合 U の中で, A の補集合を $\overline{A}$ とするとき,
$$A \cup \overline{A} = U, \quad A \cap \overline{A} = \phi$$
であるから, 次の式が成り立つ.
$$n(A) + n(\overline{A}) = n(U)$$

■例 6.6

1 から 20 までの自然数の集合 U の中で，2 の倍数の集合を A，3 の倍数の集合を B とするとき，
$$n(A) = 10, \quad n(B) = 6$$
$A \cap B$ の要素は 6 の倍数であるから，$n(A \cap B) = 3$，
$A \cup B$ の要素は 2 または 3 の倍数であり，その個数は
$$n(A \cup B) = n(A) + n(B) - n(A \cap B) = 10 + 6 - 3 = 13$$

(問題) **6.7** 1 から 100 までの自然数の集合を U，そのうち 5 の倍数の集合を A，7 の倍数の集合を B とするとき，次の集合の要素の個数を求めよ．
$$n(A), \quad n(B), \quad n(A \cap B), \quad n(A \cup B), \quad n(\overline{A}), \quad n(\overline{A} \cap \overline{B})$$

6.2 命 題

命 題　あることがらを述べた文または式で，それが正しいか正しくないか判断できるものを**命題**という．命題が正しいときその命題は**真**であるといい，正しくないとき**偽**であるという．命題を p, q などの文字や記号で表す．

■例 6.7

(1) 3 は奇数である．　　(2) $5 \times 2 = 8$

このうち (1) の命題は真であり，(2) の命題は偽である．

命題 p に対して「p でない」という命題を p の**否定**といい，$\overline{p}$ と書く．
ここでは命題 p と q から合成される
$$「p \text{ ならば } q」$$
という形の命題を考えよう．p をこの命題の**仮定**，q をこの命題の**結論**という．
命題「p ならば q」に対して

　　　　　　　　「q ならば p」　　　をその**逆**
　　　　　　　　「$\overline{p}$ ならば $\overline{q}$」　　　を**裏**
　　　　　　　　「$\overline{q}$ ならば $\overline{p}$」　　　を**対偶**

という．これらの相互関係は次の表にまとめられる．

```
┌─────────────────────┐  逆  ┌─────────────────────┐
│ 命題： p ならば q   │ ←→ │ 逆： q ならば p     │
└─────────────────────┘      └─────────────────────┘
      ↕ 裏       ↘ 対偶 ↙        ↕ 裏
┌─────────────────────┐  逆  ┌─────────────────────┐
│ 裏： p̄ ならば q̄    │ ←→ │ 対偶： q̄ ならば p̄  │
└─────────────────────┘      └─────────────────────┘
```

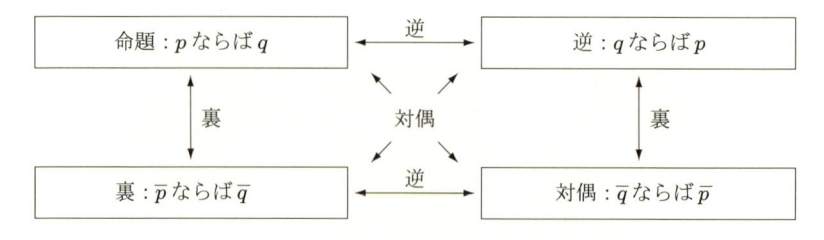

■ 例 6.8 ─────────────────────

次は各命題とその逆・裏・対偶およびそれらの真偽である．

(1) 命題　「$a = 0$ ならば $a^2 = 0$」　真
　　逆　　「$a^2 = 0$ ならば $a = 0$」　真
　　裏　　「$a \neq 0$ ならば $a^2 \neq 0$」　真
　　対偶　「$a^2 \neq 0$ ならば $a \neq 0$」　真

(2) 命題　「$x > 1$ ならば $x^2 > 1$」　真
　　逆　　「$x^2 > 1$ ならば $x > 1$」　偽
　　裏　　「$x \leqq 1$ ならば $x^2 \leqq 1$」　偽
　　対偶　「$x^2 \leqq 1$ ならば $x \leqq 1$」　真

───────────────────────────────

上の例 (2) で逆が偽であることは，$x = -2$ であるとき成り立たないことからわかる．このように，命題が偽であることを示すには，それが成り立たない例を 1 つあげればよい．そのような例を**反例**という．

上の例のように，もとの命題が真であっても，その逆が真であるとは限らない．

> (問題) **6.8** 次の命題の逆・裏・対偶を述べ，その真偽を調べよ．
> (1) 「$x = 1$ ならば $x^2 = 1$」　　(2) 「$a > b$ ならば $3a > 3b$」
> (3) 「$a > 0$ ならば $a^2 > 0$」

(必要条件・十分条件)　仮定 p から結論 q が必ず導かれるとき，すなわち命題「p ならば q」が真であるとき，この命題を記号

$$p \Longrightarrow q$$

で表す．そしてこのとき

　　　　q は，p が成り立つための**必要条件**である

$$p \text{ は, } q \text{ が成り立つための} \textbf{十分条件} \text{である}$$

という.

$p \Longrightarrow q$ かつ $q \Longrightarrow p$ であるとき,記号

$$p \Longleftrightarrow q$$

で表し,q を p であるための**必要十分条件**という.これはよく

「p であるための必要十分条件は q である」

と表現される.このとき,p も q であるための必要十分条件であり,p と q は一方が成り立てば他方も必ず成り立ち,命題 p と q は互いに**同値**であるという.

たとえば,$a = 0 \Longrightarrow ab = 0$ であるから,$ab = 0$ は $a = 0$ であるための必要条件であり,$a = 0$ は $ab = 0$ であるための十分条件である.しかし,$a = 0$ と $ab = 0$ は同値ではない.$x = 3$ は $2x = 6$ であるための必要十分条件であり,$x = 3$ と $2x = 6$ は互いに同値である.

問題 6.9 次の文中の( )に,必要条件である,十分条件である,必要十分条件である,必要条件でも十分条件でもない,のいずれかのことばを入れよ.
(1) △ABC が正三角形であることは,∠A = ∠B であるための( ).
(2) 2 次方程式が 2 重解をもつことは,判別式が 0 であるための( ).
(3) $ab > 0$ は,$a > 0$ かつ $b > 0$ であるための( ).
(4) $xy = 4$ は,$x = 2$ であるための( ).

条件と集合 条件 p を満たすもの全部の集合を P,条件 q を満たすもの全部の集合を Q とする.$p \Longrightarrow q$ であるとき条件 p を満たすものは必ず条件 q を満たすから $P \subset Q$ である.逆に $P \subset Q$ ならば $p \Longrightarrow q$ である.

$p \Longleftrightarrow q$ であるとき $p \Longrightarrow q$ と $q \Longrightarrow p$ であるから,$P \subset Q$ かつ $Q \subset P$ であり,したがって $P = Q$ である.

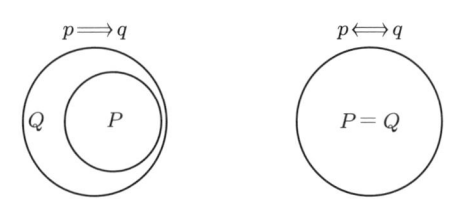

考えている対象の全体集合を U とし，条件 p, q を満たすものの集合 P, Q がその部分集合であるとき，$\overline{p}, \overline{q}$ を満たすものの集合は補集合 $\overline{P}, \overline{Q}$ である．

$$p \Longrightarrow q \quad \text{と} \quad P \subset Q \text{ は同値,}$$

$$\overline{q} \Longrightarrow \overline{p} \quad \text{と} \quad \overline{Q} \subset \overline{P} \text{ は同値}$$

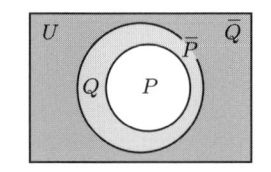

であり，右の図のように $P \subset Q$ と $\overline{Q} \subset \overline{P}$ は同じ関係を表している．したがって，$p \Longrightarrow q$ と $\overline{q} \Longrightarrow \overline{p}$ は同値である．これは次のように述べられる．

[6.3]

ある命題が真であれば，その対偶も真である．対偶が真であれば，もとの命題も真である．

背理法 [6.3] から，ある命題を証明したいとき，その代わりに対偶を証明してもよい．これは数学でよく用いられる証明方法である．

例題 6.1 自然数 n について，「n^2 が奇数ならば n は奇数である」ことを証明せよ．

証明 自然数が奇数でなければそれは偶数であるから，この命題の対偶は

「自然数 n が偶数ならば，n^2 は偶数である」

であり，これを証明すればもとの命題が証明されたことになる．

n が偶数のとき，m を自然数として $n = 2m$ と表される．そのとき

$$n^2 = (2m)^2 = 2 \cdot 2m^2$$

であり，$2m^2$ も自然数であるから n^2 は偶数である． **終**

$p \Longrightarrow q$ であるとは仮定 p のもとでは必ず結論 q が起こることである．したがって，$p \Longrightarrow q$ であることを証明したいとき，

「p であると仮定したとき，結論 q が成り立たないとすれば矛盾が起こる」

ことを示してもよい．このような証明法を**背理法**といい，有力な証明方法である．

問題 6.10 自然数 n について，n^2 が 3 の倍数ならば n は 3 の倍数であることを証明せよ．

練習問題 6

[1] 全体集合を $U = \{1, 2, 3, 4, 5, 6, 7, 8, 9\}$ とし，
$A = \{1, 2, 3, 4\}$, $B = \{2, 4, 6, 8\}$ とするとき，次の集合を求めよ．
$$A \cap B, \quad A \cup B, \quad \overline{A}, \quad A \cap \overline{B}$$

[2] 集合 A, B について，
$$A \cup B = \{1, 2, 3, 4, 5, 6, 7, 8\}$$
$$A \cap B = \{2, 3, 6\}, \quad A \cap \overline{B} = \{1, 8\}$$
であるとき，A, B を求めよ．

[3] 次の場合，集合 A と B の間にはどんな関係があるか．
 (1) $A \cap B = A$ 　　(2) $A \cup B = A$ 　　(3) $A \cap B = A \cup B$

[4] 40 人のクラスで，運動部に入っている学生は 23 人，文化部に入っている学生は 16 人，運動部にも文化部にも入っていない学生は 8 人であった．このクラスで運動部と文化部の両方に入っている学生は何人か．

[5] 次の文中の ( ) に，必要条件である，十分条件である，必要十分条件である，必要条件でも十分条件でもない，のいずれかのことばを入れよ．a, b は実数とする．
 (1) $x^2 = y^2$ は $x = y$ であるための ( )．
 (2) $a > b$ は $a^2 > b^2$ であるための ( )．
 (3) $a^2 + b^2 = 0$ は $a = b = 0$ であるための ( )．
 (4) 四角形が正方形であることは対角線が直交するための ( )．

§7 等式と不等式

7.1 恒等式

$$x^2 - 4x - 5 = 0$$

は $x = -1$ または 5 を代入したときに成り立つ．それ以外の x の値については成り立たない．このような等式を**方程式**という．

一方，文字を含んだ等式の中には，

$$(a+b)^2 = a^2 + 2ab + b^2$$

のように，文字にどんな値を代入しても成り立つものがある．このような等式を**恒等式**という．§2 で取り扱った展開公式などはすべて恒等式である．

a, b, c を定数として，x についての等式

$$ax^2 + bx + c = 0$$

が恒等式であるための条件を求めよう．x のどんな値に対しても上の式が成り立つから，$x = 1, 0, -1$ を代入すると

$$\begin{cases} a + b + c = 0 \\ c = 0 \\ a - b + c = 0 \end{cases}$$

である．これを a, b, c について解けば，

$$a = b = c = 0$$

を得る．

逆に，$a = b = c = 0$ ならば，x のどんな値に対しても $0x^2 + 0x + 0 = 0$ となって，恒等的に 0 になる．以上のことをまとめて述べれば

[7.1]

$$ax^2 + bx + c = 0$$

が x についての恒等式であるための必要十分条件は，係数 a, b, c がすべて 0 になることである．

この定理から次の定理が導かれる．

[7.2]
$$ax^2 + bx + c = a'x^2 + b'x + c'$$
が恒等式であるための必要十分条件は
$$a = a', \quad b = b', \quad c = c'$$

一般の n 次の整式についても，定理 [7.1], [7.2] と同様の定理が成り立つ．

例題 7.1 次の等式が恒等式であるように a, b, c の値を定めよ．
$$2x^2 - 3x + 4 = a(x-2)^2 + b(x-2) + c$$

解 右辺を展開して整理すると
$$2x^2 - 3x + 4 = ax^2 + (-4a+b)x + 4a - 2b + c$$
定理 [7.2] により，両辺の係数を等しくおいて
$$\begin{cases} a & = 2 \\ -4a + b & = -3 \\ 4a - 2b + c & = 4 \end{cases}$$
を得る．これを a, b, c について解いて
$$a = 2, \ b = 5, \ c = 6$$

問題 7.1 次の式が恒等式であるように a, b, c の値を定めよ．
(1) $3x^2 - 8x + 9 = a(x+2)^2 + b(x+2) + c$
(2) $4x^2 - 17x + 6 = a(x-3)^2 + b(x-3) + c$
(3) $3x - 2 = a(x-2) + b(x-1)$

7.2 因数定理

文字 x についての整式を $P(x)$, $Q(x)$ などで表す．$P(x)$ で x に 3 を代入したときの値を $P(3)$ で示す．

整式 $P(x) = x^3 - x^2 - 3x - 4$ を1次式 $x - 3$ で割ると
$$\text{商は } x^2 + 2x + 3, \quad \text{余りは } 5$$
である．したがって，恒等式
$$\begin{aligned} P(x) &= x^3 - x^2 - 3x - 4 \\ &= (x-3)(x^2 + 2x + 3) + 5 \end{aligned}$$
が成り立つ．$x = 3$ とおけば，$P(3) = 5$ となり，これは余りに等しい．

一般に，整式 $P(x)$ を1次式 $x - \alpha$ で割ったとき，商は整式であり，余りは定数である．その商を $Q(x)$，余りを R とすると
$$P(x) = (x - \alpha)Q(x) + R$$
が成り立つ．この式で $x = \alpha$ とおくと
$$P(\alpha) = R$$
である．実際に割り算をしなくても余りを求めることができる．

[7.3] 剰余の定理

整式 $P(x)$ を1次式 $x - \alpha$ で割ったときの余り R は
$$R = P(\alpha)$$

■例 7.1

$P(x) = x^3 - 2x^2 - 5x + 6$ を
$$\begin{aligned} & x - 4 \text{ で割ったとき，余りは } \quad P(4) = 18 \\ & x + 2 \text{ で割ったとき，余りは } \quad P(-2) = 0 \end{aligned}$$

(問題) 7.2 $P(x) = x^3 + 2x^2 + 3x - 6$ を $x - 1$, $x + 2$ で割ったときの余りを求めよ．

剰余の定理 [7.3] で，$R = 0$ ということは整式 $P(x)$ が $x - \alpha$ で割り切れることと同値であるから，次の定理が導かれる．

[7.4] 因数定理

整式 $P(x)$ が $x - \alpha$ で割り切れる $\iff P(\alpha) = 0$

例題 7.2 $P(x) = x^3 - 2x^2 - 5x + 6$ を因数分解せよ.

解 $P(1) = 0$ であるから, $P(x)$ は $x - 1$ で割り切れる. 割り算して
$$P(x) = (x-1)(x^2 - x - 6)$$
$$= (x-1)(x-3)(x+2)$$
と因数分解できる.

$P(3) = 0$ または $P(-2) = 0$ であることをみつけてもよい. $1, 3, -2$ などをみつけるには, 定数項 6 の約数 $1, 2, 3, 6$ とそれらの負数のうちから $P(\alpha) = 0$ となるものを探すとよい.

問題 7.3 次の式を因数分解せよ.
(1) $x^3 - 6x^2 + 11x - 6$
(2) $x^3 - 13x - 12$
(3) $x^3 - x^2 + 2x - 8$
(4) $x^4 + 3x^3 - 3x^2 - 7x + 6$

問題 7.4 次の整式 $P(x)$ が $Q(x)$ で割り切れるように a, b の値を定めよ.
(1) $P(x) = x^3 + ax^2 - 4x + 12$, $\quad Q(x) = x - 2$
(2) $P(x) = x^3 + ax^2 + bx - 6$, $\quad Q(x) = x^2 + x - 2$

7.3　3 次方程式・4 次方程式

x について
$$ax^3 + bx^2 + cx + d = 0 \quad (a \neq 0)$$
の形の方程式を **3 次方程式** という. 同じように 4 次方程式, さらに **n 次方程式** を考えることができる. これらの方程式は因数定理 [7.4] などを用いて, 左辺の整式を 2 次以下の整式の積に因数分解できれば解くことができる.

例題 7.3 次の方程式を解け.
(1) $x^3 - 7x - 6 = 0$
(2) $x^4 + 2x^3 - 2x - 1 = 0$

解 (1) $P(x) = x^3 - 7x - 6$ とおく．$P(-1) = 0$ となるから，因数定理 [7.4] により，$P(x)$ は $x+1$ で割り切れる．因数分解すれば
$$P(x) = (x+1)(x^2 - x - 6) = (x+1)(x+2)(x-3)$$
したがって，与えられた方程式は次の方程式になる．
$$(x+1)(x+2)(x-3) = 0$$
$$x+1 = 0, \; x+2 = 0, \; \text{または} \; x-3 = 0$$
解は
$$x = -1, \; -2, \; 3$$

(2) 左辺の整式を $P(x)$ とおく．$P(1) = 0$ であるから，因数定理により $P(x)$ は $x-1$ で割り切れる．因数分解すると
$$P(x) = (x-1)(x^3 + 3x^2 + 3x + 1)$$
$$= (x-1)(x+1)^3$$
与えられた方程式は次の方程式と同値である．
$$(x-1)(x+1)^3 = 0$$
$$x = 1, \; -1$$
この場合，$x = -1$ をこの方程式の **3重解** という．

問題 7.5 次の方程式を解け．
(1) $x^3 - 1 = 0$
(2) $x^3 - x^2 - 4x + 4 = 0$
(3) $x^3 - 3x + 2 = 0$
(4) $x^3 - 6x^2 - 16x = 0$
(5) $3x^3 + 8x^2 + 2x - 4 = 0$
(6) $2x^4 - 3x^3 - 4x^2 + 3x + 2 = 0$

問題 7.6 方程式 $x^3 + ax^2 + bx - 8 = 0$ が -1 と 4 を解にもつという．a, b を求めよ．また，残りの解を求めよ．

7.4 高次の不等式

3次以上の不等式は，因数定理により2次以下の実数係数の整式の積に因数分解し，各因数の符号を調べて解く．

例題 7.4 次の不等式を解け．

(1) $x^3 - 2x^2 - 5x + 6 < 0$ (2) $x^3 - 2x^2 + 4x + 7 > 0$

解 (1) $$P(x) = x^3 - 2x^2 - 5x + 6$$

とおく．ここで，$P(1) = 0$ となるから
$$P(x) = (x-1)(x^2 - x - 6)$$
$$= (x-1)(x-3)(x+2)$$

のように因数分解できる．この因数の符号は，x の値の範囲によって右の表のようになる．式 $P(x)$ の符号を調べて，解は

x	$\cdots$	-2	$\cdots$	1	$\cdots$	3	$\cdots$
$x+2$	$-$	0	$+$	$+$	$+$	$+$	$+$
$x-1$	$-$	$-$	$-$	0	$+$	$+$	$+$
$x-3$	$-$	$-$	$-$	$-$	$-$	0	$+$
$P(x)$	$-$	0	$+$	0	$-$	0	$+$

$x < -2, \ 1 < x < 3$

(2) 左辺に $x = -1$ を代入すると 0 になるから因数分解すると
$$(x+1)(x^2 - 3x + 7) > 0$$

$x^2 - 3x + 7 = 0$ の判別式は $D = 3^2 - 4 \times 7 = -19 < 0$ で，x^2 の係数が正であるから $x^2 - 3x + 7$ はつねに正である．解は $x + 1 > 0$ である x の範囲
$$x > -1$$

問題 7.7 次の不等式を解け．

(1) $x^3 + x^2 - 6x < 0$ (2) $x^3 + 2x^2 - x - 2 \geqq 0$

(3) $x^3 - 3x^2 + 7x - 5 < 0$ (4) $x^3 + x^2 - 8x - 12 \leqq 0$

7.5 等式・不等式の証明

恒等式の証明 これには次の方法がある．

方法 1：一方の式を変形して他方の式を導く．
方法 2：2 つの式の差が 0 になることを示す．

例題 7.5 次の等式が成り立つことを示せ.
(1) $(ac+bd)^2 + (ad-bc)^2 = (a^2+b^2)(c^2+d^2)$
(2) $a+b+c=0$ のとき $a^3+b^3+c^3 = 3abc$

この (2) のように，ある条件のもとで成り立つ恒等式もある.

証明 (1) 左辺 $= a^2c^2 + 2acbd + b^2d^2 + a^2d^2 - 2adbc + b^2c^2$
$= a^2c^2 + b^2d^2 + a^2d^2 + b^2c^2$
$= (a^2+b^2)(c^2+d^2)$

よって 左辺 $=$ 右辺

(2) $a+b+c=0$ から $c=-(a+b)$ である.
左辺 $-$ 右辺 $= a^3 + b^3 + c^3 - 3abc$
$= a^3 + b^3 - (a+b)^3 + 3ab(a+b)$
$= a^3 + b^3 - (a^3 + 3a^2b + 3ab^2 + b^3) + 3(a^2b + ab^2)$
$= 0$

よって 左辺 $=$ 右辺 　　終

問題 7.8 次の等式が成り立つことを証明せよ.
(1) $a^2(b-c) + b^2(c-a) + c^2(a-b) = -(b-c)(c-a)(a-b)$
(2) $a+b+c=0$ のとき $a^2-bc = b^2-ca = c^2-ab$
(3) $x+y=1$ のとき $x^2+y = y^2+x$

比例式 次の比例式と分数式の等式は同値である.

$$a:b = c:d \iff \frac{a}{b} = \frac{c}{d}$$

$$a:b:c = a':b':c' \iff \frac{a}{a'} = \frac{b}{b'} = \frac{c}{c'}$$

例題 7.6 $a:b=c:d$ のとき次の式が成り立つことを証明せよ.

$$\frac{a+b}{b} = \frac{c+d}{d}$$

証明
$$\frac{a}{b} = \frac{c}{d} = k$$

とおくと $a = kb, c = kd$ である．証明すべき式の各辺に代入すると

$$\text{左辺} = \frac{kb + b}{b} = k + 1, \quad \text{右辺} = \frac{kd + d}{d} = k + 1$$

よって
$$\text{左辺} = \text{右辺}$$
　　　　　　　　　　　　　　　　　　　　　　　　　　　　　終

問題 7.9 $a : b = c : d$ であるとき次の等式を証明せよ．

(1) $\dfrac{a+b}{a-b} = \dfrac{c+d}{c-d}$ 　　　(2) $\dfrac{ac+bd}{bd} = \dfrac{c^2+d^2}{d^2}$

不等式の証明　　$x^2 + 1 > 0, \quad a^2 + 2ab + b^2 \geqq 0$

は，含まれた文字がどんな実数であっても成り立つ．このような不等式を証明することを考えよう．

例題 7.7 $a \geqq 0, b \geqq 0$ のとき，次の不等式を証明せよ．
$$\frac{a+b}{2} \geqq \sqrt{ab}$$
等号が成り立つのは $a = b$ のとき，そしてそのときに限る．

証明 $\dfrac{a+b}{2} - \sqrt{ab} = \dfrac{a - 2\sqrt{ab} + b}{2} = \dfrac{(\sqrt{a} - \sqrt{b})^2}{2} \geqq 0$

等号が成り立つのは $\sqrt{a} = \sqrt{b}$，すなわち $a = b$ のときである．　　　　終

$\dfrac{a+b}{2}$ を a と b の**相加平均**といい，$\sqrt{ab}$ を**相乗平均**という．上の不等式は

「相加平均は相乗平均以上である」

と表され，よく利用される．

例題 7.8 実数 a, b について，次の不等式を証明せよ．
$$|a+b| \leqq |a|+|b|$$
等号が成り立つのは，a と b が同符号か，一方が 0 のときに限る．

証明　　$|a+b| \geqq 0, \quad |a|+|b| \geqq 0$

であるから，
$$|a+b|^2 \leqq (|a|+|b|)^2$$
を証明すればよい．$|a|^2 = a^2$ であるから
$$(|a|+|b|)^2 - |a+b|^2 = a^2 + 2|a||b| + b^2 - (a^2 + 2ab + b^2)$$
$$= 2|a||b| - 2ab$$
つねに $|a||b| \geqq ab$ であるから，
$$(|a|+|b|)^2 - |a+b|^2 \geqq 0$$
である．等号が成り立つのは $|a||b| = ab$，したがって $ab \geqq 0$，すなわち a と b が同符号か，一方が 0 のとき，またそのときに限る． 　　終

問題 7.10 次の不等式を証明し，等号が成り立つ場合を調べよ．
(1) $a^2 + b^2 \geqq 2ab$
(2) $a \geqq 0, b \geqq 0$ のとき $\sqrt{a} + \sqrt{b} \geqq \sqrt{a+b}$
(3) $a > 0$ のとき $a + \dfrac{1}{a} \geqq 2$
(4) $a > 0, b > 0$ のとき $\dfrac{a}{b} + \dfrac{b}{a} \geqq 2$

―――――――― 練習問題 7 ――――――――

[1] 整式 $P(x)$ を $x^2 - 2x - 3$ で割った余りが $-2x+3$ である．このとき $P(x)$ を $x+1$ で割った余りを求めよ．

[2] 整式 $P(x)$ を $x-1$ で割ると余りが 2，$x+2$ で割ると余りが 8 である．$P(x)$ を $x^2 + x - 2$ で割ったときの余りを求めよ．

[3] 次の方程式を解け．
(1) $x^3 - 4x^2 + 5x - 2 = 0$

(2) $2x^3 + 3x^2 - 5x - 6 = 0$

(3) $x^4 - 3x^3 + 2x^2 + 2x - 4 = 0$

(4) $(x^2 - x + 3)(x^2 - x - 5) = 9$

[4] 次の不等式を解け.

(1) $2x^3 - x^2 - 11x + 10 \leqq 0$

(2) $x^4 - x^3 - 7x^2 + x + 6 > 0$

(3) $x^4 - 9x^2 - 4x + 12 \leqq 0$

[5] $a:b:c = x:y:z$ のとき次の等式を証明せよ.
$$\frac{(a+b+c)^2}{(x+y+z)^2} = \frac{ab+bc+ca}{xy+yz+zx}$$

[6] 次の不等式を証明せよ. また, 等号が成り立つ場合を調べよ.

(1) $|a+b| \geqq |a| - |b|$

(2) $a^2 + b^2 + c^2 \geqq ab + bc + ca$

(3) $(a^2+b^2)(c^2+d^2) \geqq (ac+bd)^2$

[7] $a > 0$, $b > 0$ のとき, 次の不等式を証明せよ.

(1) $(a+b)\left(\dfrac{1}{a} + \dfrac{1}{b}\right) \geqq 4$

(2) $\dfrac{1}{1+a} > 1 - a$

§8 関数とグラフ

8.1 関数

1次関数および2次関数
$$y = ax + b, \quad y = ax^2 + bx + c$$
についてはすでに学んできた．その他にも，分数式や無理式で
$$y = \frac{3}{2x+1}, \quad y = \sqrt{x-2}$$
とおき，x にいろいろな値を代入すると，それに応じて y の値が定まる．

一般に，変数 x に1つの値を与えるとそれに対して y の値がただ1つ定まるとき，y を x の **関数** という．y が x の関数であることを
$$y = f(x), \quad y = g(x)$$
などで表す．$f(x), g(x)$ などを **関数記号** という．$x = a$ に対する関数 $f(x)$ の値を $f(a)$ で表す．

定義域・値域 関数 $f(x)$ において，変数 x のとることのできる値の集合を $f(x)$ の **定義域** という．x が定義域の中のすべての値をとって変化するとき，$f(x)$ の値全体の集合をこの関数の **値域** という．

■例 8.1
(1) 関数 $y = 3x + 2$ の定義域は実数全体であり，値域も実数全体である．

(2) 2次関数 $y = x^2 - 2x + 4$ は $y = (x-1)^2 + 3$ と変形される．定義域は実数全体であるが，y の値はつねに $y \geqq 3$ であるから，値域は $y \geqq 3$ である．

(3) 関数 $y = \sqrt{x-2}$ を x も y も実数の範囲で考える場合，$x \geqq 2$ でなければならない．定義域は $x \geqq 2$ であり，値域は $y \geqq 0$ である．

(4) 長さ $20\,\text{cm}$ の針金を曲げて長方形を作るとき，その面積 S は，$0 < x < 10$ の範囲で $S = x(10-x)$ で表される．関数 S の定義域は $0 < x < 10$ であり，その範囲で S の最大値は $x = 5$ のとき 25 であるから，値域は $0 < S \leqq 25$ である．

例 (4) のように，問題によっては定義域を制限された範囲で考える場合もあるが，とくに指示されないときは，その関数が意味をもつような変数 x の値全体を定義域と考える．

問題 8.1 次の関数の，（ ）内の定義域に対する値域を示せ．
(1) $y = 3x - 2 \quad (x \leqq 2)$
(2) $y = x^2 - 1 \quad (-1 \leqq x \leqq 2)$

グラフ 関数 $y = f(x)$ の定義域の中の x のおのおのの値に対して，対応する関数の値 y を求め，(x, y) を座標とする点を座標平面上にとれば，これらの点全体は平面上に 1 つの図形を作る．これを関数 $y = f(x)$ の**グラフ**という．

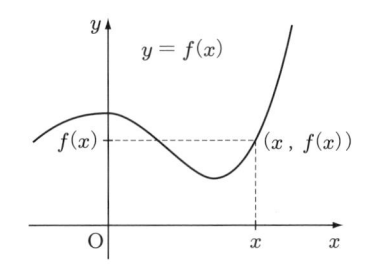

■例 8.2

関数 $y = |x|$ については

$x \geqq 0$ のとき $y = x$

$x < 0$ のとき $y = -x$

であるから，グラフは図の折れ線になる．この関数の定義域は実数全体であり，値域は $y \geqq 0$ である．

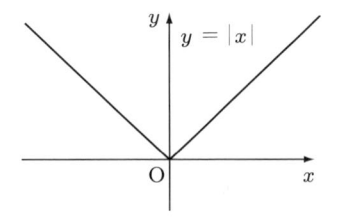

8.2 平行移動・対称移動

移動 平面上の各点をある規則に従って同じ平面上の点に移すことを**移動**または**変換**という．移動によって点 P が P′ に移されたとき，P′ を移動による P の**像**という．曲線 C の各点 P の像 P′ がえがく曲線 C' を曲線 C の**像**という．

平行移動 座標平面上で x 軸方向に p，y 軸方向に q だけ移動する平行移動は

$$(1) \qquad x' = x + p, \quad y' = y + q$$

で表される．これは任意の点 P(x, y) を点 P′(x', y') に移す．

曲線 C の方程式が $y = f(x)$ であるとき，像 C' の方程式はどうなるであろうか．

式 (1) から，$x = x' - p$, $y = y' - q$ である．この x, y が $y = f(x)$ を満たしているとき，点 P′ の座標 (x', y') は方程式
$$y' - q = f(x' - p)$$
を満たす．これは C' の点の座標が満たす方程式であるから，変数 x', y' を x, y で書き換えて，q を移項すると

[8.1]

曲線 $C : y = f(x)$ を x 軸方向に p, y 軸方向に q だけ平行移動した像 C' は，次の方程式で表される．
$$y = f(x - p) + q$$

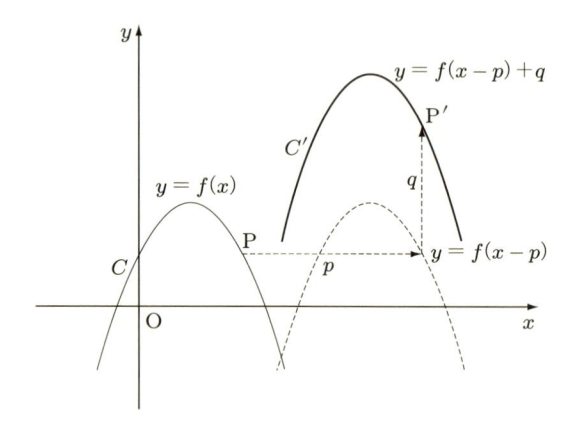

■例 8.3 ──────────────

$y = ax^2$ のグラフを x 軸方向に p, y 軸方向に q だけ平行移動したグラフを表す2次関数は
$$y = a(x - p)^2 + q$$
である．

───────────────────────

(問題) **8.2** 次の各組の曲線を示されたように平行移動した像の方程式を求めよ．
(1) $y = 2x - 1$,　　x 軸方向に 3,　y 軸方向に 2
(2) $y = 2x^2 + 3x$,　x 軸方向に 2,　y 軸方向に -4

対称移動　平面上の各点を，その平面上の定点または定直線に関して対称な点に移すことを，その点または直線に関する**対称移動**という．

対称移動による点 $P(x, y)$ の像を $P'(x', y')$ とするとき，

x 軸に関する対称移動は　　$x' = x, \quad y' = -y$

y 軸に関する対称移動は　　$x' = -x, \quad y' = y$

原点 O に関する対称移動は　$x' = -x, \quad y' = -y$

で表される．

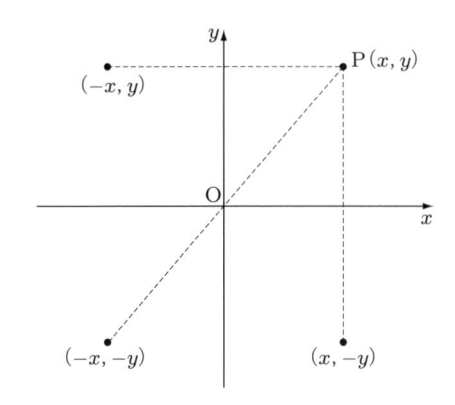

例題 8.1　放物線 $y = x^2 - 4x + 3$ を x 軸，y 軸および原点 O に関して対称移動した放物線の方程式を求めよ．

解　x 軸に関する対称移動は，y の符号を変えるから
$$-y = x^2 - 4x + 3$$
$$y = -x^2 + 4x - 3$$

y 軸に関する対称移動は，x の符号を変えるから
$$y = (-x)^2 - 4(-x) + 3$$
$$y = x^2 + 4x + 3$$

原点 O に関する対称移動は，x と y の符号を同時に変えるから
$$-y = (-x)^2 - 4(-x) + 3$$
$$y = -x^2 - 4x - 3$$

次の対称移動による曲線 $C : y = f(x)$ の像 C' の方程式は

x 軸に関する対称移動による像は　　$y = -f(x)$

y 軸に関する対称移動による像は　　$y = f(-x)$

原点 O に関する対称移動による像は　　$y = -f(-x)$

直線 $y = x$ に関して点 $P(x, y)$ と $P'(x', y')$ が対称ならば，右の図のように，$\triangle OAP \equiv \triangle OA'P'$ である．ゆえに座標の間に
$$x' = y, \quad y' = x$$
の関係がある．この式は直線 $y = x$ に関する対称移動を表している．

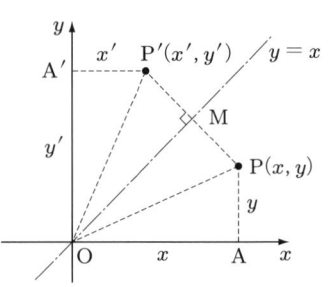

[8.2]

直線 $y = x$ に関する対称移動による曲線 $y = f(x)$ の像は方程式
$$x = f(y)$$
で表される．

(問題) 8.3 直線 $y = 2x + 3$ を次の直線または点に関して対称移動して得られる像を書き，その方程式を求めよ．

(1) x 軸　　　(2) y 軸　　　(3) 原点　　　(4) 直線 $y = x$

(問題) 8.4 2 次関数 $y = x^2 - 2x - 3$ のグラフを次の直線または点に関して対称移動して得られる曲線の概形をかき，その方程式を求めよ．

(1) x 軸　　　(2) y 軸　　　(3) 原点

8.3　べき関数

べき関数　n を自然数として
$$y = x^n$$
を n 次の**べき関数**という．$0 < a < b$ である実数 a, b に対して
$$0 < a^n < b^n$$

が成り立つ．ゆえに $x \geqq 0$ の範囲で x が増加するに従って，関数 x^n は増加する．

n が偶数のとき，x の任意の値に対して
$$(-x)^n = x^n$$
であり，グラフは y 軸に関して対称である．したがって，$x \leqq 0$ の範囲で x^n は減少している．

n が奇数のとき，x の任意の値に対して
$$(-x)^n = -x^n$$
であり，グラフは原点に関して対称である．したがって，$x \leqq 0$ の範囲で x^n は増加している．

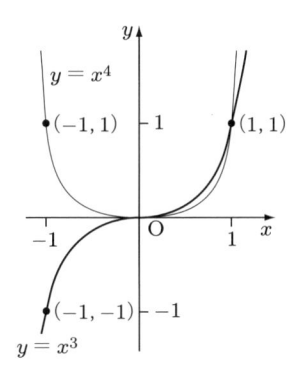

（問題）8.5 関数 $y = x^3$ および $y = x^4$ のグラフを次のように移動したグラフの方程式を求めよ．またグラフをかけ．
(1) x 軸方向に 1，y 軸方向に -2 だけ平行移動
(2) 原点に関して対称
(3) y 軸に関して対称

偶関数・奇関数　関数 $f(x)$ の定義域の x の任意の値に対して
$$f(-x) = f(x)$$
が成り立つとき，$f(x)$ は**偶関数**であるという．そのとき曲線 $C : y = f(x)$ とそれを y 軸に関して対称に移動した像 $C' : y = f(-x)$ の方程式が同じであるから，偶関数のグラフは y 軸に関して対称である（図 (1)）．

定義域の x の任意の値に対して
$$f(-x) = -f(x)$$
が成り立つとき，$f(x)$ は**奇関数**であるという．そのとき曲線 $C : y = f(x)$ とそれを原点に関して対称に移動した像 $C' : y = -f(-x)$ の方程式が同じであるから，奇関数のグラフは原点 O に関して対称である（図 (2)）．

$y = x^2$, $y = x^4$ は偶関数であり，$y = x^3$, $y = x^5$ は奇関数である．べき関数 $y = x^n$ は n が偶数ならば偶関数であり，n が奇数ならば奇関数である．

(1) (2)

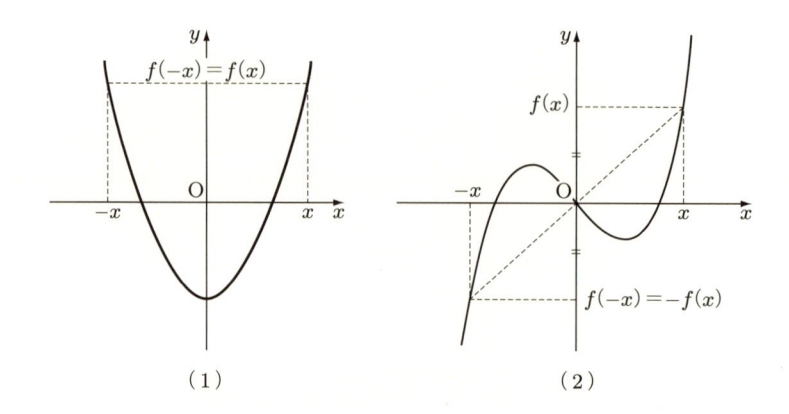

> **問題** **8.6** 次の関数について，偶関数であるか奇関数であるかを述べよ．
> (1) $y = -x$ 　　　　　　(2) $y = x^2 - 3$
> (3) $y = x^3 + 2x$ 　　　(4) $y = x^2 - x$

8.4 分数関数

$$y = \frac{2}{x}, \quad y = \frac{3}{x-1}, \quad y = \frac{x+1}{x^2+1}$$

などのように，変数 x の分数式で表された関数を **分数関数** という．

分数関数は，分母が 0 となるような x の値に対しては定義されない．

分数関数

(1) $$y = \frac{k}{x} \quad (k \neq 0)$$

のグラフは，k のいくつかの値について次ページの図のようになる．

関数 (1) のグラフは次の特徴をもっている．

(i) $x = 0$ では定義されていない．グラフは，$k > 0$ ならば第 1 象限と第 3 象限にあり，$k < 0$ ならば第 2 象限と第 4 象限にある．

(ii) 原点 O に関して対称である．

(iii) 直線 $y = x$ に関して対称である．

(iv) グラフ上で点が原点から限りなく遠ざかるに従って，グラフは x 軸または y 軸に限りなく近づいていく．

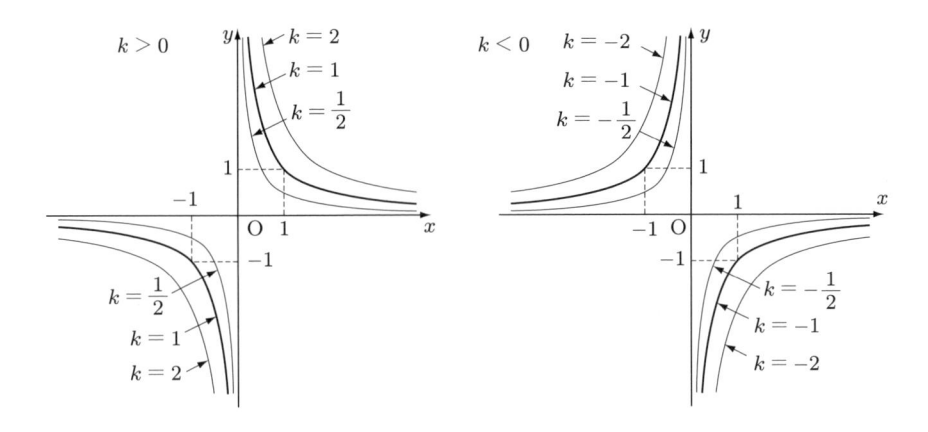

曲線の動点 P が原点から限りなく遠ざかるに従って，一定の直線に限りなく近づいていくならば，その直線を曲線の**漸近線**という．性質 (iv) は x 軸と y 軸が関数 (1) のグラフの漸近線であることを示している．

例題 8.2 関数 $y = \dfrac{2x+1}{x-1}$ のグラフをかけ．

解 $y = \dfrac{2(x-1)+3}{x-1} = 2 + \dfrac{3}{x-1}$

と変形できる．この関数のグラフは，$y = \dfrac{3}{x}$ のグラフを x 軸方向に 1, y 軸方向に 2 だけ平行移動した曲線である．漸近線は直線 $x = 1$ と $y = 2$ である．y 軸との交点の y 座標は，$x = 0$ に対する値 $y = -1$ であり，x 軸との交点の x 座標は $y = 0$ とおいて x について解き $x = -\dfrac{1}{2}$ である．

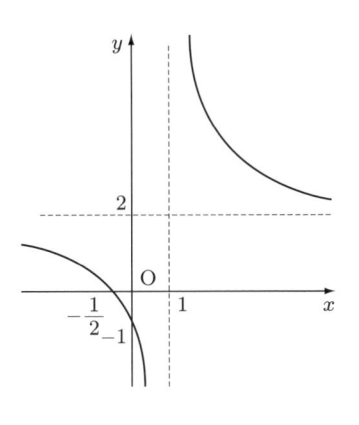

分子・分母がともに 1 次式である分数関数の一般の形は

(2) $\qquad y = \dfrac{ax+b}{cx+d} \quad (c \neq 0,\ ad - bc \neq 0)$

である．例題 8.2 のように，この分数関数は

の形に変形できる．そのグラフは，曲線 $y = \dfrac{k}{x}$ を x 軸方向に p, y 軸方向に q だけ平行移動した曲線である．漸近線は直線 $x = p$ と $y = q$ である．

$$y = \dfrac{k}{x-p} + q$$

問題 8.7 次の関数のグラフは，どんな k の値に対する曲線 $y = \dfrac{k}{x}$ をどのように平行移動したものか．漸近線，x 軸および y 軸との交点を調べてグラフをかけ．

(1) $y = \dfrac{-2}{x+2} + 3$ 　　　　(2) $y = \dfrac{3-x}{x-1}$

8.5 無理関数

$$y = \sqrt{2x}, \quad y = \sqrt{1-x^2}$$

のように，変数 x の無理式で表される関数を**無理関数**という．ここでは関数について実数だけを取り扱うので，無理関数は根号の中が正または 0 であるような x の範囲を定義域とする．たとえば，$y = \sqrt{1-x^2}$ の定義域は $-1 \leqq x \leqq 1$ である．

無理関数

(1) $\quad y = \sqrt{x}$

について考えよう．この定義域は $x \geqq 0$, 値域は $y \geqq 0$ である．

この両辺を 2 乗すれば

(2) $\quad y^2 = x$

となる．これを放物線の方程式

(3) $\quad y = x^2$

と比較すると，x と y とを入れ換えた式になっている．定理 [8.2] により，式 (2) のグラフは式 (3) の放物線と直線 $y = x$ に関して対称であり，原点を頂点とし x 軸を軸として左に凸な放物線である．

しかし，関数 $y = \sqrt{x}$ の値域は $y \geqq 0$ であるから，そのグラフは式 (2) の放物線の $y \geqq 0$ の部分，図の太い実線部分になる．

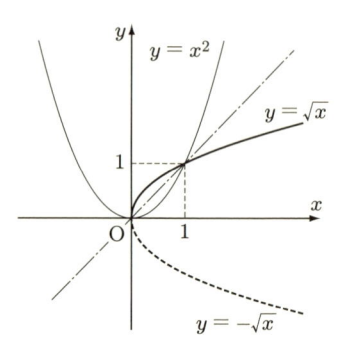

関数 $y = -\sqrt{x}$ の値域は $y \leqq 0$ であり，グラフは $y = \sqrt{x}$ のグラフと x 軸に関して対称であるから，図の太い点線部分になる．

式 (2) が表す放物線は $y = \sqrt{x}$ のグラフと $y = -\sqrt{x}$ のグラフを合わせた曲線である．

89 ページにより，関数 $y = \sqrt{-x}$，$y = -\sqrt{-x}$ のグラフは $y = \sqrt{x}$ のグラフをそれぞれ y 軸および原点に関して対称移動したものである．

■例 8.4
(1) 関数 $y = \sqrt{x+2} - 1$ のグラフは $y = \sqrt{x}$ のグラフを，x 軸方向に -2，y 軸方向に -1 だけ平行移動したものである．

(2) 関数 $y = \sqrt{3-x}$ は
$$y = \sqrt{3-x} = \sqrt{-(x-3)}$$
であるから，このグラフは $y = \sqrt{-x}$ のグラフを x 軸方向に 3 だけ平行移動したものである．

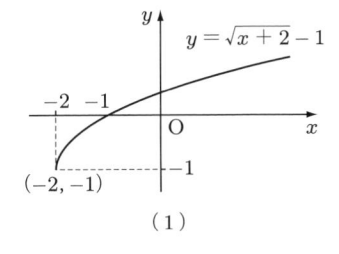

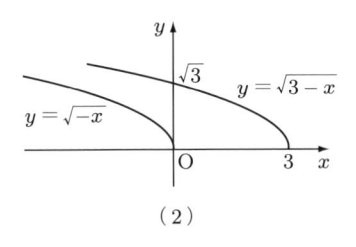

(問題) 8.8 次の関数のグラフをかけ．
(1) $y = \sqrt{2-x} + 1$ (2) $y = \sqrt{4+3x}$

(例題) 8.3 無理関数 $y = \sqrt{x+5}$ のグラフと直線 $y = x - 1$ の共有点の座標を求めよ．

(解) 方程式
$$\sqrt{x+5} = x - 1 \qquad ①$$
の解が共有点の x 座標である．両辺を 2 乗すると
$$x + 5 = x^2 - 2x + 1$$
これを整理して解けば

$$x^2 - 3x - 4 = 0 \quad ②$$
$$(x-4)(x+1) = 0$$
$$x = 4, \quad -1$$

を得る.

これらをもとの方程式①に代入してみると，$x = 4$ のときは両辺がともに 3 になって成立する．しかし，$x = -1$ のときは左辺が 2，右辺が -2 となって成立しない．よって方程式①の解は

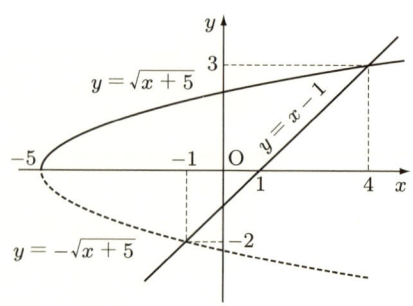

$$x = 4$$

だけである．このとき $y = 3$ であり，共有点は $(4, 3)$ である．

方程式①のように，未知数についての無理式を含む方程式を**無理方程式**という．

無理方程式をこの方法で解く場合，$x = -1$ のようにもとの方程式の解でないものが入ってくる可能性がある．その理由を考えよう．

$y = \sqrt{x+5}$ のグラフは上の図の放物線の実線部分であり，直線 $y = x - 1$ との交点の x 座標は 4 である．

しかし，$y = \sqrt{x+5}$ の両辺を 2 乗すると $y^2 = x + 5$ となる．これは図の実線部分と点線部分を合わせた放物線全体を表している．点線部分と直線との交点の x 座標として -1 が入ってくる．これはもとの方程式の解ではない．

無理方程式を解くには次の順序で考えればよい．

(ⅰ) 適当に移項し，両辺を 2 乗などして，根号を含まない方程式になおす．
(ⅱ) 導かれた方程式を解く．
(ⅲ) その解のうち，もとの無理方程式を満たすものだけを解とする．

問題 8.9 次の無理方程式を解け．

(1) $\sqrt{3x+10} = x$ (2) $\sqrt{x+1} = 5 - x$
(3) $x - 2\sqrt{x} = 3$ (4) $x + 3 = 4\sqrt{x}$

8.6 逆関数

1 辺の長さが $x\,\mathrm{cm}$ の正方形の面積を $y\,\mathrm{cm}^2$ とすると

(1) $$y = x^2 \quad (x > 0)$$

である．逆に，正方形の面積 $y\,\mathrm{cm}^2$ が与えられたとき，その 1 辺の長さ $x\,\mathrm{cm}$ の値は，$y = x^2\ (x > 0)$ を x について解いた式

(2) $$x = \sqrt{y} \quad (y > 0)$$

で与えられる．これは変数が y で x がその関数になることを示している．しかしふつう，y を変数 x の関数として表すから，式 (2) で x と y を入れ換えて書くと，関数

$$y = \sqrt{x} \quad (x > 0)$$

が得られる．

一般に，関数

$$y = f(x)$$

の定義域が D で，値域が E であるとき，E のおのおのの値 y に対して $f(x) = y$ となるような x の値がただ 1 つ定まるならば，x は y の関数になると考えられる．この関数を

$$x = f^{-1}(y)$$

と書く．ここで，変数を x で，関数を y で書きなおすと，新しい関数

$$y = f^{-1}(x)$$

が得られる．この関数を関数 $y = f(x)$ の **逆関数** という．

逆関数は次の性質をもっている．

(ⅰ) 関数 $y = f(x)$ の定義域が D，値域が E であるとき，逆関数 $y = f^{-1}(x)$ の定義域は E，値域は D である．

(ⅱ) D の任意の値 x と E の対応する値 y に対して

$$y = f(x) \iff x = f^{-1}(y)$$

例題 8.4 次の関数の逆関数を求め，そのグラフをかけ．

(1) $y = 5 - 2x$ ① (2) $y = x^2 + 1 \quad (x \geqq 0)$ ③

解 (1) この関数の定義域も値域も実数全体である．① を x について解けば

$$x = -\frac{1}{2}y + \frac{5}{2}$$

である．ここで x と y を入れ換えて，

$$y = -\frac{1}{2}x + \frac{5}{2} \qquad ②$$

が逆関数である．関数①と②のグラフは図 (1) の直線になる．

(2) この関数の定義域は $D = \{x \,|\, x \geqq 0\}$，値域は $E = \{y \,|\, y \geqq 1\}$ である．③を $x \geqq 0$ の範囲で解けば

$$x = \sqrt{y - 1}$$

を得る．ここで x と y を入れ換えて

$$y = \sqrt{x - 1} \qquad ④$$

が逆関数である．定義域は $\{x \,|\, x \geqq 1\}$，値域は $\{y \,|\, y \geqq 0\}$ である．関数③と④のグラフは図 (2) の曲線になる．

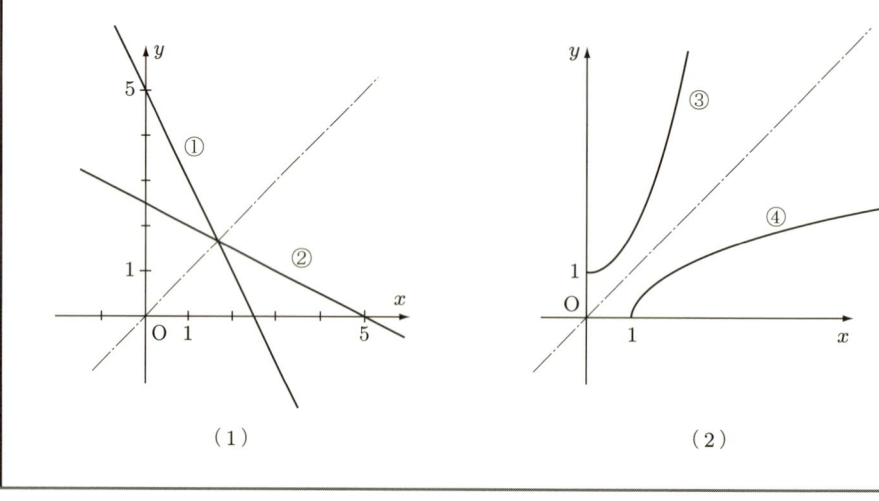

(1) (2)

関数 $y = f(x)$ と $x = f^{-1}(y)$ は，同一のグラフを変数を x として表すか y として表すかの違いである．

逆関数 $y = f^{-1}(x)$ は $x = f^{-1}(y)$ で x と y を入れ換えた式であるから，定理 [8.2] により

[8.3]
関数 $y = f(x)$ のグラフとその逆関数 $y = f^{-1}(x)$ のグラフは直線 $y = x$ に関して対称である．

問題 8.10 次の関数の逆関数を求め，そのグラフをかけ．
(1) $y = 2x + 4$
(2) $y = x^2 + 1 \quad (x \leqq 0)$
(3) $y = -\sqrt{2-x} \quad (x \leqq 2)$
(4) $y = \dfrac{1}{x-1} \quad (x \neq 1)$

練習問題 8

[1] 次の関数について，偶関数か奇関数かを調べよ．
(1) $y = 2x^2 + x$
(2) $y = -x^3$
(3) $y = x^4 - 3x^2 + 1$
(4) $y = |x|$
(5) $y = x + \dfrac{1}{x}$
(6) $y = \sqrt{x}$

[2] 流れの速さが一定である川の上流と下流に，2 つの町 A, B がある．静かな水上では毎時 10 km の速さの船で AB 間を往復すると 10 時間かかり，毎時 14 km の速さの船で往復すると 7 時間かかる．川の流れの速さと AB 間の距離を求めよ．

[3] $y = \dfrac{-3x+1}{x+1}$ のグラフを，$y = \dfrac{x+7}{x+3}$ のグラフに重ねるには，どのように平行移動すればよいか．

[4] 次の関数の逆関数を求めよ．
(1) $y = -3x + 4$
(2) $y = 2(x^2 - 1) \quad (x \geqq 0)$
(3) $y = \dfrac{3x+2}{x-4}$
(4) $y = \sqrt{4x+9}$

> **参考** **組立除法**

整式 $P(x)$ を 1 次式 $x-\alpha$ で割ったときの商と余りを求めるのに，簡単な方法がある．それを $P(x)$ が 3 次式の場合について示そう．
$$P(x) = ax^3 + bx^2 + cx + d$$
を 1 次式 $x-\alpha$ で割ったとき
$$\text{商が}\quad px^2 + qx + r, \quad \text{余りが}\quad R$$
になったとする．そのとき恒等式
$$ax^3 + bx^2 + cx + d = (x-\alpha)(px^2 + qx + r) + R$$
が成り立つ．右辺を展開すると
$$px^3 + (q-\alpha p)x^2 + (r-\alpha q)x + R - \alpha r$$
であるから，左辺の各項の係数と比較して
$$p = a, \quad q - \alpha p = b, \quad r - \alpha q = c, \quad R - \alpha r = d$$
である．ゆえに
$$p = a, \quad q = b + \alpha p, \quad r = c + \alpha q, \quad R = d + \alpha r$$
という関係が成り立つ．

この関係を用いると，a, b, c, d および α から，p, q, r, R を次の方法によって求めることができる．

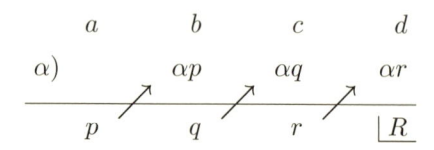

$$
\begin{array}{c|cccc}
 & a & b & c & d \\
\alpha) & & \alpha p & \alpha q & \alpha r \\
\hline
 & p & q & r & \underline{|R}
\end{array}
$$

この方法を**組立除法**という．たとえば
$$(2x^3 + 9x^2 + 8x - 5) \div (x+3)$$
を組立除法で右の表のように計算すると

商は　$2x^2 + 3x - 1$

余りは　-2

である．

$$
\begin{array}{c|cccc}
 & 2 & 9 & 8 & -5 \\
-3) & & -6 & -9 & 3 \\
\hline
 & 2 & 3 & -1 & \underline{|-2}
\end{array}
$$

4章 指数関数・対数関数

17世紀初めネイピアは対数を考え，大きい数の掛け算割り算を足し算引き算に変化させて，計算を容易にすることに成功した．対数の考えのもとになる指数関数は少しおくれて始まった．コンピュータや電卓の普及により，計算法としての対数はそれらの中に取り込まれてしまったが，これらの関数は数学の理論でも科学技術の分野でも重要な役割を果たしている．

§9 指数関数

9.1 累乗と累乗根

数 a を n 個掛けた積 a^n を a の **n 乗**といい，n を**指数**，a を**底**という．$a^1, a^2, \cdots, a^n, \cdots$ を一般に a の**累乗**という．累乗について次の法則が成り立つ．

[9.1] **指数法則**
　m, n を自然数とするとき，
(1) $\qquad\qquad\qquad a^m a^n = a^{m+n}$
(2) $\qquad\qquad\qquad (a^m)^n = a^{mn}$
(3) $\qquad\qquad\qquad (ab)^n = a^n b^n$

累乗の間の除法については，$a \neq 0$ のとき，たとえば

$$\frac{a^5}{a^2} = \frac{aaa\cancel{a}\cancel{a}}{\cancel{a}\cancel{a}} = a^3, \quad \frac{a^3}{a^3} = 1, \quad \frac{a^2}{a^5} = \frac{\cancel{a}\cancel{a}}{aaa\cancel{a}\cancel{a}} = \frac{1}{a^3}$$

であり，一般に次の法則が成り立つ．

[9.2]
　m, n を自然数とし，$a \neq 0$ であるとき

$$a^m \div a^n = \frac{a^m}{a^n} = \begin{cases} a^{m-n} & (m > n \text{ のとき}) \\ 1 & (m = n \text{ のとき}) \\ \dfrac{1}{a^{n-m}} & (m < n \text{ のとき}) \end{cases}$$

n 乗すると a になる数，すなわち

$$x^n = a$$

となる数 x を a の **n 乗根**という．2 乗根は平方根と同じである．3 乗根は**立方根**ともいう．2 乗根，3 乗根，一般に n 乗根を合わせて**累乗根**という．

■例 9.1
(1) 9 の 2 乗根は方程式 $x^2 = 9$ の解 3 と -3 である．
(2) 8 の 3 乗根は方程式

$$x^3 = 8$$

の解である．8 を移項して因数分解すれば

$$x^3 - 8 = (x - 2)(x^2 + 2x + 4) = 0$$
$$x = 2, \quad -1 \pm \sqrt{-3} = -1 \pm \sqrt{3}i$$

8 の 3 乗根のうち，実数であるものは 2 だけである．

(問題) **9.1** (1) -8 の 3 乗根 (2) 1 の 4 乗根 を求めよ．

(　$\sqrt[n]{a}$ **の定義と性質**　) 今後，すべて実数の範囲で考える．実数 a の n 乗根は，方程式 $x^n = a$ の実数解である．その実数解は，べき関数 $y = x^n$ のグラフ上で y 座標が a であるような点の x 座標である．$y = x^n$ は $x \geqq 0$ の範囲ではつねに増加しており，n が偶数のときは y 軸に関して対称であり，n が奇数のときは原点に関して対称である．

n が奇数のとき，実数 a の n 乗根はただ 1 つある．それを $\sqrt[n]{a}$ で表す．$\sqrt[n]{a}$ の符号は a の符号と同じである（図 (1)）．

n が偶数で $a > 0$ のとき，a の n 乗根は 2 つある．その正の方を $\sqrt[n]{a}$ で表す．負の方は $-\sqrt[n]{a}$ である．$a < 0$ のときには，n 乗根は存在しない（図 (2)）．

(1)　　　　　　　　　　　　　（2）

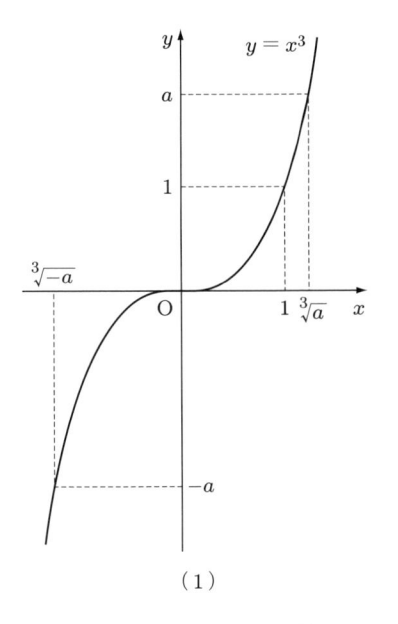

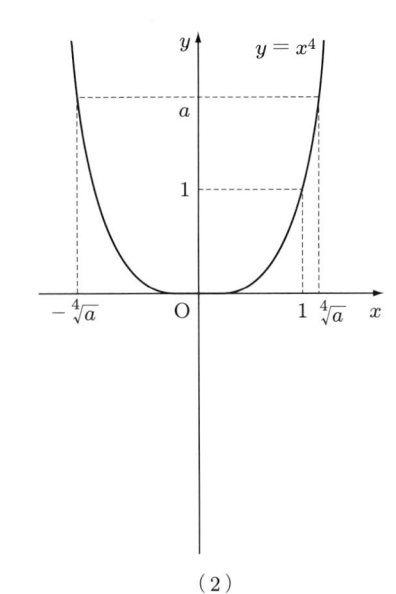

n の偶数奇数にかかわらず $\sqrt[n]{0} = 0$ である．平方根 $\sqrt[2]{a}$ はいままでのように $\sqrt{a}$ と書く．$\sqrt[n]{a}$ が定義できるとき $(\sqrt[n]{a})^n = a$ が成り立つ．

■例 9.2
$$\sqrt[4]{16} = 2, \quad \sqrt[3]{27} = 3, \quad \sqrt[3]{-27} = -3$$

(問題) **9.2** 次の値を根号のない数で表せ．
(1) $\sqrt[3]{64}$ 　　　　(2) $\sqrt[4]{81}$ 　　　　(3) $\sqrt[5]{32}$
(4) $\sqrt[5]{-32}$ 　　(5) $\sqrt[3]{-\dfrac{1}{8}}$ 　　(6) $\sqrt[3]{(-2)^6}$

$\sqrt[n]{a}$ の定義および指数法則から，次の公式が導かれる．

[**9.3**]

m, n を自然数とし，$a > 0, b > 0$ とすると

(1) $(\sqrt[n]{a})^m = \sqrt[n]{a^m}$ (2) $\sqrt[m]{\sqrt[n]{a}} = \sqrt[mn]{a}$

(3) $\sqrt[n]{a}\sqrt[n]{b} = \sqrt[n]{ab}$ (4) $\dfrac{\sqrt[n]{a}}{\sqrt[n]{b}} = \sqrt[n]{\dfrac{a}{b}}$

証明 (1) $x = (\sqrt[n]{a})^m$ とおくと，指数法則 [9.1] (2) により
$$x^n = \{(\sqrt[n]{a})^m\}^n = (\sqrt[n]{a})^{mn} = \{(\sqrt[n]{a})^n\}^m = a^m$$
$x > 0$ であるから，$x = \sqrt[n]{a^m}$ となる． 終

問題 9.3 定理 [9.3] の公式 (2)〜(4) を証明せよ．

問題 9.4 次の値を根号のない数で表せ．

(1) $\sqrt{4^3}$ (2) $\sqrt[3]{2}\sqrt[3]{4}$ (3) $\sqrt[3]{8000}$

(4) $\sqrt{2}\sqrt[6]{8}$ (5) $\sqrt[4]{\dfrac{81}{16}}$ (6) $\dfrac{\sqrt[3]{54}}{\sqrt[3]{16}}$

9.2 指数の拡張

実数の累乗について，いままで指数が自然数である場合を考えてきたが，指数が一般の整数，さらに有理数である場合にも拡張し，そのときにも指数法則が成り立つようにできる．

整数への拡張 まず，次のように定義する．

[9.4]
$a \neq 0$，n が自然数であるとき
$$a^0 = 1, \quad a^{-n} = \dfrac{1}{a^n}$$

■例 9.3
$$2^0 = 1, \quad (-3)^0 = 1$$

$$2^{-1} = \frac{1}{2}, \quad (-3)^{-2} = \frac{1}{(-3)^2} = \frac{1}{9}$$

このように，指数を 0 および負の整数に拡張しても，指数法則 [9.1] はそのまま成り立つ．

■例 9.4

$m = 2$, $n = -3$ のとき，指数法則 [9.1] を確かめよう．

(1) $\qquad a^2 a^{-3} = a^2 \dfrac{1}{a^3} = \dfrac{1}{a} = a^{-1}$

(2) $\qquad (a^2)^{-3} = \dfrac{1}{(a^2)^3} = \dfrac{1}{a^6} = a^{-6}$

(3) $\qquad (ab)^{-3} = \dfrac{1}{(ab)^3} = \dfrac{1}{a^3 b^3} = a^{-3} b^{-3}$

上の定義 [9.4] に従えば，公式 [9.2] の $m = n$, $m < n$ の場合に

$$\frac{a^m}{a^m} = 1 = a^0 = a^{m-m}$$

$$\frac{a^m}{a^n} = \frac{1}{a^{n-m}} = a^{-(n-m)} = a^{m-n}$$

の形に書くことができる．これは [9.2] の第 1 式と同じ形をしているから，公式 [9.2] の 3 つの場合を次の 1 つの式にまとめることができる．

$$\frac{a^m}{a^n} = a^m a^{-n} = a^{m-n} \quad (m, n \text{ は任意の自然数または } 0)$$

さらにこの式は，指数法則 [9.1] の式 (1) の n を $-n$ でおき換えた式になっている．したがって，公式 [9.2] は指数法則 [9.1] (1) に統一される．

(問題) **9.5** 次の値を指数のつかない分数で表せ．

(1) 2^{-4} (2) $(-5)^{-3}$ (3) $\left(\dfrac{2}{3}\right)^{-4}$ (4) $(-2)^{-5}$

有理数への拡張 さらに，指数が有理数のときにも指数法則が成り立つようにし

たい．$a>0$ とし，$m=\dfrac{3}{4}$，$n=4$ のときに $(a^m)^n=a^{mn}$ が成り立つとすると，

$$(a^{\frac{3}{4}})^4=a^{\frac{3}{4}\times 4}=a^3$$

となるから，$a^{\frac{3}{4}}=\sqrt[4]{a^3}$ でなければならない．そこで次のように定義する．

[9.5]

$a>0$, m, n は整数，$n>0$ とするとき

$$a^{\frac{1}{n}}=\sqrt[n]{a}, \quad a^{\frac{m}{n}}=\sqrt[n]{a^m}=(\sqrt[n]{a})^m$$

■例 9.5

$$9^{\frac{1}{2}}=\sqrt{9}=3, \quad 8^{\frac{2}{3}}=(\sqrt[3]{8})^2=2^2=4$$

$$16^{-\frac{3}{4}}=(\sqrt[4]{16})^{-3}=2^{-3}=\dfrac{1}{2^3}=\dfrac{1}{8}$$

問題 9.6 次の値を指数のつかない分数または小数で表せ．

(1) $\left(\dfrac{36}{25}\right)^{\frac{1}{2}}$ 　　(2) $49^{0.5}$ 　　(3) $27^{-\frac{2}{3}}$ 　　(4) $1.21^{1.5}$

指数を有理数に拡張したとき，底 a は正の実数に限るものとする．このときも指数法則 [9.1] はそのままの形で成り立つ．これをまとめておく．

[9.6] 指数法則

$a>0$, $b>0$, r, s を有理数とする．

(1) $a^r a^s=a^{r+s}$ 　　　　　(2) $(a^r)^s=a^{rs}$

(3) $(ab)^r=a^r b^r$ 　　　　　(4) $a^{-r}=\dfrac{1}{a^r}$

問題 9.7 次の値を求めよ．

(1) 7^0 　　　　　　(2) $2^{1.2}\times 2^{1.8}$ 　　　(3) $(3^{0.4})^5$

(4) $32^{0.4}$ 　　　　(5) $16^{\frac{1}{3}}\times 36^{\frac{1}{3}}\div 3^{\frac{2}{3}}$

問題 9.8 $a > 0$ として，次の式を a^r（r は有理数）の形に表せ．

(1) $a\sqrt{a}$ 　　(2) $\dfrac{a}{\sqrt[3]{a}}$ 　　(3) $\sqrt[3]{\sqrt[4]{a}}$ 　　(4) $\left(\dfrac{\sqrt{a}}{\sqrt[3]{a}}\right)^5$

累乗の大小関係
累乗の間の大小関係を調べよう．

■**例 9.6**

次の大小関係が成り立つことを確かめよ．

(1) $2^{\frac{3}{5}} < 3^{\frac{3}{5}}$ 　　　　　(2) $5^{\frac{2}{3}} < 5^{\frac{3}{4}}$

証明　(1) 両辺の数を 5 乗すると $\left(2^{\frac{3}{5}}\right)^5 = 2^3$, $\left(3^{\frac{3}{5}}\right)^5 = 3^3$.
$2^3 < 3^3$ であるから $2^{\frac{3}{5}} < 3^{\frac{3}{5}}$

(2) 両辺の数を 12 乗すると $(5^{\frac{2}{3}})^{12} = 5^8$, $(5^{\frac{3}{4}})^{12} = 5^9$.
$5^8 < 5^9$ であるから $5^{\frac{2}{3}} < 5^{\frac{3}{4}}$ 　　　　　　　　　　　　　終

一般に，累乗について次の不等式が成り立つ．

[9.7]

r, s を有理数，$a > 0, b > 0$ とする．

(1) $r > 0, \; 0 < a < b \implies$
$$0 < a^r < b^r, \quad a^{-r} > b^{-r} > 0$$

(2) $a > 1$ のとき　　$r < s \implies a^r < a^s$
　　$0 < a < 1$ のとき　$r < s \implies a^r > a^s$

問題 9.9 次の 2 つの数の大小を比較せよ．

(1) $4^{0.6}$, $5^{0.6}$ 　　　　　　　　(2) $4^{-\frac{1}{3}}$, $5^{-\frac{1}{3}}$

(3) $6^{\frac{3}{2}}$, $6^{\frac{5}{3}}$ 　　　　　　　　(4) $\left(\dfrac{1}{3}\right)^{0.4}$, $\left(\dfrac{1}{3}\right)^{0.5}$

9.3 指数関数

$a=1$ のときは，つねに $a^x=1$ である．この場合を除いて，正の定数 a $(a \neq 1)$ に対して x の関数

$$y = a^x \quad (a>0,\ a \neq 1)$$

を，a を底とする**指数関数**という．

右の表は，x のいろいろの値に対する 2^x の近似値（小数第5位を四捨五入）である．座標平面上でこれらの値の点 $(x, 2^x)$ をとり，滑らかな曲線で結べば

$$(1) \qquad\qquad y = 2^x$$

のグラフは図の太線になる．

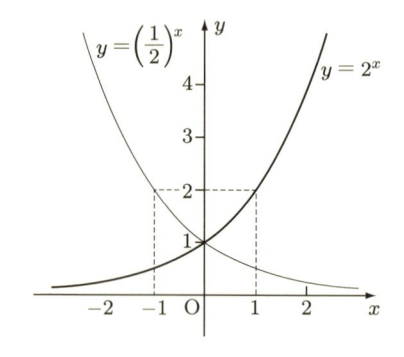

x	2^x
$\cdots$	$\cdots\cdots$
-3	0.125
-2.5	0.1768
-2	0.25
-1.5	0.3536
-1	0.5
-0.5	0.7071
0	1
0.5	1.4142
1	2
1.5	2.8284
2	4
2.5	5.6569
3	8
$\cdots$	$\cdots\cdots$

また

$$y = \left(\frac{1}{2}\right)^x = 2^{-x}$$

であり，これは式 (1) の x を $-x$ でおき換えた式であるから，$y = \left(\frac{1}{2}\right)^x$ のグラフは $y = 2^x$ のグラフを y 軸に関して対称に変換したものであり，図の細い実線になる．

(問題) **9.10** x の -3 から 3 までの 0.5 きざみの値に対して 3^x の近似値を求め，$y = 3^x$ のグラフをかけ．これを利用して $y = \left(\frac{1}{3}\right)^x$ のグラフをかけ．

指数関数 $y = a^x$ $(a>0,\ a \neq 1)$ は次の性質をもっている．

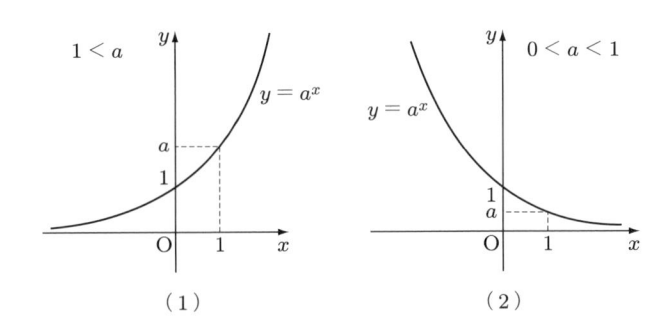

(i) 定義域は実数全体であり，値はつねに正であるから，値域は正の数全体 $y > 0$ である．
(ii) $a^0 = 1, a^1 = a$ である．したがって $y = a^x$ のグラフは点 $(0, 1)$ および $(1, a)$ を通る．
(iii) $a > 1$ のとき，x が増加するに従って a^x は増加する．$0 < a < 1$ のとき，x が増加するに従って，a^x は減少する．
(iv) x 軸は $y = a^x$ のグラフの漸近線である．$a > 1$ のときは x が負の方で x 軸に近づき，$0 < a < 1$ のときは x が正の方で x 軸に近づく．

指数を実数に拡張した場合にも，指数法則 [9.6] および定理 [9.7] は，r, s を実数としてそのまま成り立つ．

例題 9.1 次の関数のグラフをかけ．

(1) $y = 2^{x-3}$ (2) $y = 3^{2-x}$

解 (1) 定理 [8.1] により，この関数のグラフは $y = 2^x$ のグラフを x 軸方向に 3 だけ平行移動したものである（図 (1)）．

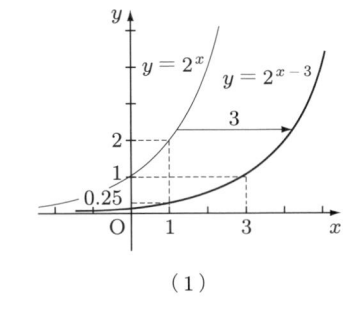

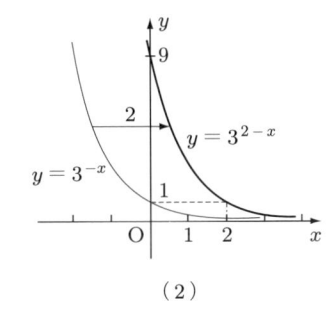

(2) $y = 3^{2-x} = 3^{-(x-2)}$ であるから，この関数のグラフは $y = 3^{-x}$ のグラフを x 軸方向に 2 だけ平行移動したものである（図 (2)）．

問題 9.11 次の関数のグラフをかけ．
(1) $y = 2^{x+2}$ 　　　　　　　　(2) $y = 3^{x-1}$

例題 9.2 方程式 $3^{3x-4} = 243$ を満たす x の値を求めよ．

解 $243 = 3^5$ であるから，与えられた方程式は
$$3^{3x-4} = 3^5$$
となる．このとき，指数が等しいから方程式
$$3x - 4 = 5$$
が成り立つ．ゆえに
$$x = 3$$

問題 9.12 次の式を満たす x の値を求めよ．
(1) $3^x = 81$ 　　(2) $2^x = 4\sqrt{2}$ 　　(3) $2^{2x} = 64$
(4) $4^x = 8$ 　　(5) $3^x = \dfrac{1}{27}$ 　　(6) $0.01^x = 1000$

―――― 練習問題 ⑨ ――――

[1] 次の値を求めよ．
(1) $25^{1.5}$ 　　(2) $32^{-0.6}$ 　　(3) $\sqrt[5]{0.00032}$ 　　(4) $\left(\dfrac{125}{64}\right)^{-\frac{2}{3}}$

[2] 次の式を簡単にせよ．a, b は正の数とする．
(1) $\sqrt[3]{a} \times a\sqrt[3]{a^2}$ 　　　　　　(2) $\sqrt[3]{a} \times \sqrt{a} \div \sqrt[12]{a}$
(3) $\dfrac{a\sqrt{a}}{\sqrt[3]{a^4}}$ 　　(4) $\dfrac{\sqrt{ab}}{\sqrt[3]{ab^2}}$ 　　(5) $\dfrac{\sqrt[3]{a^4}}{\sqrt[4]{b}} \div \dfrac{\sqrt[3]{a}}{\sqrt[4]{b^5}}$

[3] 次の式を簡単な指数の形で表せ.

(1) $3^{-5} \times 27^3 \div 81^{-4}$

(2) $(4^{-\frac{1}{3}})^{\frac{1}{2}} \times 2^{\frac{1}{6}}$

(3) $(8^{\frac{2}{3}} \times 64^{\frac{4}{3}})^{-\frac{1}{2}}$

(4) $2\sqrt[3]{54} - \sqrt[3]{2} - \sqrt[3]{16}$

[4] 次の数を大小の順に並べよ.

(1) $\sqrt{2}, \ \sqrt[3]{4}, \ \sqrt[4]{8}$

(2) $\sqrt{2}, \ \sqrt[3]{3}, \ \sqrt[6]{7}$

[5] $\sqrt{x} - \dfrac{1}{\sqrt{x}} = \sqrt{3}$ のとき, 次の式の値を求めよ.

(1) $x + x^{-1}$

(2) $x^{\frac{3}{2}} - x^{-\frac{3}{2}}$

[6] 次の等式を満たす x の値を求めよ.

(1) $3^{x-1} = 81$

(2) $2^{x+3} = 4 \cdot 2^{-x}$

(3) $4^{x+1} = \sqrt[3]{2}$

(4) $\left(\dfrac{3}{5}\right)^{x+2} = \left(\dfrac{5}{3}\right)^{x+6}$

(5) $9^x + 3^x = 12$

(6) $4^{x+1} + 3 \cdot 2^x = 1$

[7] 次の不等式を満たす x の範囲を求めよ.

(1) $3^x > 27$

(2) $0.5^x > 8$

(3) $\left(\dfrac{1}{3}\right)^x < 3\sqrt{3} < \left(\dfrac{1}{9}\right)^{x-1}$

(4) $4^x - 5 \cdot 2^x + 4 < 0$

§10 対数関数

10.1 対数

109 ページで述べた指数関数の性質 (i), (iii) から，a を正の数 $(a \neq 1)$ とするとき，任意の正の数 M に対して
$$a^r = M$$
であるような実数 r がただ 1 つ存在する．そのとき，r を
$$r = \log_a M$$
と表し，a を**底**とする M の**対数**という．M を対数 $\log_a M$ の**真数**という．

[10.1]

$a > 0$, $a \neq 1$, $M > 0$ のとき，
$$a^r = M \iff r = \log_a M$$

■例 10.1

$$2^3 = 8, \quad 10^2 = 100, \quad 5^{-2} = 0.04$$

の関係は，[10.1] により対数の関係として次のように表される．

$$3 = \log_2 8, \quad 2 = \log_{10} 100, \quad -2 = \log_5 0.04$$

(問題) **10.1** 次の等式を対数の形で表せ．

(1) $7^2 = 49$ (2) $10^{-2} = 0.01$ (3) $6^0 = 1$

(4) $3 = 9^{\frac{1}{2}}$ (5) $\dfrac{1}{32} = 2^{-5}$ (6) $0.5 = 64^{-\frac{1}{6}}$

(問題) **10.2** 次の等式を指数の形に書け．

(1) $\log_3 81 = 4$ (2) $\log_8 2 = \dfrac{1}{3}$ (3) $\log_5 5 = 1$

(4) $\log_{10} 0.001 = -3$ (5) $\log_{16} 0.25 = -0.5$ (6) $\log_{\sqrt{2}} 4 = 4$

問題 10.3 次の値を整数または小数で表せ．
(1) $\log_4 16$ (2) $\log_3 27$ (3) $\log_{0.5} 4$
(4) $\log_{10} 1$ (5) $\log_{10} 1000$ (6) $\log_{10} \sqrt{10}$

問題 10.4 次の等式が成り立つような x または a の値を求めよ．
(1) $\log_5 x = 3$ (2) $\log_3 x = -2$ (3) $\log_4 x = 0.5$
(4) $\log_a 25 = 2$ (5) $\log_a 0.125 = 3$ (6) $\log_a 8 = -3$

任意の正の数 a $(a \neq 1)$ に対して
$$a^0 = 1, \quad a^1 = a$$
であるから，対数の定義により

[10.2]
任意の正の数 a $(a \neq 1)$ に対して
$$\log_a 1 = 0, \quad \log_a a = 1$$

[10.3] 対数の性質
$a > 0$, $a \neq 1$ のとき，正の数 M, N と実数 p に対して，次式が成り立つ．
(1) $\log_a MN = \log_a M + \log_a N$
(2) $\log_a \dfrac{M}{N} = \log_a M - \log_a N$, とくに $\log_a \dfrac{1}{N} = -\log_a N$
(3) $\log_a M^p = p \log_a M$

証明 $\log_a M = r$, $\log_a N = s$ とおけば，[10.1] により
$$M = a^r, \quad N = a^s$$
(1) 指数法則 [9.6] により
$$MN = a^r a^s = a^{r+s}$$
対数の定義により
$$\log_a MN = r + s = \log_a M + \log_a N$$
終

(問題) **10.5** 公式 [10.3] の (2), (3) を証明せよ．

■例 10.2

$$\log_5 3 + \log_5 2 = \log_5 6$$

$$\log_2 24 - \log_2 3 = \log_2 8 = 3$$

$$\log_3 \frac{\sqrt{3}}{5} = \log_3 \sqrt{3} - \log_3 5$$

$$= \log_3 3^{\frac{1}{2}} - \log_3 5$$

$$= \frac{1}{2} - \log_3 5$$

(問題) **10.6** 次の式を簡単にせよ．
(1) $\log_6 \frac{9}{2} + \log_6 8$ (2) $\log_2 \frac{3}{4} - \log_2 18$
(3) $\log_3 54 + \log_3 6 - \log_3 8$ (4) $\log_2 \sqrt{6} - \log_2 \frac{\sqrt{3}}{4}$

(問題) **10.7** $\log_{10} 2 = \alpha$, $\log_{10} 3 = \beta$ とおくとき，次の対数を α, β で表せ．
(1) $\log_{10} 6$ (2) $\log_{10} 5$ (3) $\log_{10} 12$ (4) $\log_{10} \sqrt[3]{18}$

[10.4] 底の変換公式

a, b は 1 でない正の数とする．任意の正の数 M に対して
$$\log_b M = \frac{\log_a M}{\log_a b}$$

証明 $\log_b M = p$ とおけば，$M = b^p$. 対数の性質 [10.3] (3) により

$$\log_a M = \log_a b^p = p \log_a b$$

$$p = \frac{\log_a M}{\log_a b}$$

すなわち
$$\log_b M = \frac{\log_a M}{\log_a b}$$
終

問題 10.8 次の対数を，10 を底とする対数で表せ．
(1) $\log_3 8$ (2) $\log_2 7$ (3) $\log_6 10$

10.2 対数関数

a を正の数 $(a \neq 1)$ とするとき，任意の正の数 x に対してその対数
$$(1) \qquad y = \log_a x$$
がただ 1 つ定まる．x を正の実数の範囲で変化させるとき，これを x の関数と考えて，a を底とする**対数関数**という．

対数の定義により，式 (1) の x と y との関係を指数の形で表せば
$$(2) \qquad x = a^y$$
である．これは指数関数 $y = a^x$ で変数 x と y を入れ換えた式である．すなわち，対数関数 (1) は指数関数の逆関数であり，定理 [8.3] により，そのグラフは指数関数 $y = a^x$ のグラフと直線 $y = x$ に関して対称になっている．

指数関数の性質 (i)〜(iv) と比較して，対数関数は次の性質をもっている．
(ⅰ) 対数関数 $y = \log_a x \; (a > 0, \quad a \neq 1)$ の定義域は $x > 0$ の範囲であり，値域は実数全体である．

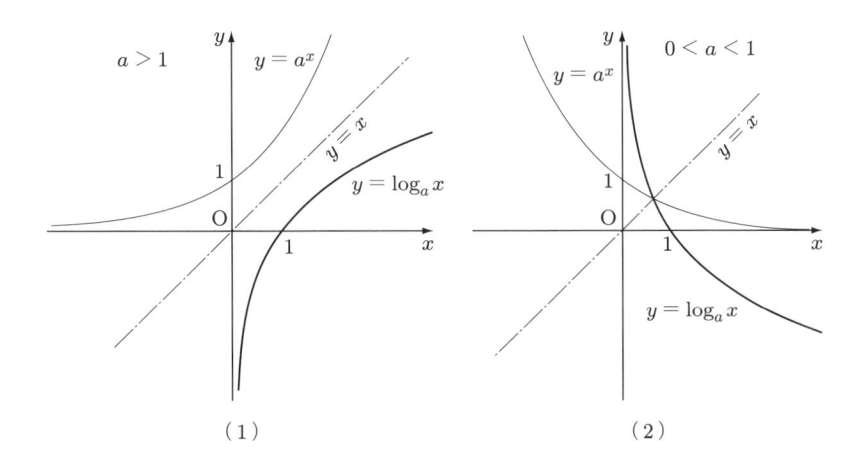

(1) (2)

(ii) $\log_a 1 = 0$, $\log_a a = 1$ である．したがって $y = \log_a x$ のグラフは点 $(1, 0)$ および $(a, 1)$ を通る．

(iii) $a > 1$ のとき x が増加するに従って $\log_a x$ は増加する．

　　　$0 < a < 1$ のとき x が増加するに従って $\log_a x$ は減少する．

(iv) y 軸は $y = \log_a x$ のグラフの漸近線である．$a > 1$ のときは y が負の方で y 軸に近づき，$0 < a < 1$ のときは y が正の方で y 軸に近づく．

例題 10.1 次の対数関数のグラフをかけ．

(1) $y = \log_3(x + 2)$ 　　　　(2) $y = \log_2 8x$

解 (1) この関数のグラフは $y = \log_3 x$ のグラフを x 軸方向に -2 だけ平行移動したものである（図 (1)）．

(2) $$y = \log_2 8x = \log_2 8 + \log_2 x = \log_2 x + 3$$

であるから，このグラフは $y = \log_2 x$ のグラフを y 軸方向に 3 だけ平行移動したものである（図 (2)）．

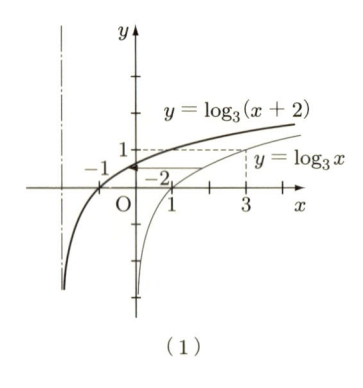

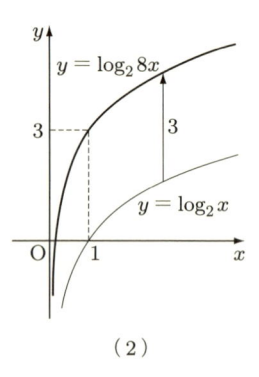

(1)　　　　　　　　　　(2)

問題 10.9 次の対数関数のグラフをかけ．

(1) $y = \log_2(x + 4)$ 　　　　(2) $y = \log_3 9x$

例題 10.2 $8^{\frac{1}{4}}$, $(\sqrt{2})^3$, $\left(\dfrac{1}{2}\right)^{\frac{1}{3}}$, の大小関係を調べよ．

解 2 を底とする対数の値を比較する．

$$\log_2 8^{\frac{1}{4}} = \frac{1}{4}\log_2 8 = \frac{1}{4}\log_2 2^3 = \frac{3}{4}$$

$$\log_2(\sqrt{2})^3 = 3\log_2\sqrt{2} = 3\log_2 2^{\frac{1}{2}} = \frac{3}{2}$$

$$\log_2\left(\frac{1}{2}\right)^{\frac{1}{3}} = \frac{1}{3}\log_2\frac{1}{2} = \frac{1}{3}\log_2 2^{-1} = -\frac{1}{3}$$

$-\dfrac{1}{3} < \dfrac{3}{4} < \dfrac{3}{2}$ であり，x が増加するに従って $\log_2 x$ は増加するから

$$\left(\frac{1}{2}\right)^{\frac{1}{3}} < 8^{\frac{1}{4}} < (\sqrt{2})^3$$

(問題) **10.10** 128, $16^{\frac{5}{3}}$, $(\sqrt{2})^{15}$ の大小関係を調べよ．

(例題) **10.3** 不等式 $2 \leqq \log_3 x \leqq 4$ を満たす x はどんな範囲にあるか．

(解) $$\log_3 3^2 \leqq \log_3 x \leqq \log_3 3^4$$
である．$3 > 1$ であるから $\log_3 x$ は増加であり，
$$3^2 \leqq x \leqq 3^4$$
$$\therefore\ 9 \leqq x \leqq 81$$

(問題) **10.11** 次の不等式を満たす x はどんな範囲にあるか．
(1) $-2 \leqq \log_2 x \leqq 3$ (2) $1 \leqq \log_{0.5} x \leqq 4$

(例題) **10.4** $2\log_3(x+2) = \log_3(10-x)$ を満たす x の値を求めよ．

(解) まず対数の真数は正でなければならないから，$x+2 > 0$, $10-x > 0$, すなわち
$$-2 < x < 10$$
この条件のもとで等式を変形すると
$$\log_3(x+2)^2 = \log_3(10-x)$$

となる．したがって方程式
$$(x+2)^2 = 10-x$$
が成り立つ．これを展開して整理すると
$$x^2 + 5x - 6 = 0$$
$$x = 1, \quad -6$$
しかし x は $-2 < x < 10$ でなければならないから，解は
$$x = 1$$

問題 10.12 次の等式を満たす x の値を求めよ．
(1) $\log_2(5x+1) = 4$　　(2) $2\log_4(x-4) = 1$
(3) $\log_3(x-2) + \log_3(x+4) = 3$

常用対数 日常用いる数は10進法であるから，10を底とする対数を用いると便利なことが多い．それを**常用対数**といい，底10を省略して単に $\log$ と書く．以下この節では常用対数を用いる．

問題 10.13 次の表に示す常用対数の近似値から計算して空欄を埋めよ．

x	1	2	3	4	5	6	7	8	9	10
$\log x$		0.3010	0.4771				0.8451			

また次の近似値を求めよ．
(1) $\log 15$　　(2) $\log 240$　　(3) $\log 0.72$　　(4) $\log_2 9$

巻末の常用対数表には 1.00 から 9.99 まで 0.01 きざみの数の対数の近似値を，小数第5位を四捨五入して小数第4位までを示している．

■**例 10.3**

$\log 1.23$ は右の表のように矢印の交差する所にある数 0.0899 である．また $\log 12300$, $\log 0.00123$ は次のようにして求める．

数	3
⋮	↓
1.2	→ .0899

$$\log 12300 = \log(10^4 \times 1.23) = \log 10^4 + \log 1.23$$
$$\fallingdotseq 4 + 0.0899 = 4.0899$$
$$\log 0.00123 = \log(10^{-3} \times 1.23) = \log 10^{-3} + \log 1.23$$
$$\fallingdotseq -3 + 0.0899 = -2.9101$$

$\log 12300$ の整数部分 4 は 12300 が 5 けたの数であること，$\log 0.00123$ の整数部分 -3 は 0.00123 の小数第 3 位に初めて 0 でない数が現れることを示す．

(問題) 10.14 次の数の常用対数の近似値を求めよ．
(1)　4.35　　　　　(2)　435　　　　　(3)　0.00435

(問題) 10.15 常用対数が次の値であるような真数を求めよ．
(1)　0.8831　　　　(2)　2.7308　　　　(3)　$-4 + 0.5729$

(例題) 10.5

(1)　2^{40} は何けたの数か．

(2)　3^{-10} は小数第何位に初めて 0 以外の数が現れるか．

解 (1) $x = 2^{40}$ とおくと
$$\log x = 40 \times \log 2 \fallingdotseq 40 \times 0.3010 = 12.04$$
よって $12 < \log x < 13$．$12 = \log 10^{12}$, $13 = \log 10^{13}$ より $10^{12} < x < 10^{13}$ となるから，$x = 2^{40}$ は 13 けたの数である．

(2)　$y = 3^{-10}$ とおくと
$$\log y = -10 \times \log 3 \fallingdotseq -10 \times 0.4771 = -4.771$$
よって $-4 > \log y > -5$．$10^{-4} > y > 10^{-5}$ であるから，$y = 3^{-10}$ は小数第 5 位に初めて 0 以外の数が現れる．

問題 10.16 次の数は何けたの数か，または小数第何位に初めて 0 以外の数が現れるか．

(1) 3^{20} (2) 7^{13} (3) 0.2^{15}

練習問題 ⑩

[1] 次の式を簡単にせよ．

(1) $\log_3 \dfrac{54}{49} - 3\log_3 \dfrac{6}{7} + \log_3 \dfrac{4}{21}$

(2) $\log_{10} \dfrac{28}{15} + 2\log_{10} \dfrac{3}{14}$

(3) $\dfrac{1}{2}\log_4 5 - \log_4 \dfrac{\sqrt{5}}{2}$

(4) $(\log_2 5)(\log_5 9)(\log_3 8)$

[2] $\log 2 = 0.3010$, $\log 3 = 0.4771$ として，次の値を求めよ．

(1) $\log 1200$ (2) $\log \sqrt[3]{0.45}$ (3) $\log_8 36$

[3] $\sqrt{3}$, $\sqrt[3]{5}$, $\sqrt[4]{10}$, $\sqrt[6]{30}$ を小さい順に並べよ．

[4] 2^{100} は何けたの数か．また $\left(\dfrac{1}{2}\right)^{50}$ を小数で表すとき，初めて 0 でない数字が現れるのは小数第何位か．

[5] (1) $1.2^n > 100$ となるような最小の整数 n を求めよ．

(2) $0.8^n < 0.001$ となるような最小の整数 n を求めよ．

[6] 次の等式を満たす x の値を求めよ．

(1) $\log(3x+1) = 2$ (2) $\log(x-1) + \log(x-4) = 1$

[7] 次の不等式を満たす x の値の範囲を求めよ．

(1) $\log(x+2) < 1$ (2) $\log_2(x+1) + \log_2(x+5) > 5$

[8] $a > 1$, $b > 1$ のとき次の不等式を証明せよ．

$$\log_a b + \log_b a \geqq 2$$

5章 三角関数

三角形の辺と角の性質は古い時代から測量・天体観測・航海術などに広く利用された．のちに座標や関数の概念と結びついて一般化され，振動を伴う現象の研究にも用いられ，科学技術に大きく貢献した．この章では，まず鋭角の三角関数として三角比を述べ，一般角の三角関数を定義しその性質を学び，三角形の辺の長さや角の大きさとの関係を考える．

§11 三角関数の定義

11.1 鋭角の三角関数

山の高さや離れた 2 地点間の距離など，直接測定できない長さを相似の三角形を利用して測る方法を学んだであろう．相似の三角形の対応する辺の比は等しいことがその基礎になっている．

■例 11.1

木の高さ AB を測るため，木の根元 A から離れた地点 O を定め，$\angle O$ の大きさと距離 OA を測って

$$\angle O = 33°, \quad OA = 15 \text{ m}$$

であった．直角三角形 O′A′B′ を

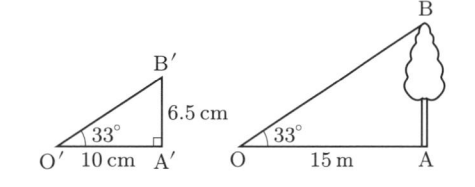

$$\angle O' = 33°, \quad O'A' = 10 \text{ cm}, \quad \angle A = 90°$$

であるようにかき，A′B′ の長さを測ると約 6.5 cm になる．2 つの三角形は相似であるから，

$$\frac{AB}{OA} = \frac{A'B'}{O'A'} \qquad ①$$

$$AB = OA \times \frac{A'B'}{O'A'} = 15 \times \frac{6.5}{10} = 9.75$$

したがって，木の高さ AB は約 9.75 m である．

この例で，∠O = 33° であることから比①の値を知ることができれば，縮図をかかなくても，計算によって AB の値を求めることができる．

鋭角 ∠XOY の辺 OX 上の点 A で OX に垂線を立て，辺 OY との交点を B とすると，A を OX 上のどこにとっても

$$\frac{AB}{OA}$$

の値は一定であり，∠O の大きさだけによって定まる．その他の 2 辺の比

$$\frac{AB}{OB}, \quad \frac{OA}{OB}$$

の値も同じように ∠O の大きさだけによって定まる．

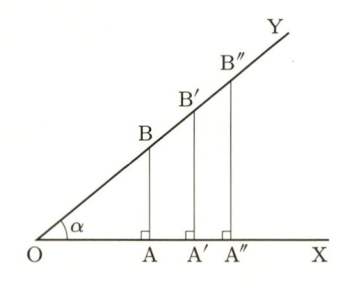

[11.1] **三角比の定義**

∠A が直角の直角三角形 OAB において ∠AOB の大きさを α とするとき，

$$\sin\alpha = \frac{AB}{OB}, \quad \cos\alpha = \frac{OA}{OB}, \quad \tan\alpha = \frac{AB}{OA}$$

とおき，順に角 α の**正弦**，**余弦**，**正接**という．

これらをサイン，コサイン，タンジェントと読む．まとめて鋭角 α の**三角関数**または**三角比**という．

(問題) **11.1** 次の図の直角三角形で，長さが示されていない辺の長さを求め，$\sin\alpha$, $\cos\alpha$, $\tan\alpha$ を求めよ．

(1) 直角三角形 OAB，OB = 5，AB = 4，∠O = α

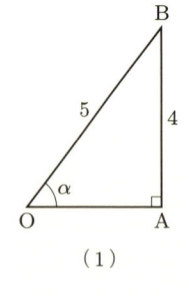

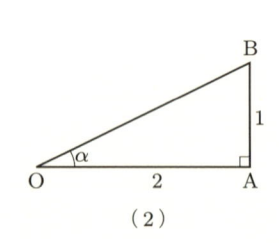

(2) 直角三角形 OAB，OA = 2，AB = 1，∠O = α

角 $30°$, $45°$, $60°$ の正弦・余弦・正接は重要であり，よく用いられる．$30°$ については下の図 (1) の $\angle O$, $60°$ については同図の $\angle B$, $45°$ については図 (2) の $\angle O$ に対して，定義に基づいて下の表の値を得る．

$0°$ と $90°$ については $\triangle OAB$ で頂点 A と B が一致した特別な場合の $\angle O$ と $\angle B$ であると考え，$OA = OB$, $AB = 0$ として表の値になる．$\tan 90°$ は定義されない．

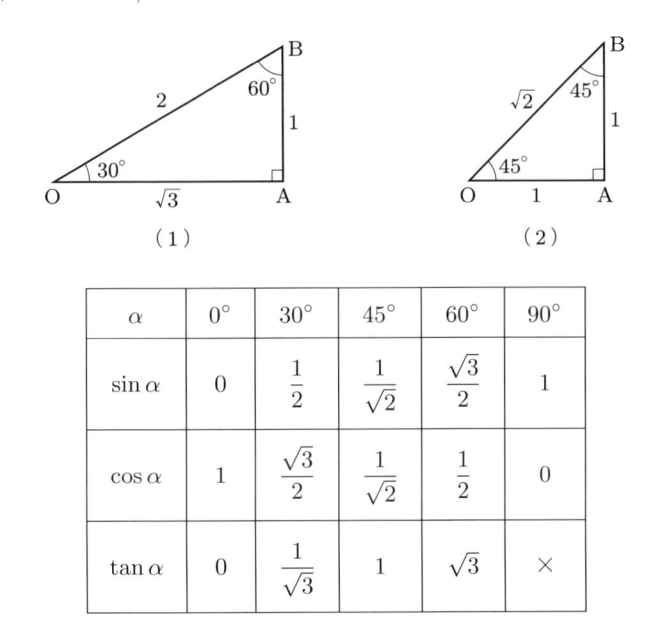

(1)

(2)

α	$0°$	$30°$	$45°$	$60°$	$90°$
$\sin \alpha$	0	$\dfrac{1}{2}$	$\dfrac{1}{\sqrt{2}}$	$\dfrac{\sqrt{3}}{2}$	1
$\cos \alpha$	1	$\dfrac{\sqrt{3}}{2}$	$\dfrac{1}{\sqrt{2}}$	$\dfrac{1}{2}$	0
$\tan \alpha$	0	$\dfrac{1}{\sqrt{3}}$	1	$\sqrt{3}$	×

(問題) **11.2** 下の図で $AB = 1$ とするとき，その他の線分の長さを求めて，$15°$, $75°$ の正弦・余弦・正接の値を求めよ．

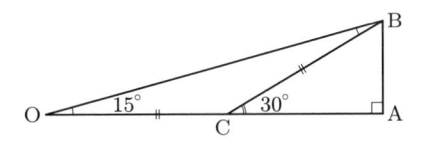

巻末の三角関数表は，$0°$ から $90°$ まで $1°$ ごとの角の $\sin$, $\cos$, $\tan$ の近似値をのせている．以下，三角関数の近似値は小数第 4 位まで求めることにする．

> **問題 11.3** 三角関数表から，$15°, 30°, 45°, 60°, 75°$ の sin, cos, tan の値を求め，いままでに求めた値と比較せよ．

> **問題 11.4** 三角関数表を用いて，次の鋭角 α の大きさを求めよ．
> (1) $\sin \alpha = 0.4695$ 　　(2) $\cos \alpha = 0.6947$ 　　(3) $\tan \alpha = 1.4281$

右の図の $\triangle \mathrm{OAB}$ において，
$$\mathrm{AB} = \mathrm{OB} \sin \alpha, \quad \mathrm{OA} = \mathrm{OB} \cos \alpha$$
である．したがって
$$\tan \alpha = \frac{\mathrm{AB}}{\mathrm{OA}} = \frac{\sin \alpha}{\cos \alpha}$$
であり，次の関係が成り立つ．

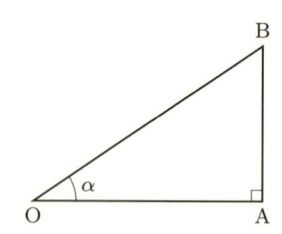

[11.2]
$$\tan \alpha = \frac{\sin \alpha}{\cos \alpha}$$

$$\sin \angle \mathrm{B} = \frac{\mathrm{AO}}{\mathrm{BO}} = \cos \alpha$$
$$\cos \angle \mathrm{B} = \frac{\mathrm{BA}}{\mathrm{BO}} = \sin \alpha$$
$$\tan \angle \mathrm{B} = \frac{\mathrm{OA}}{\mathrm{BA}} = \frac{1}{\tan \alpha}$$

であり，$\angle \mathrm{B} = 90° - \alpha$ であるから，次の公式が成り立つ．

[11.3]
$$\sin(90° - \alpha) = \cos \alpha, \quad \cos(90° - \alpha) = \sin \alpha, \quad \tan(90° - \alpha) = \frac{1}{\tan \alpha}$$

$\angle \mathrm{A} = 90°$ の $\triangle \mathrm{OAB}$ において，三平方の定理
$$\mathrm{AB}^2 + \mathrm{OA}^2 = \mathrm{OB}^2$$
が成り立つ．この両辺を OB^2 および OA^2 で割れば

$$\left(\frac{\mathrm{AB}}{\mathrm{OB}}\right)^2 + \left(\frac{\mathrm{OA}}{\mathrm{OB}}\right)^2 = 1$$

$$\left(\frac{\mathrm{AB}}{\mathrm{OA}}\right)^2 + 1 = \left(\frac{\mathrm{OB}}{\mathrm{OA}}\right)^2$$

となる．これに三角関数の定義の式を代入して，次の公式を得る．三角関数の累乗については $(\sin\alpha)^n$ を $\sin^n\alpha$ のように表す．$\sin^2\alpha$, $\cos^2\alpha$ は $(\sin\alpha)^2$, $(\cos\alpha)^2$ の意味である．

[11.4]

(1) $\sin^2\alpha + \cos^2\alpha = 1$

(2) $\tan^2\alpha + 1 = \dfrac{1}{\cos^2\alpha}$

鋭角 α の三角関数の値は正であるから，$\sin\alpha$, $\cos\alpha$, $\tan\alpha$ のうちどれか1つの値がわかれば，残りのものの値を求めることができる．

例題 11.1 次の値が与えられたとき，他の三角関数の値を求めよ．

(1) $\sin\alpha = \dfrac{3}{5}$ (2) $\tan\alpha = 2$

解 (1) $\cos^2\alpha = 1 - \sin^2\alpha$

$$= 1 - \left(\frac{3}{5}\right)^2 = \frac{16}{25}$$

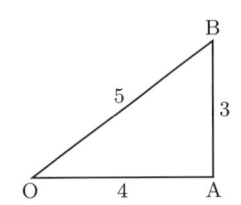

$$\cos\alpha = \frac{4}{5}$$

$$\tan\alpha = \frac{\sin\alpha}{\cos\alpha} = \frac{3}{4}$$

$\angle\mathrm{A} = 90°$, $\mathrm{OB} = 5$, $\mathrm{AB} = 3$ の直角三角形 OAB を考えれば，$\mathrm{OA} = 4$ であるから，これを利用して上の値を求めることもできる．

(2) $\cos^2\alpha = \dfrac{1}{\tan^2\alpha + 1} = \dfrac{1}{2^2 + 1} = 0.2$

$$\cos\alpha = \sqrt{0.2} = 0.4472$$

$$\sin\alpha = \cos\alpha \tan\alpha = 0.4472 \times 2 = 0.8944$$

(問題) **11.5** 次の値が与えられたとき，他の三角関数の値を求めよ．
(1) $\tan\alpha = \dfrac{5}{12}$ (2) $\cos\alpha = 0.4$

■例 11.2

例 11.1 で，三角関数表を用いると，
$$\tan 33° = 0.6494 \text{ であるから，} AB = 15 \times 0.6494 = 9.74$$
したがって，木の高さ AB は約 9.74 m である．

(問題) **11.6** 水平面に対して傾きが $15°$ の長さ 400 m のリフトがある．三角関数表を用いて垂直方向に登る高さ，水平方向に動く距離を求めよ．

(問題) **11.7** 水平な校庭で垂直に立てた長さ 1 m の棒の影の長さが 1.28 m であった．このとき太陽を見上げる角度は何度か．三角関数表を用いて求めよ．

11.2 一般角と弧度法

(一般角) 1点から出る2つの半直線が作る角を測るためには，$0°$ から $360°$ の範囲で考えれば十分である．しかし，車輪や歯車など何回も回転する角の大きさを測るためには，$360°$ を超えて角を考え，また回転の向きを区別することが必要になる．

平面上に定点 O と半直線 OX をとる．半直線 OP が OX の位置から出発して回転した角の大きさを α とする．そのとき α は OP の回転が

時計の針と反対方向に回るとき正，
時計の針と同じ向きに回るとき負

とし，OP が O のまわりを一まわり以上回転する場合も $0°$ から $360°$ の範囲を超えて考えることにする．このように正負の符号をつけた任意の大きさの角を**一般角**という．

■例 11.3

次の図は $120°$, $480°$, $-240°$ の角を表す．

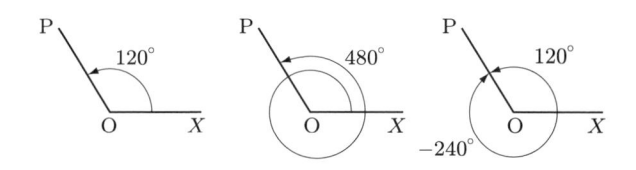

一般角 α に対して α だけ回転した半直線 OP を角 α の**動径**という．動径は $360°$ 回転するごとに同じ位置に戻るから，$120°$，$480°$，$-240°$ などの角の動径は一致する．

動径 OP の角が α であるとき

$$\theta = \alpha + 360° \times n \quad (n\text{ は整数})$$

の動径はすべて OP と同じ位置にある．これらの角を**動径 OP の表す角**という．

座標平面上で x 軸の正方向を OX にとるとき，1 つの動径が表す一般角を，その動径が属する象限に従って，その**象限の角**という．右の図で，OP の表す角は第 1 象限の角，OQ の表す角は第 4 象限の角である．

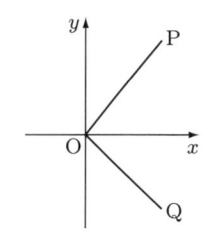

(問題) 11.8 次の角と同じ動径をもつ角 α $(0° \leqq \alpha < 360°)$ を求めよ．
(1) $820°$ (2) $1305°$ (3) $-160°$ (4) $-675°$

弧度法 角を測る単位として度・分・秒 $(1° = 60', 1' = 60'')$ を用いてきた．これを**六十分法**という．角の大きさを表すもう 1 つの方法を述べよう．

半径 r の円で，中心角が $\alpha°$ の弧の長さを l とする．このとき $\dfrac{l}{r}$ の値は半径 r に関係なく，角の大きさによって定まるから，この値を

$$(1) \qquad \theta = \frac{l}{r}$$

とおき，角は θ **ラジアン**であるという．

1 ラジアンは，半径 r と同じ長さの円弧が作る中心角の大きさである．半径 r の半円周の長さは πr であり，その中心角は $180°$ であるから

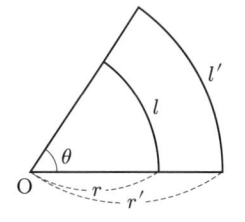

[11.5]

$$\pi \text{ラジアン} = 180°$$

$$1 \text{ラジアン} = \frac{180°}{\pi}, \quad 1° = \frac{\pi}{180} \text{ラジアン}$$

ラジアンを単位とする角の測り方を**弧度法**といい，弧度法ではふつうラジアンを省略して数値だけで表す．たとえば

$$90° = \frac{\pi}{2}, \quad 180° = \pi, \quad 360° = 2\pi$$

である．弧度法を用いると，動径 OP が表す角を α $(0 \leqq \alpha < 2\pi)$ として，OP が表す一般角 θ は次のように表される．

$$\theta = \alpha + 2n\pi \quad (n \text{ は整数})$$

問題 11.9 (1) $30°$, $45°$, $120°$, $420°$, $-660°$ を弧度法で表せ．
(2) $\dfrac{\pi}{12}$, $\dfrac{\pi}{5}$, $\dfrac{5}{6}\pi$, $\dfrac{5}{4}\pi$, $\dfrac{7}{2}\pi$, $-\dfrac{\pi}{3}$ を六十分法で表せ．

[11.6]

半径 r，中心角 θ(ラジアン) の扇形の弧の長さ l，面積 S は次の式で与えられる．

$$l = r\theta, \quad S = \frac{1}{2}r^2\theta$$

証明 第 1 式は式 (1) の分母を払えばよい．半径 r の円の面積は πr^2 であり，同じ円の扇形の面積は中心角の大きさに比例するから

$$S : \pi r^2 = \theta : 2\pi \quad \therefore \quad S = \frac{\pi r^2 \theta}{2\pi} = \frac{1}{2}r^2\theta$$

終

問題 11.10 半径 $6\,\text{cm}$，中心角 $\dfrac{2}{3}\pi$ の扇形の弧の長さと面積を求めよ．

今後，とくに断らない場合は弧度法を用いる．

一般角の三角関数

§11.1 で考えた三角関数は，角が鋭角である範囲に限られていた．ここで，三角関数を一般角の場合まで広げて定義する．

座標平面上で原点 O を中心とし半径 r の円をとる．x 軸の正方向を始線とし，動径 OP がその円と交わる点を P(x, y)，OP の表す一般角を θ とする．そのとき

$$\sin\theta = \frac{y}{r}$$

$$\cos\theta = \frac{x}{r}$$

$$\tan\theta = \frac{y}{x}$$

と定義する．$0 < \theta < \dfrac{\pi}{2}$ のとき，動径は第1象限にあり，P から x 軸へ下ろした垂線の交点を A として △OAP を考えれば，これらは §11.1 で定義した三角比と一致する．相似の性質により，比 $\dfrac{y}{r}, \dfrac{x}{r}, \dfrac{y}{x}$ の値は円の半径の大きさには関係しないで，角 θ だけに関係する．これらを一般角の**三角関数**という．

原点を中心とし半径 1 の円を**単位円**という．

単位円と角 θ を表す動径の交点を P(x, y) とすれば，定義の式で $r = 1$ として

$$\sin\theta = y, \quad \cos\theta = x$$

$$\tan\theta = \frac{y}{x}$$

である．単位円周上の点の座標は

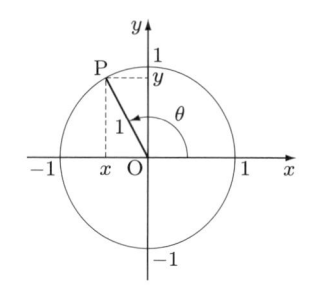

$$-1 \leqq x \leqq 1, \quad -1 \leqq y \leqq 1$$

であるから，任意の角 θ に対して $\sin\theta, \cos\theta$ は次の範囲にある．

$$-1 \leqq \sin\theta \leqq 1, \quad -1 \leqq \cos\theta \leqq 1$$

また，角 θ の属する象限の座標 x, y の符号を調べて，三角関数 $\sin\theta, \cos\theta, \tan\theta$ は下の表のような符号をもつことがわかる．

θ の象限	1	2	3	4
$\sin\theta$	+	+	−	−
$\cos\theta$	+	−	−	+
$\tan\theta$	+	−	+	−

$\theta = 0$ のとき，単位円と x 軸との交点は $(1, 0)$ であるから，
$$\sin 0 = 0, \quad \cos 0 = 1, \quad \tan 0 = 0$$
$\theta = \dfrac{\pi}{2}$ のとき，単位円と y 軸との交点は $(0, 1)$ であるから
$$\sin \frac{\pi}{2} = 1, \quad \cos \frac{\pi}{2} = 0$$
であり，$\tan \dfrac{\pi}{2}$ は定義されない．一般に角 $\theta = \dfrac{\pi}{2} + \pi \times n$ (n は整数) のとき，$\tan \theta$ は定義されない．

角 $\dfrac{\pi}{6}, \dfrac{\pi}{4}, \dfrac{\pi}{3}$ に対応する単位円周上の点の座標はそれぞれ
$$\left(\frac{\sqrt{3}}{2}, \frac{1}{2}\right), \quad \left(\frac{1}{\sqrt{2}}, \frac{1}{\sqrt{2}}\right), \quad \left(\frac{1}{2}, \frac{\sqrt{3}}{2}\right)$$
である．座標軸に関する対称性により，角が $\dfrac{\pi}{6}$ または $\dfrac{\pi}{4}, \dfrac{\pi}{2}$ の整数倍である動径と単位円の交点の座標が求められる．したがって，それらの角の三角関数の値を求めることができる．

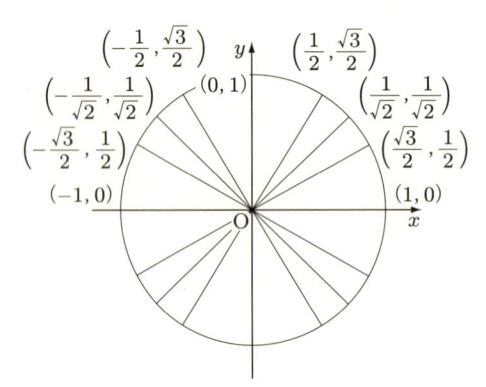

■例 11.4
$$\sin \frac{2}{3}\pi = \frac{\sqrt{3}}{2}, \quad \cos \frac{2}{3}\pi = -\frac{1}{2}, \quad \tan \frac{5}{6}\pi = -\frac{1}{\sqrt{3}}$$

(問題) **11.11** 次の値を求めよ．

(1) $\sin \dfrac{7}{3}\pi$ 　　　　(2) $\cos \dfrac{3}{4}\pi$ 　　　　(3) $\tan \dfrac{2}{3}\pi$

(4) $\sin\left(-\dfrac{5}{2}\pi\right)$ (5) $\cos\left(-\dfrac{11}{3}\pi\right)$ (6) $\tan\left(-\dfrac{3}{4}\pi\right)$

練習問題 11

[1] 次の角の動径を図示せよ．また三角関数表により正弦・余弦・正接の値を求めよ．
 (1) $400°$ (2) $775°$ (3) $-295°$ (4) $-645°$

[2] 三角関数表を用いて，次の式を満たす角 θ ($0° \leqq \theta < 360°$) を求めよ．
 (1) $\sin\theta = 0.2924$
 (2) $\cos\theta = 0.3420$
 (3) $\tan\theta = 2.4751$

[3] 鋭角 θ に対して，次の与えられた三角関数の値から他の三角関数の値を，小数第 3 位を四捨五入して，小数第 2 位まで求めよ．
 (1) $\sin\theta = 0.15$
 (2) $\cos\theta = 0.45$
 (3) $\tan\theta = 3.74$

[4] 二等辺三角形の底辺の長さが 12 cm で頂角が 52° であるとき，三角関数表を用いて，その高さと等辺の長さを求めよ．

[5] 標高 200 m の地点 A から山頂 B までロープウェイが通っている．A から B までは直線にして 1500 m で，AB は水平面と 18° の角をなしている．三角関数表を用いて，山頂 B の標高と AB 間の水平距離を求めよ．

[6] 平地に木が立っている．ある地点 A から木の先端を見上げた角は 30° であった．次に木に向かって真っすぐに 10 m 進み，その地点 B から木の先端を見上げた角は 45° であった．目の高さを 1.6 m として，木の高さを求めよ．

§12 三角関数の性質

12.1 三角関数の関係

座標平面上で，原点 O を中心とし半径 r の円周上の点を $P(x, y)$ とし，動径 OP の表す角を θ とする．そのとき三角関数は

$$(1) \qquad \sin\theta = \frac{y}{r}, \quad \cos\theta = \frac{x}{r}, \quad \tan\theta = \frac{y}{x}$$

と定義された．逆に P の座標 x と y は

$$x = r\cos\theta, \qquad y = r\sin\theta$$

で表される．これらを $\tan\theta$ の式に代入して，公式 [11.2] が一般角についても成り立つことがわかる．

[12.1]
$$\tan\theta = \frac{\sin\theta}{\cos\theta}$$

三平方の定理により

$$x^2 + y^2 = r^2$$

である．両辺を r^2 または x^2 で割り，式 (1) を用いれば一般角についても次の公式が導かれる．

[12.2]

(1) $\sin^2\theta + \cos^2\theta = 1$

(2) $\tan^2\theta + 1 = \dfrac{1}{\cos^2\theta}$

例題 12.1 θ が第 2 象限の角で，$\sin\theta = \dfrac{2}{3}$ であるとき，$\cos\theta$, $\tan\theta$ の値を求めよ．

解 $\cos^2\theta = 1 - \sin^2\theta = \dfrac{5}{9}$

第 2 象限の角 θ に対しては $\cos\theta < 0$ だから,
$$\cos\theta = -\frac{\sqrt{5}}{3}$$
$$\tan\theta = \frac{\sin\theta}{\cos\theta} = -\frac{2}{\sqrt{5}} = -\frac{2\sqrt{5}}{5}$$

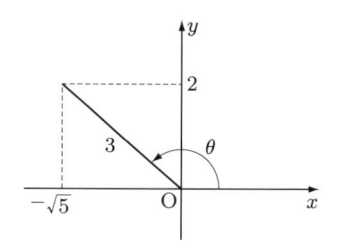

(問題) 12.1 次の角 θ に対して，他の三角関数の値を求めよ.

(1) 第 4 象限の角 θ で，$\cos\theta = \dfrac{1}{4}$

(2) 第 2 象限の角 θ で，$\tan\theta = -2$

(例題) 12.2 $\dfrac{\sin\theta}{1+\cos\theta} + \dfrac{1+\cos\theta}{\sin\theta} = \dfrac{2}{\sin\theta}$ を証明せよ.

(解)
$$左辺 = \frac{\sin^2\theta + (1+\cos\theta)^2}{(1+\cos\theta)\sin\theta} = \frac{\sin^2\theta + 1 + 2\cos\theta + \cos^2\theta}{(1+\cos\theta)\sin\theta}$$
$$= \frac{2(1+\cos\theta)}{(1+\cos\theta)\sin\theta} = \frac{2}{\sin\theta}$$

(問題) 12.2 次の等式を証明せよ.

(1) $\dfrac{1}{1+\sin\theta} + \dfrac{1}{1-\sin\theta} = \dfrac{2}{\cos^2\theta}$

(2) $\tan^2\theta - \sin^2\theta = \sin^2\theta\tan^2\theta$

一般角の定義により，角 θ と $\theta + 2n\pi$ (n は整数) を表す動径は同じであるから，次の公式が成り立つ.

[12.3]
$$\sin(\theta + 2n\pi) = \sin\theta, \quad \cos(\theta + 2n\pi) = \cos\theta, \quad \tan(\theta + 2n\pi) = \tan\theta$$
(n は整数)

角 θ の動径と，角 $-\theta$ の動径は x 軸に関して対称であるから，

[12.4]
$$\sin(-\theta) = -\sin\theta, \quad \cos(-\theta) = \cos\theta, \quad \tan(-\theta) = -\tan\theta$$

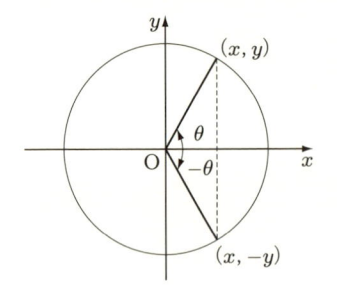

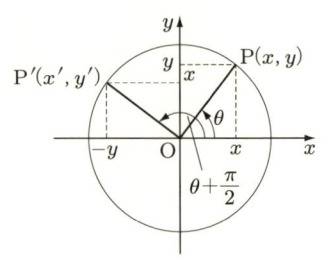

角 θ の動径および角 $\theta + \dfrac{\pi}{2}$ の動径と単位円との交点をそれぞれ $P(x, y)$, $P'(x', y')$ とすると，$x' = -y$, $y' = x$ であるから

[12.5]
$$\sin\left(\theta + \frac{\pi}{2}\right) = \cos\theta, \quad \cos\left(\theta + \frac{\pi}{2}\right) = -\sin\theta, \quad \tan\left(\theta + \frac{\pi}{2}\right) = -\frac{1}{\tan\theta}$$

この式で θ を $-\theta$ でおき換え，[12.4] を用いれば

[12.6]
$$\sin\left(\frac{\pi}{2} - \theta\right) = \cos\theta, \quad \cos\left(\frac{\pi}{2} - \theta\right) = \sin\theta, \quad \tan\left(\frac{\pi}{2} - \theta\right) = \frac{1}{\tan\theta}$$

これは公式 [11.3] の一般角の場合である．

(問題) 12.3 次の公式をいままでの公式や図形の性質によって証明せよ．

(1) $\begin{cases} \sin(\theta + \pi) = -\sin\theta \\ \cos(\theta + \pi) = -\cos\theta \\ \tan(\theta + \pi) = \tan\theta \end{cases}$ (2) $\begin{cases} \sin(\pi - \theta) = \sin\theta \\ \cos(\pi - \theta) = -\cos\theta \\ \tan(\pi - \theta) = -\tan\theta \end{cases}$

以上の公式により，任意の角の三角関数を $0 \leqq \theta \leqq \dfrac{\pi}{2}$ の角 θ で表すことができる．

12.2 三角関数のグラフ

角 θ をいろいろ変化させるとき，三角関数を
$$y = \sin\theta, \quad y = \cos\theta, \quad y = \tan\theta$$
と書き，それぞれを**正弦関数**，**余弦関数**，**正接関数**という．

$\sin\theta$, $\cos\theta$ のグラフ　　角 θ の動径と単位円の交点を P とすると，P の y 座標が $\sin\theta$, P の x 座標が $\cos\theta$ に等しい．これを利用して関数 $y = \sin\theta$, $y = \cos\theta$ のグラフを下のようにかくことができる．

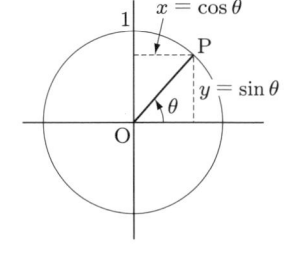

$\cos\theta = \sin\left(\theta + \dfrac{\pi}{2}\right)$ であるから，$y = \sin\theta$ のグラフを θ 軸方向に $-\dfrac{\pi}{2}$ だけ平行移動すれば $y = \cos\theta$ のグラフになる．$y = \sin\theta$ や $y = \cos\theta$ のグラフの形の曲線を**正弦曲線**という．

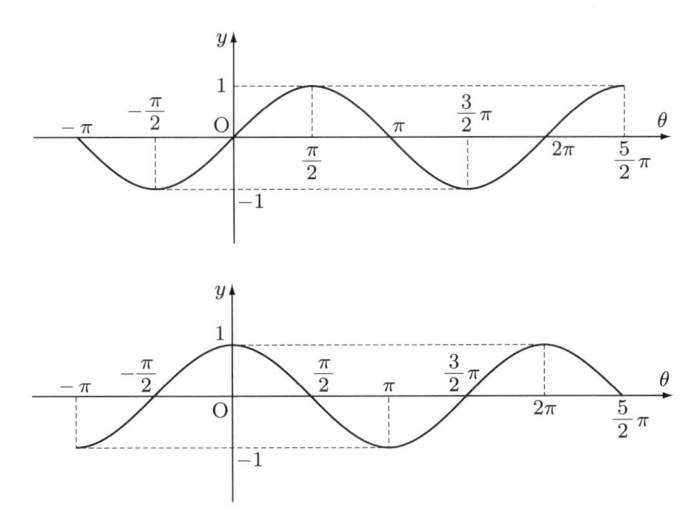

周期関数　　$\sin\theta$, $\cos\theta$ は公式 [12.3] のように次の性質をもっている．
$$\sin(\theta + 2n\pi) = \sin\theta, \quad \cos(\theta + 2n\pi) = \cos\theta$$
一般に，関数 $f(x)$ について，x のすべての値に対して
$$f(x + p) = f(x)$$
が成り立つような 0 でない定数 p があるとき，$f(x)$ は**周期関数**といい，この性質をもつ正の最小の数 p を**周期**という．周期関数のグラフは x 軸方向に p だけ平行移動する

ともとのグラフと一致する．

$\sin\theta$, $\cos\theta$ はともに周期 2π をもつ．また，公式 [12.4] により
$$\sin(-\theta) = -\sin\theta, \quad \cos(-\theta) = \cos\theta$$
が成り立つ．$\sin\theta$ は奇関数であり，グラフは原点に関して対称である．$\cos\theta$ は偶関数であり，グラフは y 軸に関して対称である．

$y = \sin\theta, y = \cos\theta$ の定義域は実数全体であり，値域はともに $-1 \leqq y \leqq 1$ である．

■**例 12.1**

(1) $y = 2\sin\theta$ のグラフは $y = \sin\theta$ のグラフを y 軸方向に 2 倍したものである．

(2) $y = \sin 2\theta$ の $\theta = t$ における値は，$y = \sin\theta$ の $\theta = 2t$ における値に等しい．ゆえに，$y = \sin 2\theta$ のグラフは，$y = \sin\theta$ のグラフを θ 軸方向に $\dfrac{1}{2}$ 倍に縮小したものである．周期は π である．

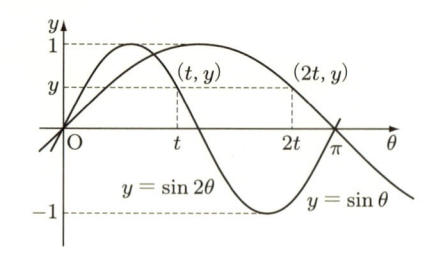

(3) $y = \sin\left(\theta - \dfrac{\pi}{3}\right)$ のグラフは $y = \sin\theta$ のグラフを θ 軸方向に $\dfrac{\pi}{3}$ だけ平行移動したものである．

（**問題**）**12.4** $y = \sin\theta$ のグラフを次のように平行移動し，または拡大・縮小したグラフを表す関数を求めよ．

(1) θ 軸方向に $\dfrac{\pi}{2}$ だけ，y 軸方向に 2 だけ平行移動

(2) y 軸方向に 3 倍に拡大

(3) θ 軸方向に $\dfrac{1}{2}$ 倍に縮小

（**$\tan\theta$ のグラフ**）角 θ の動径 OP と単位円の点 $(1, 0)$ における接線との交点を T とすれば，T の y 座標が $\tan\theta$ に等しい．これを利用して関数 $y = \tan\theta$ のグラフをかくことができる．

$\tan\theta$ は奇関数であり，グラフは原点に関して対称である．

$\tan(\theta+\pi) = \tan\theta$ であるから，$\tan\theta$ は周期 π の周期関数である．

正接関数 $y = \tan\theta$ の定義域は，$\dfrac{\pi}{2} + n\pi$ ($n = 0, \pm 1, \pm 2, \cdots$) を除く実数全体であり，値域は実数全体である．

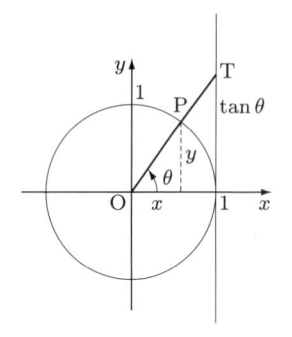

$-\dfrac{\pi}{2} < \theta < \dfrac{\pi}{2}$ の範囲で θ が $\dfrac{\pi}{2}$ に近づくとき，$y = \tan\theta$ の値は限りなく大きくなり，グラフは直線 $\theta = \dfrac{\pi}{2}$ に近づく．すなわち，直線 $\theta = \dfrac{\pi}{2}$ が漸近線である．同様に考えて，θ が $-\dfrac{\pi}{2}$ に近づくときグラフは y の負の方で直線 $\theta = -\dfrac{\pi}{2}$ に近づく．$\tan\theta$ の周期が π であるから，y 軸に平行な直線 $\theta = \dfrac{\pi}{2} + n\pi$ ($n = 0, \pm 1, \pm 2, \cdots$) が漸近線である．

練習問題 12

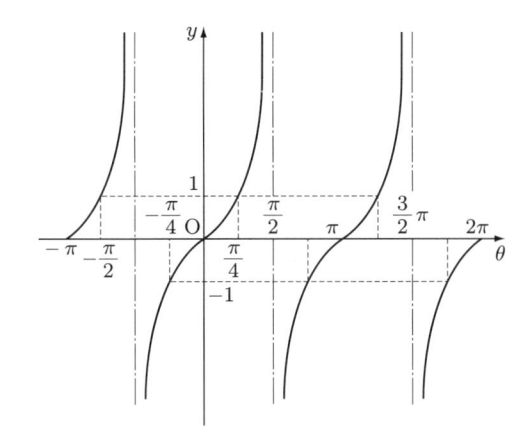

[1] 次の三角関数の値を求めよ．

(1) θ が第 2 象限の角で $\cos\theta = -\dfrac{3}{5}$ であるとき，$\sin\theta,\ \tan\theta$．

(2) θ が第 4 象限の角で $\tan\theta = -\sqrt{5}$ であるとき，$\sin\theta,\ \cos\theta$．

[2] 次の等式を証明せよ．

(1) $\sin^3\theta + \cos^3\theta = (\sin\theta + \cos\theta)(1 - \sin\theta\cos\theta)$

(2) $\dfrac{1 - \tan\theta}{1 + \tan\theta} = \dfrac{\cos^2\theta - \sin^2\theta}{1 + 2\sin\theta\cos\theta}$

(3) $\tan^2\theta + (1 - \tan^4\theta)\cos^2\theta = 1$

(4) $\sin^6\theta + \cos^6\theta = 1 - 3\sin^2\theta\cos^2\theta$

[3] $\sin\theta + \cos\theta = \dfrac{1}{\sqrt{2}}$ のとき次の値を求めよ．

(1) $\sin\theta\cos\theta$ (2) $\sin^3\theta + \cos^3\theta$ (3) $\sin\theta - \cos\theta$

[4] $\sin\theta + \cos\theta = \dfrac{7}{5}$ のとき $\sin\theta, \cos\theta$ を求めよ．

[5] 次の関数のグラフは $y = \sin\theta$ のグラフをどのように移動し，または拡大・縮小したものか．また周期を求めよ．

(1) $y = \sin\theta + 2$ (2) $y = \sin 3\theta$

(3) $y = 2\sin\theta + 1$ (4) $y = \sin\left(\theta - \dfrac{\pi}{6}\right)$

§13 加法定理とその応用

13.1 加法定理

2つの角の和や差の三角関数を，それぞれの角の三角関数で表すことができる．

α, β および $\alpha+\beta$ が第 1 象限の角であるとする．点 O を中心とした単位円と角 $\alpha, \alpha+\beta$ を表す動径とその円との交点をそれぞれ A, B とする．その他の点を図のようにとる．そのとき

$$\angle \text{FDG} = \angle \text{DBG} = \alpha$$

$$\frac{\text{ED}}{\text{OD}} = \sin\alpha, \quad \frac{\text{BF}}{\text{BD}} = \cos\alpha$$

一方，$\text{OB} = 1$ であるから

$$\text{OD} = \cos\beta, \quad \text{BD} = \sin\beta$$

$$\begin{aligned}
\sin(\alpha+\beta) &= \text{CB} \\
&= \text{CF} + \text{FB} \\
&= \text{ED} + \text{FB} \\
&= \text{OD}\sin\alpha + \text{BD}\cos\alpha
\end{aligned}$$

(1) $\qquad \therefore \quad \sin(\alpha+\beta) = \sin\alpha\cos\beta + \cos\alpha\sin\beta$

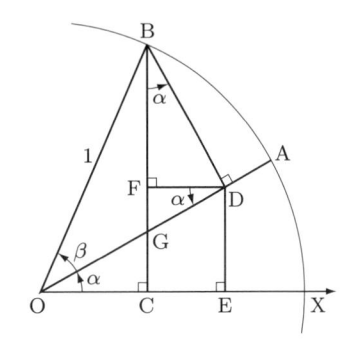

$$\begin{aligned}
\cos(\alpha+\beta) &= \text{OC} = \text{OE} - \text{CE} \\
&= \text{OE} - \text{FD} \\
&= \text{OD}\cos\alpha - \text{BD}\sin\alpha
\end{aligned}$$

(2) $\qquad \therefore \quad \cos(\alpha+\beta) = \cos\alpha\cos\beta - \sin\alpha\sin\beta$

以上では，$\alpha, \beta, \alpha+\beta$ がともに第 1 象限の角であると仮定したが，一般角であっても式 (1), (2) が成り立つことが証明できる．これらの式で β を $-\beta$ でおき換えると $\sin(-\beta) = -\sin\beta$, $\cos(-\beta) = \cos\beta$ であるから，以上を合わせて次の定理が成り立つ．

[13.1] 加法定理

角 α, β について

(1) $\quad \sin(\alpha+\beta) = \sin\alpha\cos\beta + \cos\alpha\sin\beta$

(2) $\quad \sin(\alpha-\beta) = \sin\alpha\cos\beta - \cos\alpha\sin\beta$

(3) $\quad \cos(\alpha+\beta) = \cos\alpha\cos\beta - \sin\alpha\sin\beta$

(4) $\quad \cos(\alpha-\beta) = \cos\alpha\cos\beta + \sin\alpha\sin\beta$

問題 13.1 $\tan\theta$ について，次の加法定理が成り立つことを証明せよ．

(1) $\tan(\alpha+\beta) = \dfrac{\tan\alpha + \tan\beta}{1 - \tan\alpha\tan\beta}$
(2) $\tan(\alpha-\beta) = \dfrac{\tan\alpha - \tan\beta}{1 + \tan\alpha\tan\beta}$

例題 13.1 加法定理を用いて，$\sin 75°$，$\tan 105°$ の値を求めよ．

解
$$\sin 75° = \sin(45° + 30°) = \sin 45°\cos 30° + \cos 45°\sin 30°$$
$$= \frac{\sqrt{2}}{2}\cdot\frac{\sqrt{3}}{2} + \frac{\sqrt{2}}{2}\cdot\frac{1}{2} = \frac{\sqrt{6}+\sqrt{2}}{4}$$

$$\tan 105° = \tan(45° + 60°) = \frac{\tan 45° + \tan 60°}{1 - \tan 45°\tan 60°}$$
$$= \frac{1+\sqrt{3}}{1-\sqrt{3}} = -2-\sqrt{3}$$

問題 13.2 加法定理を用いて，$15°$ および $75°$ の三角関数の値を求めよ．

例題 13.2 $\sin\theta + \sqrt{3}\cos\theta$ を $r\sin(\theta+\alpha)$，$r > 0$，の形に表せ．

解
$$r\sin(\theta+\alpha) = r(\sin\theta\cos\alpha + \cos\theta\sin\alpha)$$

であるから，$\sin\theta + \sqrt{3}\cos\theta$ と比較して r と α を

$$r\cos\alpha = 1, \quad r\sin\alpha = \sqrt{3} \qquad ①$$

と選べばよい．この 2 式の両辺を 2 乗して加えると

である. 式①から
$$\cos\alpha = \frac{1}{2}, \quad \sin\alpha = \frac{\sqrt{3}}{2}$$
ゆえに α は第 1 象限の角であり, $\alpha = \dfrac{\pi}{3}$ ととる.
$$\sin\theta + \sqrt{3}\cos\theta = 2\sin\left(\theta + \frac{\pi}{3}\right)$$

$$r^2 = 4, \quad r = 2$$

[13.2] **三角関数の合成**

$a\sin\theta + b\cos\theta \quad (a^2 + b^2 \neq 0)$ は
$$a\sin\theta + b\cos\theta = \sqrt{a^2+b^2}\sin(\theta+\alpha)$$
の形に表される. α は次の式を満たす角である.
$$\cos\alpha = \frac{a}{\sqrt{a^2+b^2}}, \quad \sin\alpha = \frac{b}{\sqrt{a^2+b^2}}$$

証明　　$r\sin(\theta+\alpha) \quad (r > 0)$

を例題 13.2 のように展開して与えられた式と比較すると
$$r\cos\alpha = a, \quad r\sin\alpha = b$$
よって
$$r = \sqrt{a^2+b^2}$$
$$\cos\alpha = \frac{a}{r}, \quad \sin\alpha = \frac{b}{r}$$
点 $P(a, b)$ は半径 r の円周上にあり, α は動径 OP が表す角である.

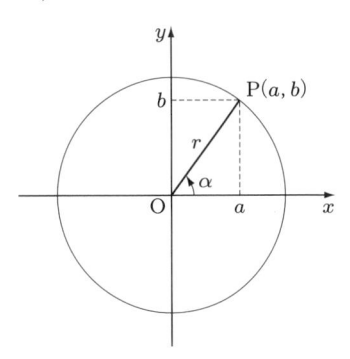

　　　　　　　　　　　　　　　　　　　　　　　　終

　角 α としては, 簡単な角をとる. $b < 0$ の場合 P は x 軸より下側にあるから, $\pi < \alpha < 2\pi$ または $-\pi < \alpha < 0$ の角 α を選ぶ.

問題 13.3 次の式を $r\sin(\theta+\alpha)$, $0 \leqq \alpha < 2\pi$, の形に表せ.
(1) $\sin\theta + \cos\theta$
(2) $\sqrt{3}\sin\theta - \cos\theta$

13.2 いろいろな公式

三角関数の加法定理 [13.1] (1), (3) で $\beta = \alpha$ とし,さらに
$$\sin^2\alpha + \cos^2\alpha = 1$$
を用いると,次の公式が導かれる.

[13.3] 倍角の公式

(1) $\sin 2\alpha = 2\sin\alpha\cos\alpha$
(2) $\cos 2\alpha = \cos^2\alpha - \sin^2\alpha$
$= 2\cos^2\alpha - 1 = 1 - 2\sin^2\alpha$

上の公式 (2) は,次の形で使われることも多い.

(1) $\quad \sin^2\alpha = \dfrac{1}{2}(1 - \cos 2\alpha), \quad \cos^2\alpha = \dfrac{1}{2}(1 + \cos 2\alpha)$

問題 13.4 次の正接の倍角の公式を証明せよ.
$$\tan 2\alpha = \frac{2\tan\alpha}{1 - \tan^2\alpha}$$

例題 13.3 $\dfrac{\pi}{2} < \alpha < \pi$ で $\sin\alpha = \dfrac{3}{5}$ のとき, $\sin 2\alpha$, $\sin\dfrac{\alpha}{2}$ を求めよ.

解 まず $\cos\alpha$ を求める. $\dfrac{\pi}{2} < \alpha < \pi$ より $\cos\alpha < 0$ である.
$$\cos\alpha = -\sqrt{1 - \sin^2\alpha} = -\sqrt{1 - \left(\frac{3}{5}\right)^2} = -\frac{4}{5}$$
倍角の公式 (1) により
$$\sin 2\alpha = 2\sin\alpha\cos\alpha = 2 \cdot \frac{3}{5} \cdot \left(-\frac{4}{5}\right) = -\frac{24}{25}$$

また，式 (1) で α の代わりに $\dfrac{\alpha}{2}$ とおけば

$$\sin^2 \dfrac{\alpha}{2} = \dfrac{1}{2}(1 - \cos \alpha) = \dfrac{1}{2}\left(1 + \dfrac{4}{5}\right) = \dfrac{9}{10}$$

$\dfrac{\pi}{4} < \dfrac{\alpha}{2} < \dfrac{\pi}{2}$ であるから $\sin \dfrac{\alpha}{2} > 0$，ゆえに

$$\sin \dfrac{\alpha}{2} = \dfrac{3}{\sqrt{10}}$$

(問題) 13.5 $\pi < \alpha < \dfrac{3}{2}\pi$ で $\cos \alpha = -\dfrac{12}{13}$ であるとき，$\sin 2\alpha$, $\cos \dfrac{\alpha}{2}$ を求めよ．

(問題) 13.6 角 $22.5°$ の三角関数の値を求め，電卓で近似値を求めよ．

加法定理 [13.1] から

$$\begin{aligned}
\sin(\alpha+\beta) + \sin(\alpha-\beta) &= 2\sin\alpha\cos\beta \\
\sin(\alpha+\beta) - \sin(\alpha-\beta) &= 2\cos\alpha\sin\beta \\
\cos(\alpha+\beta) + \cos(\alpha-\beta) &= 2\cos\alpha\cos\beta \\
\cos(\alpha+\beta) - \cos(\alpha-\beta) &= -2\sin\alpha\sin\beta
\end{aligned}$$

が導かれる．両辺を 2 で割って，次の公式が得られる．

積を和になおす公式

$$\begin{aligned}
\sin\alpha\cos\beta &= \dfrac{1}{2}\{\sin(\alpha+\beta) + \sin(\alpha-\beta)\} \\
\cos\alpha\sin\beta &= \dfrac{1}{2}\{\sin(\alpha+\beta) - \sin(\alpha-\beta)\} \\
\cos\alpha\cos\beta &= \dfrac{1}{2}\{\cos(\alpha+\beta) + \cos(\alpha-\beta)\} \\
\sin\alpha\sin\beta &= -\dfrac{1}{2}\{\cos(\alpha+\beta) - \cos(\alpha-\beta)\}
\end{aligned}$$

このうち第 1 式と第 2 式は α と β を入れ換えただけの式である．

とおけば，
$$\alpha + \beta = A, \quad \alpha - \beta = B$$

$$\alpha = \frac{A+B}{2}, \quad \beta = \frac{A-B}{2}$$

となり，次の公式を得る．

和と差を積になおす公式

$$\sin A + \sin B = 2 \sin \frac{A+B}{2} \cos \frac{A-B}{2}$$

$$\sin A - \sin B = 2 \cos \frac{A+B}{2} \sin \frac{A-B}{2}$$

$$\cos A + \cos B = 2 \cos \frac{A+B}{2} \cos \frac{A-B}{2}$$

$$\cos A - \cos B = -2 \sin \frac{A+B}{2} \sin \frac{A-B}{2}$$

問題 13.7 次の式を，積は和に，和は積に変形せよ．

(1) $\sin 3\alpha \cos \alpha$ (2) $\cos 7\alpha \cos 2\alpha$

(3) $\sin 5\alpha + \sin 3\alpha$ (4) $\cos 7\alpha - \cos 3\alpha$

問題 13.8 次の式の値を求めよ．

(1) $\sin 15° \cos 45°$ (2) $\cos 15° + \cos 75°$

13.3 三角関数の方程式・不等式の解

　三角関数の値またはその範囲が与えられたとき，もとの角またはその範囲を求めることを考えよう．その際，三角関数は周期をもっているから，角の値や範囲がただ1通りに定まるとは限らない．

例題 13.4 次の値をとるような角 θ を求めよ．

(1) $\sin \theta = \dfrac{1}{2}$ (2) $\cos \theta = -\dfrac{1}{\sqrt{2}}$ (3) $\tan \theta = 2.4751$

解 (1) 動径と単位円の交点の y 座標が $\dfrac{1}{2}$ である角を求めればよい. $\sin\dfrac{\pi}{6} = \sin\dfrac{5}{6}\pi = \dfrac{1}{2}$ であり, $\sin\theta$ は周期が 2π であるから

$$\theta = \dfrac{\pi}{6} + 2n\pi \quad \text{または} \quad \theta = \dfrac{5}{6}\pi + 2n\pi \quad (n \text{ は整数})$$

(2) 動径と単位円の交点の x 座標が $-\dfrac{1}{\sqrt{2}}$ である角は, $\cos\theta$ が周期 2π であることに注意して, 図 (2) から

$$\theta = \dfrac{3}{4}\pi + 2n\pi \quad \text{または} \quad \theta = \dfrac{5}{4}\pi + 2n\pi \quad (n \text{ は整数})$$

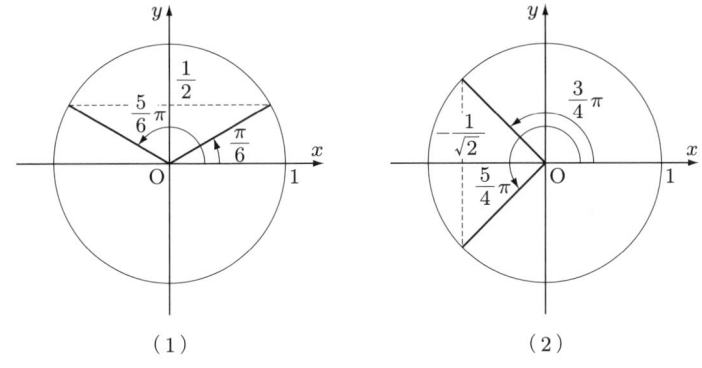

(1)　　　　　　　　　　(2)

(3) 三角関数表から $\tan 68° = 2.4751$ であり, $\tan\theta$ は周期 π をもつから,

$$\theta = 68° + 180° \times n \quad (n \text{ は整数})$$

(問題) 13.9 次の値をとる角 θ を求めよ.

(1) $\sin\theta = -\dfrac{1}{2}$　　(2) $\cos\theta = \dfrac{1}{\sqrt{2}}$　　(3) $\tan\theta = \dfrac{1}{\sqrt{3}}$

(例題) 13.5 方程式 $\sin\theta + \sqrt{3}\cos\theta = 1$ を満たす角 θ $(0 \leqq \theta < 2\pi)$ を求めよ.

解
$$\sin\theta + \sqrt{3}\cos\theta = 2\left(\dfrac{1}{2}\sin\theta + \dfrac{\sqrt{3}}{2}\cos\theta\right)$$

$\cos\alpha = \dfrac{1}{2}$, $\sin\alpha = \dfrac{\sqrt{3}}{2}$ である角のうち $\alpha = \dfrac{\pi}{3}$ をとり

$$\sin\theta + \sqrt{3}\cos\theta = 2\sin\left(\theta + \dfrac{\pi}{3}\right)$$

$$\sin\left(\theta + \dfrac{\pi}{3}\right) = \dfrac{1}{2}$$

$$\theta + \dfrac{\pi}{3} = \dfrac{\pi}{6} + 2n\pi \quad \text{または} \quad \theta + \dfrac{\pi}{3} = \dfrac{5}{6}\pi + 2n\pi \quad (n \text{ は整数})$$

$$\theta = -\dfrac{\pi}{6} + 2n\pi \quad \text{または} \quad \theta = \dfrac{\pi}{2} + 2n\pi$$

この角のうち, $0 \leqq \theta < 2\pi$ であるものは

$$\theta = \dfrac{11}{6}\pi \quad \text{または} \quad \dfrac{\pi}{2}$$

問題 13.10 次の方程式を満たす角 θ ($0 \leqq \theta < 2\pi$) を求めよ.
(1) $\sin\theta + \cos\theta = 1$
(2) $\sqrt{3}\sin\theta + \cos\theta = \sqrt{2}$

例題 13.6 次の不等式を満たす θ ($0 \leqq \theta < 2\pi$) の値の範囲を求めよ.
(1) $\sin\theta > \dfrac{1}{2}$
(2) $\cos\theta \geqq \dfrac{1}{\sqrt{2}}$

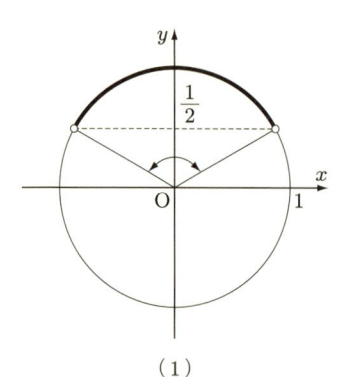

(1)

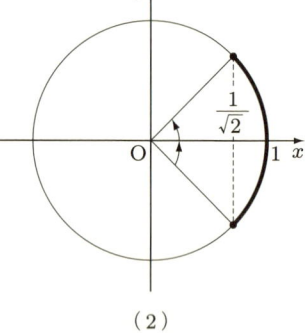

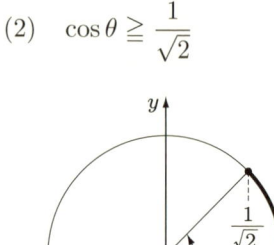

(2)

解 例題 13.4 の解と同じように考える. 動径と単位円の交点について

(1) y 座標が $\dfrac{1}{2}$ より大であるような角の範囲を求めればよい.
$$\dfrac{\pi}{6} < \theta < \dfrac{5}{6}\pi$$

(2) x 座標が $\dfrac{1}{\sqrt{2}}$ 以上であるような角の範囲である.
$$0 \leqq \theta \leqq \dfrac{\pi}{4} \quad \text{または} \quad \dfrac{7}{4}\pi \leqq \theta < 2\pi$$

問題 13.11 次の不等式を満たす θ $(0 \leqq \theta < 2\pi)$ の値の範囲を求めよ.

(1) $\sin\theta < -\dfrac{1}{2}$ (2) $\cos\theta \leqq \dfrac{1}{2}$ (3) $\tan\theta \geqq 1$

練習問題 13

[1] $\sin\theta = \dfrac{1}{3}$ $\left(0 < \theta < \dfrac{\pi}{2}\right)$ のとき, $\cos\left(\theta - \dfrac{\pi}{3}\right)$ の値を求めよ.

[2] 次の **3 倍角の公式** を導け.
  (1) $\sin 3\theta = 3\sin\theta - 4\sin^3\theta$ (2) $\cos 3\theta = 4\cos^3\theta - 3\cos\theta$

[3] $\alpha = 18°$ とするとき, 次の方程式を導き, $\sin 18°$ の値を求めよ.
  (1) $\sin 2\alpha = \cos 3\alpha$ (2) $2\sin\alpha = 4\cos^2\alpha - 3$

[4] $\sin 15° + \cos 15°$ の値を, 次のいろいろな方法によって求めよ.
  (1) 問題 11.2 による $\sin 15°$, $\cos 15°$ の値を用いる
  (2) 合成による
  (3) 2 乗する
  (4) 和を積になおす公式を使う

[5] $0 \leqq \theta < 2\pi$ の範囲で次の方程式を満たす θ の値を求めよ.
  (1) $\sin 2\theta - \sin\theta = 0$ (2) $\sin\theta - \sqrt{3}\cos\theta = 1$

[6] $0 \leqq \theta < 2\pi$ のとき, 次の不等式を満たす θ の範囲を求めよ.
  (1) $\sin\theta + \cos\theta \geqq 1$ (2) $\cos\theta > \sqrt{3}\sin\theta$

[7] 次の関数の最大値・最小値および $0 \leqq \theta < 2\pi$ の範囲でその値をとる θ を求めよ.
  (1) $\sin\theta \sin\left(\dfrac{\pi}{3} - \theta\right)$ (2) $\cos 2\theta - 4\sin\theta$

§ 14 三角形の性質

14.1 三角形の面積と正弦定理

この節では，△ABC の 3 つの角の大きさを A, B, C で表し，それらの対辺の長さをそれぞれ a, b, c で表すことにする．これらの値はすべて正で，
$$A + B + C = 180°$$
が成り立つ．この節では六十分法を用いる．

[14.1]

△ABC の面積 S は次の式で与えられる．
$$S = \frac{1}{2}bc \sin A = \frac{1}{2}ca \sin B = \frac{1}{2}ab \sin C$$

証明

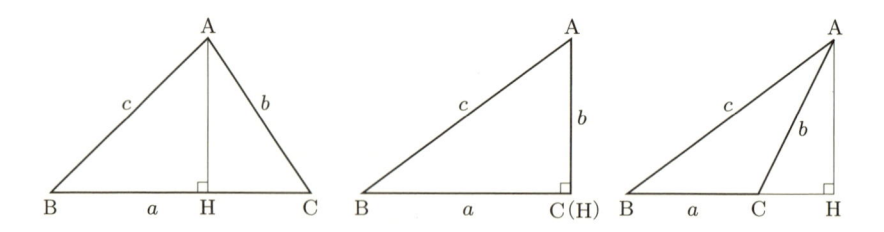

頂点 A から対辺 BC に下ろした垂線が BC またはその延長と交わる点を H とする．△ABC の高さ AH は次のように表される．

(i) $C < 90°$ のとき，$\mathrm{AH} = b \sin C$
(ii) $C = 90°$ のとき，$\sin C = 1$ であり，$\mathrm{AH} = b = b \sin C$
(iii) $C > 90°$ のとき，H は BC の C の方向の延長上にあり
$$\mathrm{AH} = b \sin \angle \mathrm{ACH} = b \sin(180° - C) = b \sin C$$

いずれの場合にも $\mathrm{AH} = b \sin C$ であるから，
$$S = \frac{1}{2} \mathrm{BC} \times \mathrm{AH} = \frac{1}{2} ab \sin C$$

他の頂点とそれをはさむ 2 辺についても，定理の式が成り立つ． 終

(問題) **14.1** 次の辺と角をもつ三角形の面積を求めよ．
(1) $a = 4,\ b = 6,\ C = 45°$ (2) $a = 2,\ b = 5,\ C = 60°$

三角形の 3 つの頂点を通る円を**外接円**といい，その中心を**外心**という．

[**14.2**] **正弦定理**

$\triangle$ABC の外接円の半径を R とするとき
$$\frac{a}{\sin A} = \frac{b}{\sin B} = \frac{c}{\sin C} = 2R$$

証明 最初の 3 つの比が等しいことは，定理 [14.1] からすぐ導かれる．

その比が $2R$ に等しいことを示そう．$\triangle$ABC の角のうち少なくとも 2 つは鋭角であるから，A が鋭角であるとする．外接円の中心を O とするとき，辺 BC に対する中心角は
$$\angle \text{BOC} = 2A < 180°$$
であり，頂点 A と中心 O は辺 BC の同じ側にある．B を通る直径を BA$'$ とすれば，$\angle$BCA$'$ は直角であり，$\angle$BA$'$C と A は同じ弧 BC の上の円周角であるから $\angle$BA$'$C $= A$．また BA$'$ $= 2R$ であり，
$$a = \text{BA}' \sin \angle \text{BA}'\text{C} = 2R \sin A$$
$$\frac{a}{\sin A} = 2R$$
終

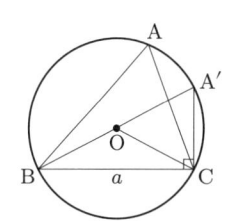

(例題) **14.1** $\triangle$ABC において，$a = 6,\ B = 75°,\ C = 45°$ であるとき，他の 2 辺 $b,\ c$ と外接円の半径 R，および $\triangle$ABC の面積 S を求めよ．

解 $$A = 180° - (75° + 45°) = 60°$$

正弦定理により，また例題 13.1 の結果 $\sin 75° = \dfrac{\sqrt{6} + \sqrt{2}}{4}$ であるから，

$$\frac{6}{\sin 60°} = \frac{b}{\sin 75°} = \frac{c}{\sin 45°} = 2R$$

$$b = \frac{6\sin 75°}{\sin 60°} = 6 \cdot \frac{\sqrt{6}+\sqrt{2}}{4} \cdot \frac{2}{\sqrt{3}} = 3\sqrt{2}+\sqrt{6}$$

$$c = \frac{6\sin 45°}{\sin 60°} = 6 \cdot \frac{1}{\sqrt{2}} \cdot \frac{2}{\sqrt{3}} = 2\sqrt{6}$$

$$R = \frac{6}{2\sin 60°} = 3 \cdot \frac{2}{\sqrt{3}} = 2\sqrt{3}$$

$$S = \frac{1}{2}ab\sin C = \frac{1}{2} \cdot 6(3\sqrt{2}+\sqrt{6}) \cdot \frac{1}{\sqrt{2}} = 9+3\sqrt{3}$$

> **問題 14.2** △ABC の次の辺と角が与えられたとき，残りの辺と角および外接円の半径 R，面積 S を求めよ．
> (1) $a=2,\ B=60°,\ C=75°$ 　　(2) $a=2\sqrt{3},\ b=2,\ B=30°$

> **問題 14.3** $\sin^2 A = \sin^2 B + \sin^2 C$ が成り立つ三角形はどんな三角形か．

14.2 余弦定理

148 ページの図で辺 BC の長さ a を他の辺と角で表すことを考える．

(i) $C < 90°$ で，H が辺 BC 上にあるとき，
$$\mathrm{BH} = c\cos B, \quad \mathrm{CH} = b\cos C$$
したがって
$$a = \mathrm{BH} + \mathrm{CH} = c\cos B + b\cos C$$

(ii) $C = 90°$ で，H が C に一致するとき，$\mathrm{CH} = 0$ となって上の式が成り立つ．

(iii) $C > 90°$ で H が辺 BC の C の側の延長上にあるとき，
$$\mathrm{CH} = b\cos\angle\mathrm{ACH} = b\cos(180°-C) = -b\cos C$$
$$a = \mathrm{BH} - \mathrm{CH} = c\cos B + b\cos C$$

ゆえに，どの場合にも次の第 1 式が成り立つ．他の 2 つの式は辺と角を入れ換えて，同じように導かれる．

$$a = b\cos C + c\cos B$$
$$b = c\cos A + a\cos C$$
$$c = a\cos B + b\cos A$$

これらの式に順に $a, -b, -c$ を掛けて，両辺をそれぞれ加え合わせれば

$$a^2 - b^2 - c^2 = -2bc\cos A$$

となる．これは次の定理の第 1 式である．第 2, 3 式も同様に導かれる．

[14.3] 余弦定理

△ABC において

$$a^2 = b^2 + c^2 - 2bc\cos A$$
$$b^2 = c^2 + a^2 - 2ca\cos B$$
$$c^2 = a^2 + b^2 - 2ab\cos C$$

例題 14.2 △ABC が次の 3 辺をもつとき，角 A, B, C を求めよ．

$$a = 2, \quad b = \sqrt{2}, \quad c = \sqrt{3} + 1$$

解 余弦定理から，頂点 A, B の角の余弦は

$$\cos A = \frac{b^2 + c^2 - a^2}{2bc}, \quad \cos B = \frac{c^2 + a^2 - b^2}{2ca} \qquad ①$$

と表される．これに a, b, c の値を代入して

$$\cos A = \frac{(\sqrt{2})^2 + (\sqrt{3}+1)^2 - 2^2}{2\sqrt{2}(\sqrt{3}+1)} = \frac{2(\sqrt{3}+1)}{2\sqrt{2}(\sqrt{3}+1)} = \frac{1}{\sqrt{2}}$$

$$\cos B = \frac{(\sqrt{3}+1)^2 + 2^2 - (\sqrt{2})^2}{2 \cdot 2(\sqrt{3}+1)} = \frac{6 + 2\sqrt{3}}{4(\sqrt{3}+1)} = \frac{\sqrt{3}}{2}$$

A も B も $180°$ より小であるから，

$$A = 45°, \ B = 30°$$

$A + B + C = 180°$ を考慮して

$$C = 105°$$

(問題) 14.4 次の三角形の残りの辺と角を求めよ．
(1) $A = 30°$, $b = \sqrt{3} - 1$, $c = 2$
(2) $a = 2$, $b = \sqrt{6}$, $c = \sqrt{3} - 1$

(問題) 14.5 △ABC について次のことを証明せよ．
$$A \text{ が鋭角である} \iff a^2 < b^2 + c^2$$
$$A \text{ が直角である} \iff a^2 = b^2 + c^2$$
$$A \text{ が鈍角である} \iff a^2 > b^2 + c^2$$

(例題) 14.3 次の等式が成り立つとき，△ABC はどんな三角形か．
$$a \cos A = b \cos B$$

(解) 上の式に，例題 14.2 の式①を代入すると
$$a \cdot \frac{b^2 + c^2 - a^2}{2bc} = b \cdot \frac{c^2 + a^2 - b^2}{2ca}$$

これを整理すると
$$a^2(b^2 + c^2 - a^2) = b^2(c^2 + a^2 - b^2)$$
$$a^4 - b^4 - c^2(a^2 - b^2) = 0$$
$$(a^2 - b^2)(a^2 + b^2 - c^2) = 0$$
$$(a+b)(a-b)(a^2 + b^2 - c^2) = 0$$

$a + b > 0$ であるから
$$a = b \quad \text{または} \quad a^2 + b^2 = c^2$$

△ABC は $a = b$ の二等辺三角形か，$C = 90°$ の直角三角形である．

(問題) 14.6 等式 $b \cos A = a \cos B$ が成り立つとき，△ABC はどんな形の三角形か．

練習問題 14

[1] 四辺形 ABCD において，2 つの対角線の長さを l, m, それらの作る角を θ とするとき，その面積を l, m, θ で表せ．

[2] △ABC において次の等式または不等式が成り立つことを証明せよ．

(1) $\sin(B+C) = \sin A$ 　　　(2) $\cos\dfrac{B+C}{2} = \sin\dfrac{A}{2}$

(3) $\sin A < \sin B + \sin C$ 　　　(4) $a(b\cos C - c\cos B) = b^2 - c^2$

[3] △ABC について次の辺または角が与えられたとき，残りの辺の長さおよび角を求めよ．三角関数表や電卓を用い，角は度まで，辺の長さは小数点以下 1 位まで求めよ．

(1) $a = 6$, 　$b = 10$, 　$C = 53°$

(2) $a = 13.2$, 　$B = 47°$, 　$C = 65°$

(3) $a = 6$, 　$b = 7$, 　$c = 8$

[4] △ABC において次の関係式が成り立つとき，この三角形の形は何か．

(1) $a\sin A = b\sin B$

(2) $a\cos A + b\cos B = c\cos C$

(3) $2\cos A\cos B = 1 - \cos C$

[5] △ABC の面積を S, 3 辺の長さの和を $2s = a+b+c$, 外接円，内接円の半径をそれぞれ R, r とするとき，次の等式が成り立つことを証明せよ．

(1) $S = sr$ 　　　(2) $S = \dfrac{abc}{4R}$

(3) $\dfrac{1}{bc} + \dfrac{1}{ca} + \dfrac{1}{ab} = \dfrac{1}{2rR}$

> **参考** **ヘロンの公式**

三角形の 3 辺 a, b, c が与えられると三角形は決まる．したがって三角形の面積は 3 辺で表されるはずである．それに関して
$$s = \frac{1}{2}(a+b+c)$$
とおくとき，$\triangle \mathrm{ABC}$ の面積 S は次の式で与えられる．
$$S = \sqrt{s(s-a)(s-b)(s-c)}$$

証明 余弦定理により

$$\sin^2 A = 1 - \cos^2 A$$
$$= 1 - \left(\frac{b^2+c^2-a^2}{2bc}\right)^2 = \frac{(2bc)^2 - (b^2+c^2-a^2)^2}{4b^2c^2}$$
$$= \frac{1}{4b^2c^2}(2bc+b^2+c^2-a^2)(2bc-b^2-c^2+a^2)$$
$$= \frac{1}{4b^2c^2}\{(b+c)^2 - a^2\}\{a^2 - (b-c)^2\}$$
$$= \frac{1}{4b^2c^2}(b+c+a)(b+c-a)(a-b+c)(a+b-c)$$

$a+b+c = 2s$ とおくと
$$b+c-a = 2(s-a) \quad c+a-b = 2(s-b) \quad a+b-c = 2(s-c)$$
であるから，
$$\sin^2 A = \frac{4}{b^2c^2}s(s-a)(s-b)(s-c)$$

$0 < A < 180°$ より $\sin A > 0$ である．定理 [14.1] により
$$S = \frac{1}{2}bc\sin A = \sqrt{s(s-a)(s-b)(s-c)}$$
終

問題 1 次の三角形の面積を求めよ．

(1) $a = 2, \ b = 3, \ c = 4$ (2) $a = 13, \ b = 14, \ c = 15$

問題 2 $\triangle \mathrm{ABC}$ において，$a = 6, b = 7, c = 5$ であるとき，高さ AH を求めよ．

6章 平面上の図形

幾何学は本来図形の研究であった．17 世紀にデカルトは座標を導入して，図形を方程式で表現し調べるという普遍的な手法に到達し，幾何学を再構成した．これはその後の幾何学だけでなく，数学全般の基礎になる考えを与え，また物理学の発展の端緒となるものである．本章では，まず平面上の直線・円などを方程式で表し，それらの性質を方程式の問題として取り扱う．次に，不等式を満たす点の領域などについて考える．

§15 点と直線

15.1 直線上の点の座標

数直線上で座標が x である点を P(x) と書き，2 点 A(a) と B(b) の間の距離 AB は絶対値記号を用いて AB $= |b-a|$ であることを学んだ．

$m > 0$, $n > 0$ とする．線分 AB 上の点 P が

$$\mathrm{AP} : \mathrm{PB} = m : n$$

であるとき，点 P は線分 AB を $m : n$ に**内分**するという．

線分 AB の延長上に点 P があって

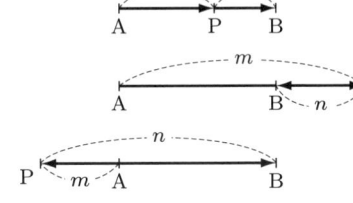

$$\mathrm{AP} : \mathrm{PB} = m : n$$

であるとき，点 P は線分 AB を $m : n$ に**外分する**という．

外分の場合，$m \ne n$ とし，$m > n$ ならば P は B の側の延長上にあり，$m < n$ ならば A の側の延長上にある．

(問題) 15.1 2 点 A(1), B(5) に対して，線分 AB を $3 : 1$ に内分する点 P，$3 : 1$ に外分する点 Q，$1 : 3$ に外分する点 R の座標を求めよ．

点 A(a), B(b) に対して，線分 AB を $m:n$ に内分する点 P(x) の座標 x を求めよう．$a<b$ とすると

$$\mathrm{AP}:\mathrm{PB} = (x-a):(b-x) = m:n$$

$$n(x-a) = m(b-x)$$

$$(m+n)x = na + mb$$

$$x = \frac{mb+na}{m+n}$$

$a>b$ のときは AP : PB $= (a-x):(x-b)$ であるから，同様にして同じ式を導くことができる．

線分 AB を点 P(x) が $m:n$ に外分する場合，$m>n$ とすると

$$(x-a):(x-b) = m:n$$

から

$$x = \frac{mb-na}{m-n}$$

を導くことができる．$m<n$ のときも上の式が得られる．

[15.1]

点 A(a), B(b) に対して線分 AB を $m:n$ に内分する点 P の座標 x は

(1) $$x = \frac{mb+na}{m+n}$$

$m:n$ に外分する点 P の座標 x は

(2) $$x = \frac{mb-na}{m-n}$$

とくに，線分 AB の中点の座標は，式 (1) で $m=n$ とおいて

$$x = \frac{a+b}{2}$$

となる．

(問題) 15.2 線分 AB を点 P が外分し，$m<n$ のときも式 (2) が成り立つことを示せ．

> **問題　15.3**　2 点 A(-3), B(7) に対して，次の点の座標を求めよ．
> (1)　AB を $3:2$ に内分する点　　　(2)　AB を $3:8$ に外分する点
> (3)　AB の中点

15.2　平面上の点の座標

座標平面上で座標 (x, y) をもつ点を P(x, y) で表す．

2 点 A(x_1, y_1), B(x_2, y_2) の間の距離 AB を求めよう．

直線 AB が座標軸に平行でないとき，A を通り x 軸に平行な直線と B を通り y 軸に平行な直線との交点を C とする．C の座標は (x_2, y_1) であり，△ABC は直角三角形である．

$$AC = |x_2 - x_1|$$
$$CB = |y_2 - y_1|$$

三平方の定理により

$$AB^2 = AC^2 + CB^2$$
$$= (x_2 - x_1)^2 + (y_2 - y_1)^2$$

が成り立つ．

直線 AB が x 軸に平行であるときは，$y_1 = y_2$ であり，B と C は一致し，上の式は成り立つ．AB が y 軸に平行であるときも同じである．ゆえに

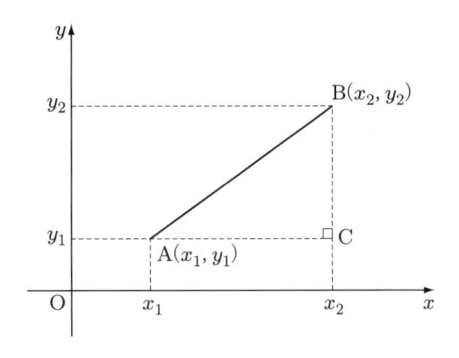

[15.2]

2 点 A(x_1, y_1), B(x_2, y_2) の間の距離は

$$AB = \sqrt{(x_2 - x_1)^2 + (y_2 - y_1)^2}$$

で与えられる．とくに原点 O$(0, 0)$ と点 P(x, y) との距離は

$$OP = \sqrt{x^2 + y^2}$$

> **問題　15.4**　次の座標をもつ 2 点間の距離を求めよ．
> (1)　$(2, 3)$, $(4, 6)$　　　(2)　$(-4, 1)$, $(4, -5)$　　　(3)　$(2, -3)$, $(0, 0)$

問題 15.5 次の各組の3点を頂点にもつ △ABC はどのような三角形か．
(1)　A(1, 4), B(3, 2), C(7, 6)
(2)　A(5, 1), B(−3, 5), C(1, −7)

例題 15.1 中線定理　△ABC の辺 BC の中点を M とするとき，
$$AB^2 + AC^2 = 2(AM^2 + BM^2)$$
が成り立つ．座標を用いてこれを証明せよ．

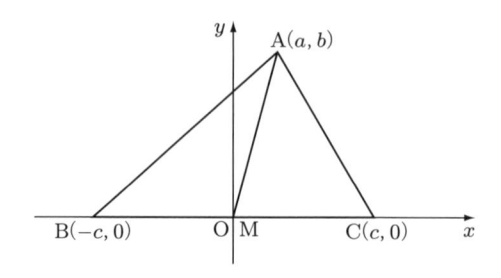

証明　辺 BC を x 軸に，中点 M を原点にとり，頂点の座標を A(a, b), B($-c, 0$), C($c, 0$) とする．定理 [15.2] により
$$AB^2 + AC^2 = (a+c)^2 + b^2 + (a-c)^2 + b^2$$
$$= 2(a^2 + c^2 + b^2)$$
一方
$$AM^2 = a^2 + b^2, \quad BM^2 = c^2$$
ゆえに中線定理が成り立つ．　　　　　　　　　　　　　　　　　　　　　終

2点 A(x_1, y_1), B(x_2, y_2) を結ぶ線分 AB を $m : n$ に内分する点 P(x, y) の座標を求めよう．

点 A, B, P から x 軸に下ろした垂線と x 軸の交点をそれぞれを A′, B′, P′ とすれば，AA′, BB′, PP′ は互いに平行であり，平行線の性質により
$$AP : PB = A'P' : P'B' = m : n$$
である．数直線上の内分点の公式 [15.1] (1) により，

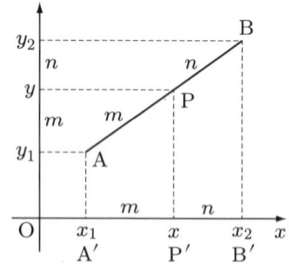

P の x 座標は
$$x = \frac{mx_2 + nx_1}{m+n}$$
で与えられる．y 軸に垂線を下ろして，同じように考えれば，y 座標も
$$y = \frac{my_2 + ny_1}{m+n}$$
で与えられる．

外分の場合も同じである．

[15.3]

2 点 A(x_1, y_1), B(x_2, y_2) を結ぶ線分 AB を $m:n$ に内分する点 P(x, y) の座標は
$$x = \frac{mx_2 + nx_1}{m+n}, \quad y = \frac{my_2 + ny_1}{m+n}$$
線分 AB を $m:n$ に外分する点 P(x, y) の座標は
$$x = \frac{mx_2 - nx_1}{m-n}, \quad y = \frac{my_2 - ny_1}{m-n}$$
とくに線分 AB の中点の座標は，
$$\left(\frac{x_1 + x_2}{2}, \frac{y_1 + y_2}{2} \right)$$

例題 15.2 △ABC の頂点が A(x_1, y_1), B(x_2, y_2), C(x_3, y_3) であるとき，BC の中点を L とし，中線 AL を $2:1$ に内分する点の座標 G(x, y) を求めよ．

解 中点 L の座標を (x', y') とすれば，
$$x' = \frac{x_2 + x_3}{2}, \quad y' = \frac{y_2 + y_3}{2}$$
である．G は中線 AL を $2:1$ の比に内分するから
$$x = \frac{2 \cdot x' + 1 \cdot x_1}{2+1} = \frac{x_1 + x_2 + x_3}{3}$$
同様に

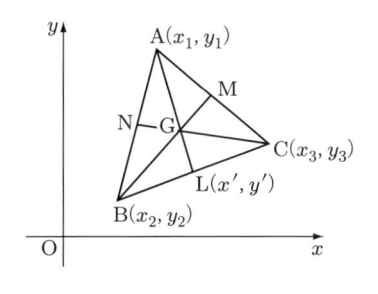

$$y = \frac{y_1 + y_2 + y_3}{3}$$

△ABC の辺 BC, CA, AB の中点をそれぞれ L, M, N とするとき，BM, CN をそれぞれ 2 : 1 に内分する点は例題 15.2 の G と同じ座標をもつ．これは中線 AL, BM, CN が 1 点 G で交わることを示している．G を △ABC の**重心**という．

問題 15.6 次の 2 点 A, B を 2 : 3 に内分する点，外分する点の座標を求めよ．
(1)　A(2, 6), B(7, 1)　　　　(2)　A(−2, 4), B(3, −1)

問題 15.7 平行四辺形 ABCD の 3 つの頂点が A(−2, 3), B(4, −1), C(6, 1) であるとき，残りの頂点 D の座標を求めよ．

15.3　直線の方程式

座標平面上で，1 次方程式
$$y = mx + b$$
は点 B(0, b) を通り傾きが m の直線を表す．b をこの直線の **y 切片**または単に**切片**という．

また，方程式
$$x = a$$
は点 A(a, 0) を通り y 軸に平行な直線を表す．

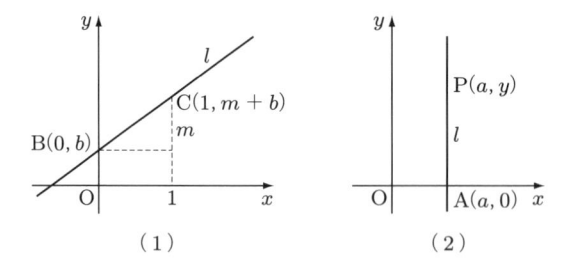

(1)　　　　　　(2)

直線が y 軸に平行でない場合，直線上に 2 点 B(0, b) と C(1, m + b) をとると傾き m は B と C の y 座標の差である．

■ 例 15.1

1 次方程式 $\quad 3x - 4y + 12 = 0 \quad$ を
$$y = \frac{3}{4}x + 3$$
と書き直せば，これは傾きが $\frac{3}{4}$ で点 $(0, 3)$ を通る直線を表す．$y = 0$ とおいて解くと $x = -4$ であるから，x 軸との交点は $(-4, 0)$ である．

一般に，a, b の少なくとも一方が 0 でないとき，1 次方程式
$$(1) \qquad\qquad ax + by + c = 0$$
が直線を表すことを示そう．このとき，この方程式を **直線の方程式** という．また，それが表す直線を簡単に，直線 $ax + by + c = 0$ という．

$b \neq 0$ ならば，方程式 (1) は
$$y = -\frac{a}{b}x - \frac{c}{b}$$
となり，傾きが $-\frac{a}{b}$，切片が $-\frac{c}{b}$ の直線を表す．$a = 0$ のときは傾きが 0 であり，x 軸に平行である．$a \neq 0$ のとき x 軸との交点の x 座標は $-\frac{c}{a}$ であり，これを **x 切片** という．

$b = 0$ ならば，$x = -\frac{c}{a}$ となり，点 $\left(-\frac{c}{a}, 0\right)$ を通り，y 軸に平行な直線を表す．

(問題) **15.8** 次の方程式の表す直線をかけ．
(1) $2x + 3y - 6 = 0$ \qquad (2) $4x - 5y = 0$
(3) $3x - 12 = 0$ \qquad (4) $2y + 3 = 0$

傾き m の直線
$$y = mx + b$$
が点 (x_1, y_1) を通るならば
$$y_1 = mx_1 + b$$
である．2 つの式の両辺の差をとって b を消去すれば

[15.4]

点 (x_1, y_1) を通り,傾き m の直線の方程式は
$$y - y_1 = m(x - x_1)$$

(問題) 15.9 次の直線の方程式を求めよ.

(1) 点 $(2, -1)$ を通り,傾きが 3 (2) 点 $(4, 3)$ を通り,傾きが $-\dfrac{1}{2}$

2点 $A(x_1, y_1)$, $B(x_2, y_2)$ を通る直線の方程式を求めよう.

$x_1 \neq x_2$ のとき,この直線は y 軸に平行でないからその傾きを m とする.2点 $A(x_1, y_1)$, $B(x_2, y_2)$ を通っているから,それらの座標を定理 [15.4] の方程式に代入して

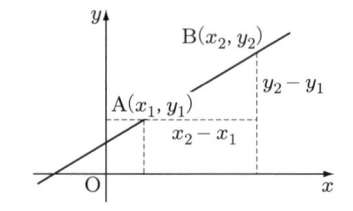

$$y_2 - y_1 = m(x_2 - x_1)$$
$$m = \frac{y_2 - y_1}{x_2 - x_1}$$

である.これを定理 [15.4] の式に代入すれば次の定理の第1式になる.

$x_1 = x_2$ のときは,その直線は y 軸に平行であるから,方程式は

$$x = x_1$$

[15.5]

異なる2点 (x_1, y_1), (x_2, y_2) を通る直線の方程式は

$x_1 \neq x_2$ のとき $y - y_1 = \dfrac{y_2 - y_1}{x_2 - x_1}(x - x_1)$

$x_1 = x_2$ のとき $x = x_1$

(問題) 15.10 次の2点を通る直線の方程式を求めよ.

(1) $(1, 3)$, $(3, 7)$ (2) $(1, -4)$, $(-3, 8)$
(3) $(1, 2)$, $(3, 2)$ (4) $(-1, -3)$, $(-1, 4)$

(問題) 15.11 $a \neq 0$, $b \neq 0$ として，2点 $(a, 0)$, $(0, b)$ を通る直線の方程式は

$$\frac{x}{a} + \frac{y}{b} = 1$$

であることを示せ．

15.4　2直線の関係

座標平面で，2つの直線が1次方程式で表されているとき，交点の座標は2つの方程式を満たしているから，連立1次方程式を解けばよい

■例 15.2

2直線 $2x + 3y = 5$ と $x - 2y = 6$ の交点は，連立方程式

$$\begin{cases} 2x + 3y = 5 \\ x - 2y = 6 \end{cases}$$

を解いて点 $(4, -1)$ である．

2直線が平行または垂直である条件を求めよう．2直線 l, l' の方程式を

$$l : y = mx + b, \quad l' : y = m'x + b'$$

とする．

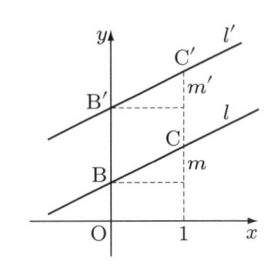

2直線 l, l' が平行であることを $l \mathbin{/\mkern-3mu/} l'$ と書く．2直線が一致する場合も平行であると考える．$l \mathbin{/\mkern-3mu/} l'$ のとき，右の図のように $m = m'$ である．

2直線 l, l' が互いに垂直であるとき $l \perp l'$ と書く．2直線が座標軸に平行でないとして垂直条件を考える．l と l' に平行で原点 O を通る直線の方程式は

$$y = mx, \quad y = m'x$$

となり，この2直線が垂直であるための条件を求めればよい．この2直線と直線 $x = 1$ との交点を A, A' とすると，座標は $\mathrm{A}(1, m)$, $\mathrm{A}'(1, m')$ である．$\triangle \mathrm{OAA}'$ は直角三角形であるから，三平方の定理により

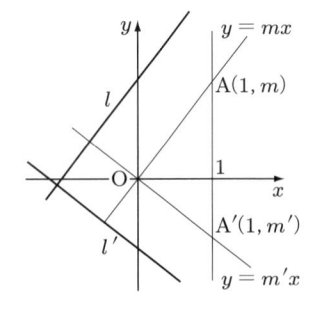

(1) $\qquad \mathrm{AA}'^2 = \mathrm{OA}^2 + \mathrm{OA}'^2$

$$(m-m')^2 = (1+m^2) + (1+m'^{\,2})$$

が成り立つ．これを展開して整理すると

$$mm' = -1$$

となる．逆に $mm' = -1$ ならば，式 (1) が成り立ち，OA $\perp$ OA$'$ となる．

[15.6]

2 直線 $l : y = mx + b, \quad l' : y = m'x + b'$ について

(1) $\quad l \mathbin{/\mkern-4mu/} l' \quad \Longleftrightarrow \quad m = m'$

(2) $\quad l \perp l' \quad \Longleftrightarrow \quad mm' = -1$

例題 15.3 点 $(2, -1)$ を通り，直線 $l : 2x + 3y + 4 = 0$ に平行な直線および垂直な直線の方程式を求めよ．

解 直線 l の方程式は $y = -\dfrac{2}{3}x - \dfrac{4}{3}$ となり，傾きは $-\dfrac{2}{3}$ である．

平行な直線の傾きは $-\dfrac{2}{3}$ であり，点 $(2, -1)$ を通るからその方程式は

$$y + 1 = -\frac{2}{3}(x - 2)$$

$$2x + 3y - 1 = 0$$

垂直な直線の傾きは $\dfrac{3}{2}$ である．その方程式は

$$y + 1 = \frac{3}{2}(x - 2)$$

$$3x - 2y - 8 = 0$$

問題 15.12 点 $(2, -3)$ を通り，次の各直線に平行な直線および垂直な直線の方程式を求めよ．

(1) $\quad y = 3x + 1$ 　　　　　(2) $\quad 4x - 3y + 2 = 0$

(3) $\quad x = -1$ 　　　　　　　(4) $\quad 2y = 5$

例題 15.4 2 点 A$(-1, 3)$, B$(3, -2)$ について

(1) 直線 AB の方程式を求めよ．
(2) 2 点 A, B から等距離にある点はどのような図形をえがくか．

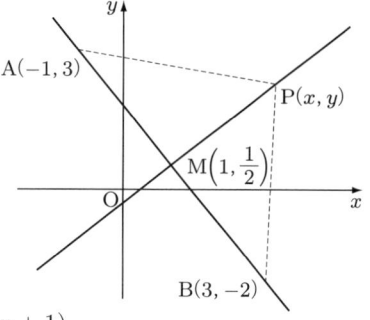

解 (1) 定理 [15.5] の方程式に A, B の座標を代入して

$$y - 3 = \frac{-2 - 3}{3 + 1}(x + 1)$$

$$y - 3 = -\frac{5}{4}(x + 1)$$

$$5(x + 1) + 4(y - 3) = 0$$

$$5x + 4y - 7 = 0 \qquad ①$$

(2) 2 点 A, B から等距離にある点を P(x, y) とすれば，AP = BP であるから

$$\sqrt{(x+1)^2 + (y-3)^2} = \sqrt{(x-3)^2 + (y+2)^2}$$

が成り立つ．両辺を 2 乗して整理すると

$$x^2 + 2x + 1 + y^2 - 6y + 9 = x^2 - 6x + 9 + y^2 + 4y + 4$$

$$8x - 10y - 3 = 0 \qquad ②$$

となる．ゆえに A, B から等距離にある点は方程式②の直線をえがく．

直線①の傾きは $-\dfrac{5}{4}$，②の傾きは $\dfrac{4}{5}$ であり，$\left(-\dfrac{5}{4}\right) \cdot \dfrac{4}{5} = -1$ であるから，2 つの直線①と②は垂直である．

また 2 直線の交点は方程式①と②を x, y について解いて $\left(1, \dfrac{1}{2}\right)$ である．この交点は 2 点 A, B の中点である．ゆえに直線②は線分 AB の垂直二等分線である．

(問題) 15.13 2点 A(1, 3), B(7, 0) に対して，次の直線の方程式を求めよ．
(1) 直線 AB.
(2) 原点 O を通り，△OAB の面積を二等分する直線．
(3) $|AP^2 - BP^2| = 15$ である点 P のえがく直線．

練習問題 15

[1] 数直線上の2点 A(a), B(b) を 5:3 の比に内分する点を C(c)，外分する点を D(d) とする．
  (1) c, d を a, b で表せ．
  (2) a, b を c, d で表せ．
  (3) 点 A, B はそれぞれ線分 CD をどのような比に分けるか．

[2] 次の直線の方程式を求めよ．
  (1) 点 $(-2, 3)$ を通り，傾きが -2 の直線．
  (2) 点 $(7, -4)$ を通り，y 切片が 1 の直線．
  (3) 点 $(4, -3)$ を通り，直線 $3x + 2y = 0$ に平行な直線．
  (4) 点 $(1, 4)$ を通り，直線 $2x + 4y = 1$ に垂直な直線．
  (5) 直線 $3x + 2y = 0$ に平行で y 切片が 5 の直線．

[3] A(0, 6), B(6, −2), C(7, 5) を頂点とする三角形の3辺の長さを求めよ．

[4] 定数 k がどんな値でも直線 $2y = (1-k)x + 3 + 2k$ はある定点を通ることを示せ．

[5] 次の3直線が1点で交わるように定数 a の値を定めよ．
  (1) $2x - 3y = 8$, $x - 4y = 9$, $ax + y = 3$
  (2) $4x + 3y + 13 = 0$, $x + 2y + a = 0$, $3x - 4y + 8a = 0$

[6] 直線 $4x + 3y - 12 = 0$ に関して，点 $(2, -7)$ と対称な点の座標を求めよ．

[7] △ABC の3つの頂点からそれぞれの対辺におろした垂線は1点 H で交わることを証明せよ．この点 H を三角形の**垂心**という．

[8] 2直線 $x + ay + (a-3) = 0$, $ax + (a+2)y - 2 = 0$ が次の性質をもつように，定数 a の値を定めよ．
  (1) 平行である   (2) 垂直である

§16 円と2次曲線

16.1 円

ある条件を満たしながら動く点がえがく図形を，その条件を満たす点の**軌跡**という．いいかえれば，軌跡は与えられた条件を満たす点全体の集合である．

座標平面上で，x, y についてのある方程式
$$F(x, y) = 0$$
を満たす点 $P(x, y)$ の軌跡を，方程式 $F(x, y) = 0$ の**図形**または**グラフ**といい，方程式を**図形の方程式**という．1次方程式 $ax + by + c = 0$ の図形は直線である．

定点から一定の距離にある点の軌跡が円であり，定点が円の**中心**，一定の距離が**半径**である．

座標平面上で，中心が $C(a, b)$，半径が r の円の任意の点を $P(x, y)$ とすれば，
$$CP = r \quad \text{すなわち} \quad CP^2 = r^2$$
であるから，定理 [15.2] により

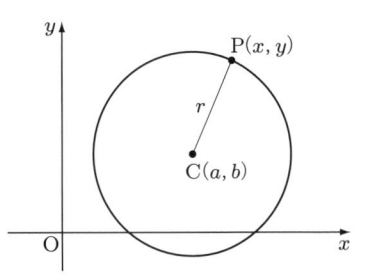

[16.1]

点 (a, b) を中心とし，半径 r の円の方程式は
$$(x-a)^2 + (y-b)^2 = r^2$$
である．とくに原点 $O(0, 0)$ を中心とし，半径 r の円の方程式は
$$x^2 + y^2 = r^2$$

(問題) 16.1 次の性質をもつ円の方程式を求めよ．
(1) 中心 $(2, -1)$，半径 3 の円
(2) 2点 $(2, 1), (6, -3)$ を直径の両端とする円
(3) 中心が点 $(2, 3)$ であり，点 $(-2, 1)$ を通る円

円の方程式 $(x-a)^2 + (y-b)^2 = r^2$ の左辺を展開して整理すると
$$x^2 + y^2 + lx + my + n = 0$$
の形に表される．逆にこの形の方程式を変形すると
$$\left(x + \frac{l}{2}\right)^2 + \left(y + \frac{m}{2}\right)^2 = \frac{l^2 + m^2 - 4n}{4}$$
となる．$l^2 + m^2 - 4n > 0$ ならば，この方程式は
$$\text{中心} \left(-\frac{l}{2}, -\frac{m}{2}\right), \quad \text{半径} \frac{\sqrt{l^2 + m^2 - 4n}}{2}$$
の円を表す．

■例 16.1

方程式 $x^2 + y^2 - 4x + 6y - 3 = 0$ は
$$x^2 - 4x + 4 + y^2 + 6y + 9 - 16 = 0$$
$$(x-2)^2 + (y+3)^2 = 4^2$$
と変形される．ゆえに中心が $(2, -3)$，半径が 4 の円を表す．

問題 16.2 次の円の中心と半径を求めよ．
(1) $x^2 + y^2 + 2x + 4y - 20 = 0$
(2) $2x^2 + 2y^2 + 4x - 7y = 0$

例題 16.1 3 点 A(3, 4), B(−2, 3), C(4, −1) を通る円の方程式を求めよ．

解 円の方程式を
$$x^2 + y^2 + lx + my + n = 0$$
とする．A, B, C を通るから
$$\begin{cases} 3^2 + 4^2 + 3l + 4m + n = 0 \\ (-2)^2 + 3^2 - 2l + 3m + n = 0 \\ 4^2 + (-1)^2 + 4l - m + n = 0 \end{cases}$$
これらの方程式を整理すると

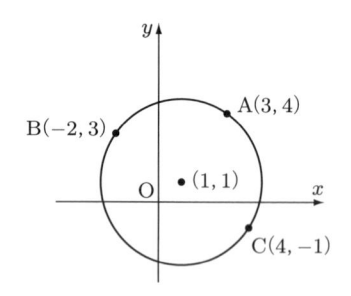

$$\begin{cases} 3l + 4m + n = -25 \\ -2l + 3m + n = -13 \\ 4l - m + n = -17 \end{cases}$$

この連立方程式を l, m, n について解いて
$$l = -2, \quad m = -2, \quad n = -11$$
したがって，求める円の方程式は
$$x^2 + y^2 - 2x - 2y - 11 = 0$$
この円は $\triangle \text{ABC}$ の外接円である．

問題 16.3 次の3点を頂点とする三角形の外接円の方程式を求めよ．
(1) A(0, 0), B(6, 2), C(2, 4) (2) A(4, 0), B(0, 8), C(−5, −7)

例題 16.2 円 $x^2 + y^2 = 1$ と直線 $y = 2x + k$ の共有点の個数は，k の値によってどのように変わるかを調べよ．1個の場合，共有点の座標を求めよ．

解 共有点は連立方程式
$$\begin{cases} x^2 + y^2 = 1 & \text{①} \\ y = 2x + k & \text{②} \end{cases}$$
の実数解である．式①に②を代入して
$$5x^2 + 4kx + k^2 - 1 = 0 \quad \text{③}$$
となる．この方程式の判別式 D は
$$D = 16k^2 - 20(k^2 - 1) = 4(5 - k^2)$$
となる．

$D > 0$ すなわち $-\sqrt{5} < k < \sqrt{5}$ のとき，③は2つの実数解 x をもち，共有点は2個である．

$D = 0$ すなわち $k = \sqrt{5}$ または $-\sqrt{5}$ のとき方程式③は

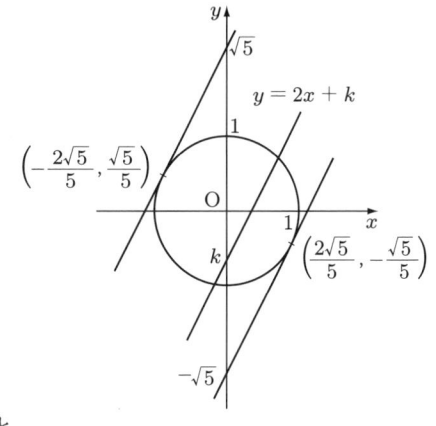

$$5x^2 + 4\sqrt{5}x + 4 = 0 \quad \text{または} \quad 5x^2 - 4\sqrt{5}x + 4 = 0$$

となり，それぞれの方程式は二重解

$$x = -\frac{2\sqrt{5}}{5} \quad \text{または} \quad x = \frac{2\sqrt{5}}{5}$$

をもつ．共有点はそれぞれの場合に1個だけであり，直線は円に接する．k と x の値を式②に代入して，接点の座標は

$$\left(-\frac{2\sqrt{5}}{5}, \frac{\sqrt{5}}{5}\right) \quad \text{または} \quad \left(\frac{2\sqrt{5}}{5}, -\frac{\sqrt{5}}{5}\right)$$

$D < 0$ すなわち $k < -\sqrt{5}$，$k > \sqrt{5}$ のとき，方程式③の解は虚数解であり，実数解をもたないから共有点はない．

(問題) **16.4** 円 $x^2 + y^2 + 2y - 4 = 0$ と直線 $y = 2x + k$ が接するように k の値を定め，接点を求めよ．

[**16.2**]

円 $$x^2 + y^2 = r^2$$

の上の点 $P(x_0, y_0)$ における接線は，次の方程式で与えられる．

$$(1) \qquad x_0 x + y_0 y = r^2$$

証明 円の接線は，接点を通る半径に垂直である．$x_0 \neq 0$，$y_0 \neq 0$ のとき，半径 OP の傾きは $\dfrac{y_0}{x_0}$ であるから，点 P における接線の傾きは $-\dfrac{x_0}{y_0}$ であり，その方程式は

$$y - y_0 = -\frac{x_0}{y_0}(x - x_0)$$

である．分母を払って整理すると

$$x_0 x + y_0 y = x_0^2 + y_0^2$$

となる．P が円上にあるから，$x_0^2 + y_0^2 = r^2$ であり，方程式 (1) が導かれる．

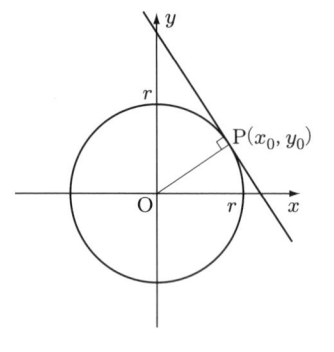

$x_0 = 0$ のとき，$y_0 = \pm r$ であり，接線の方程式は $y = \pm r$（複号は y_0 の複号と同順）である．これは方程式 (1) で，$x_0 = 0, y_0 = \pm r$ とおいた式になっている．

$y_0 = 0$ のとき，接線の方程式は $x = \pm r$ である． 終

(問題) **16.5** 次の点における円 $x^2 + y^2 = 25$ の接線の方程式を求めよ．
(1) P(3, 4) (2) Q(4, −3) (3) R(−5, 0)

(問題) **16.6** 点 $(0, 2)$ から円 $x^2 + y^2 = 1$ へ引いた接線の方程式と接点の座標を求めよ．

(例題) **16.3** 2 点 A(−2, 0), B(2, 0) からの距離の比が AP : BP = 3 : 1 であるような点 P(x, y) の軌跡を求めよ．

(解)
$$\mathrm{AP} = \sqrt{(x+2)^2 + y^2}, \quad \mathrm{BP} = \sqrt{(x-2)^2 + y^2}$$

であるから，AP : BP = 3 : 1 より
$$\sqrt{(x+2)^2 + y^2} = 3\sqrt{(x-2)^2 + y^2}$$

である．両辺を 2 乗して整理すれば
$$x^2 - 5x + 4 + y^2 = 0$$
$$\left(x - \frac{5}{2}\right)^2 + y^2 = \frac{9}{4}$$

となる．ゆえに求める軌跡は中心が $\left(\dfrac{5}{2}, 0\right)$，半径が $\dfrac{3}{2}$ の円である．

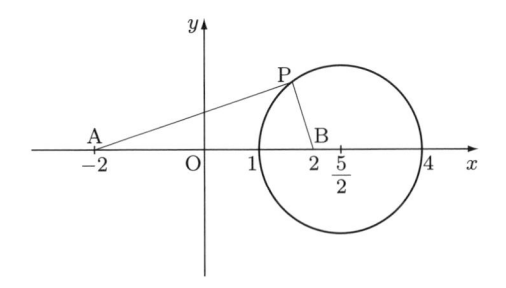

一般に, 2点 A, B からの距離の比が $AP:BP = m:n$ $(m \neq n)$ である点 P の軌跡は, 線分 AB を $m:n$ に内分する点と外分する点を直径の両端にもつ円になる. この円を**アポロニウスの円**という.

問題 16.7 原点 O と点 $A(10, 0)$ からの距離の比が, $OP:AP = 3:2$ である点 P の軌跡を求めよ.

16.2 2次曲線

だ円（楕円） 2定点 F, F′ からの距離の和が一定である点 P の軌跡を**だ円**といい, F, F′ をその**焦点**という.

直線 FF′ を x 軸に, 線分 FF′ の垂直二等分線を y 軸にとり, 焦点 F, F′ の座標をそれぞれ $F(c, 0)$, $F'(-c, 0)$, $c > 0$, とする. a を $a > c$ である定数として
$$FP + F'P = 2a$$
である点 $P(x, y)$ の軌跡を考える.
$$FP = \sqrt{(x-c)^2 + y^2}, \quad F'P = \sqrt{(x+c)^2 + y^2}$$
であるから, 条件の式は
$$\sqrt{(x-c)^2 + y^2} + \sqrt{(x+c)^2 + y^2} = 2a$$
となる. $\sqrt{(x-c)^2 + y^2}$ を右辺に移項し, 両辺を 2 乗して整理すると
$$\sqrt{(x-c)^2 + y^2} = a - \frac{c}{a}x$$
となる. この両辺をもう一度 2 乗して整理すると
$$\frac{x^2}{a^2} + \frac{y^2}{a^2 - c^2} = 1$$
となる. $a > c$ であるから, $b = \sqrt{a^2 - c^2}$ とおいて次の式を得る.

--- [16.3] ---
焦点 $F(c, 0)$, $F'(-c, 0)$ からの距離の和が $2a$ の点の軌跡であるだ円の方程式は, $a > c > 0$, $b = \sqrt{a^2 - c^2}$ として

(1) $\qquad \dfrac{x^2}{a^2} + \dfrac{y^2}{b^2} = 1 \quad (a > 0, \ b > 0)$

方程式 (1) をだ円の**標準形**という.

だ円 (1) と x 軸の交点は $A(a, 0)$, $A'(-a, 0)$ であり, y 軸との交点は $B(0, b)$, $B'(0, -b)$ である. 原点 O を**中心**という. だ円 (1) は x 軸および y 軸に関して線対称であり, 中心 O に関して点対称である.

$a = b$ のとき, 方程式 (1) は $x^2 + y^2 = a^2$ となり, 半径 a の円を表す. 円はだ円の特別な場合と考えられる.

標準形 (1) で $a > b > 0$ のとき, 2 つの焦点は x 軸上にあり, その座標は

$\qquad F(\sqrt{a^2 - b^2}, \ 0), \quad F'(-\sqrt{a^2 - b^2}, \ 0)$

である.

標準形 (1) で $a < b$ のとき, 焦点 F, F' は y 軸上にあり, その座標は

$\qquad F(0, \ \sqrt{b^2 - a^2}), \quad F'(0, \ -\sqrt{b^2 - a^2})$

で与えられ, $FP + F'P$ は一定値 $2b$ である.

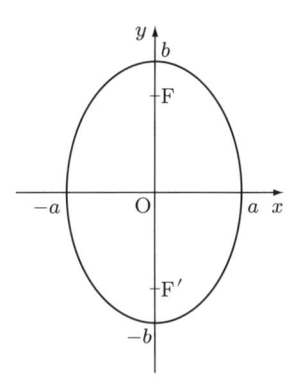

(**問題**) **16.8** 2 点 $F(4, 0)$, $F'(-4, 0)$ からの距離の和が 10 である点 P の軌跡の方程式を求めよ.

(**問題**) **16.9** 次のだ円の焦点を求めよ. また, そのおおよその形をかけ.

(1) $\dfrac{x^2}{25} + \dfrac{y^2}{16} = 1$ $\qquad$ (2) $x^2 + \dfrac{y^2}{4} = 1$ $\qquad$ (3) $4x^2 + 9y^2 = 16$

原点 O を中心とし, 半径 a の円の方程式は

$\qquad x^2 + y^2 = a^2 \quad$ すなわち $\quad y = \pm\sqrt{a^2 - x^2}$

と表される．この円を y 軸方向に $\dfrac{b}{a}$ 倍だけ縮小または拡大した図形の方程式は
$$y = \pm \dfrac{b}{a}\sqrt{a^2 - x^2}$$
である．両辺を 2 乗して整理すると
$$\dfrac{x^2}{a^2} + \dfrac{y^2}{b^2} = 1$$
となる．だ円は円を 1 つの直径の方向に縮小または拡大したものである．

双曲線 2 定点 F, F' からの距離の差が一定である点 P の軌跡を**双曲線**といい，F, F' をその**焦点**という．

直線 FF' を x 軸に，線分 FF' の垂直二等分線を y 軸にとり，焦点 F, F' の座標を F$(c, 0)$, F'$(-c, 0)$, とする．$0 < a < c$ として
$$\text{FP} - \text{F'P} = \pm 2a$$
である点 P(x, y) の軌跡を考える．条件の式は
$$\sqrt{(x-c)^2 + y^2} - \sqrt{(x+c)^2 + y^2} = \pm 2a$$
と表される．だ円の場合と同じような計算によって方程式
$$\dfrac{x^2}{a^2} - \dfrac{y^2}{c^2 - a^2} = 1$$
が導かれる．$a < c$ であるから，$b = \sqrt{c^2 - a^2}$ とおいて

[16.4]

焦点 F$(c, 0)$, F'$(-c, 0)$ からの距離の差が $2a (a < c)$ の点の軌跡である双曲線の方程式は，$b = \sqrt{c^2 - a^2}$ とおいて

(2) $$\dfrac{x^2}{a^2} - \dfrac{y^2}{b^2} = 1$$

方程式 (2) を**双曲線の標準形**という．x 軸との交点は A$(a, 0)$, A'$(-a, 0)$ である．原点 O を**中心**という．その双曲線は x 軸，y 軸に関して線対称であり，中心 O に関し

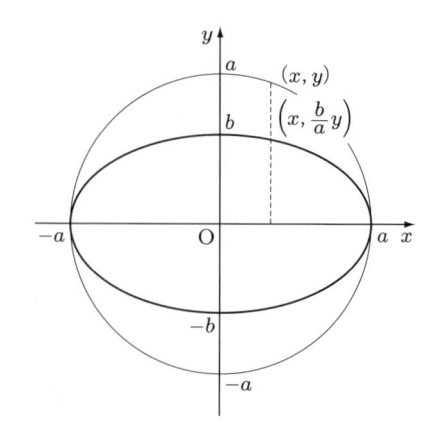

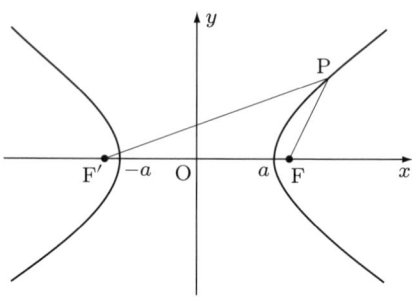

て点対称である．

問題 16.10 次の双曲線の焦点および x 軸との交点の座標を求めよ．
(1) $\dfrac{x^2}{4} - \dfrac{y^2}{9} = 1$ (2) $2x^2 - 3y^2 = 6$

双曲線 (2) の第 1 象限にある部分は
$$y = \dfrac{b}{a}\sqrt{x^2 - a^2}$$
と表される．それと方程式
(3) $\qquad y = \dfrac{b}{a} x$

で表される直線 l との関係を調べよう．

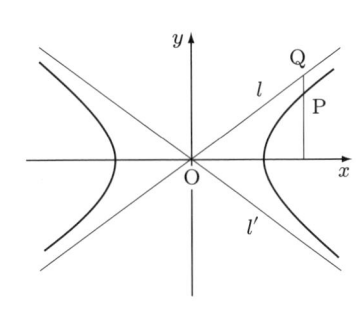

双曲線の点 $\mathrm{P}(x, y)$ に対して，同じ x 座標をもつ l 上の点を Q とする．Q の y 座標は式 (3) で与えられ，$\sqrt{x^2 - a^2} < x$ であるから点 P はつねに直線 l の下側にある．また Q と P の y 座標の差は
$$\mathrm{PQ} = \dfrac{b}{a}(x - \sqrt{x^2 - a^2}) = \dfrac{ab}{x + \sqrt{x^2 - a^2}} < \dfrac{ab}{x}$$

である．x が大きくなるとき，$\dfrac{ab}{x}$ は限りなく 0 に近づくから，双曲線 (2) 上の点 P は直線 l に近づく．すなわち l は双曲線 (2) の漸近線である．双曲線の対称性により，直線 $y = -\dfrac{b}{a} x$ も漸近線になる．

問題 16.11 焦点 $\mathrm{F}(5, 0)$, $\mathrm{F}'(-5, 0)$ からの距離の差が 8 である点のえがく双曲線の方程式，漸近線の方程式を求めよ．また，その図をかけ．

放物線 2 次関数のグラフを放物線といったが，幾何学的には放物線は次のように定義される．

定直線 g とこの上にない定点 F から等距離にある点 P の軌跡を**放物線**といい，g をその**準線**，F を**焦点**という．

点 F から g に下ろした垂線を x 軸にとり，g と x 軸の交点と F を結ぶ線分の垂直二等分線を y 軸にとる．F と g との距離を $2p$ とすると，F の座標と g の方程式は

$$F(p, 0), \quad g : x = -p$$

と表される．放物線上の点 $P(x, y)$ から準線 g に下ろした垂線を PH とすれば，条件は

$$FP = HP \quad \text{すなわち} \quad FP^2 = HP^2$$

である．

$$FP^2 = (x - p)^2 + y^2$$
$$HP^2 = (x + p)^2$$

であるから，この 2 式を等しくおいて整理すれば次の式を得る．

[16.5]

焦点 $F(p, 0)$，準線が $x = -p$ である放物線の方程式は

$$y^2 = 4px$$

この方程式を**放物線の標準形**という．このとき原点 O を放物線の**頂点**，x 軸を**軸**という．放物線はその軸に関して対称である．この放物線は，$y = \dfrac{1}{4p}x^2$ のグラフを直線 $y = x$ に関して対称に移動したものである．

(問題) 16.12 次の焦点と準線をもつ放物線の方程式を求めよ．
(1) 焦点 $(2, 0)$，準線 $x = -2$ 　　(2) 焦点 $(0, p)$，準線 $y = -p$

(2 次曲線) だ円，双曲線，放物線の標準形はそれぞれ

$$\frac{x^2}{a^2} + \frac{y^2}{b^2} = 1, \quad \frac{x^2}{a^2} - \frac{y^2}{b^2} = 1, \quad y^2 = 4px$$

である．これらはみな x, y についての 2 次方程式であり，だ円，双曲線，放物線をまとめて **2 次曲線**という．

標準形が表す 2 次曲線は原点 O を中心または頂点としているが，これらの曲線が座標平面上のほかの位置にあれば，その方程式は違った形になる．その場合でも，2 次

曲線は 2 次方程式で表される．

p, q を定数として，座標平面上の平行移動

(4) $\begin{cases} x' = x + p \\ y' = y + q \end{cases}$

は点 $P(x, y)$ を点 $P'(x', y')$ に移す．そのとき，原点 $O(0, 0)$ は点 $O'(p, q)$ に移される．式 (4) は逆に

(5) $\begin{cases} x = x' - p \\ y = y' - q \end{cases}$

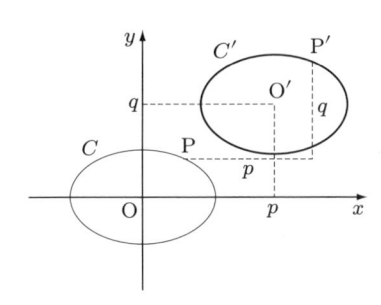

と表される．

曲線 C の方程式が $F(x, y) = 0$ であるとし，平行移動 (4) による C の像を C' とする．C 上の点 $P(x, y)$ の像 $P'(x', y')$ が像 C' 上にある条件は，もとの点 P の座標が方程式 $F(x, y) = 0$ を満たすことであるから，式 (5) を代入して

$$F(x' - p, y' - q) = 0$$

となる．したがって，C' 上の点 $P'(x', y')$ が満たす方程式は

$$F(x - p, y - q) = 0$$

であって，これが像 C' の方程式である．

[16.6]

曲線 $C : F(x, y) = 0$ を x 軸方向に p，y 軸方向に q だけ平行移動した像 C' の方程式は

$$F(x - p, y - q) = 0$$

■例 16.2

だ円

$$\frac{x^2}{9} + \frac{y^2}{4} = 1 \quad \text{すなわち} \quad 4x^2 + 9y^2 = 36$$

を x 軸方向に -2，y 軸方向に 3 だけ平行移動した像の方程式は

$$4(x + 2)^2 + 9(y - 3)^2 = 36$$

$$4x^2 + 9y^2 + 16x - 54y + 61 = 0$$

練習問題 16

[1] 次の性質をもつ円の方程式を求めよ．
(1) 中心が x 軸上にあって2点 $(-1, 1)$, $(3, 5)$ を通る円．
(2) 2点 $(5, 1)$, $(2, 0)$ を通り y 軸に接する円．
(3) 原点を中心とし，円 $x^2 + y^2 - 2x - 4y + 4 = 0$ に接する円．
(4) 点 $(1, 0)$ を中心とし，直線 $y = 2x - 3$ に接する円．

[2] 円 $(x-3)^2 + (y-4)^2 = 4$ と直線 $x - y + 3 = 0$ について，
(1) これらの交点を求めよ．
(2) この円が直線から切り取る弦の長さを求めよ．
(3) この弦を直径とする円の方程式を求めよ．

[3] 点 A(6, 0) と円 $x^2 + y^2 = 4$ の上の動点 Q を結ぶ線分 AQ の中点 P の軌跡を求めよ．

[4] 2点 A(2, 3), B(-4, 1) からの距離の平方の和が22に等しいような点 P(x, y) の軌跡の方程式を求めよ．

[5] 円 $x^2 + y^2 + 2y - 4 = 0$ と直線 $y = kx + \dfrac{3}{2}$ が接するように k の値を定め，接点を求めよ．

§17 不等式と領域

17.1 不等式の表す領域

■例 17.1

座標平面上で，方程式
$$y = 2x - 1$$
の表す直線を l とする．

ここでは，不等式
$$y > 2x - 1 \qquad ①$$
を満たす点 (x, y) の集合を考えよう．

点 $P(x_1, y_1)$ が不等式①を満たすとき，同じ x 座標 x_1 をもつ l 上の点を $Q(x_1, y_2)$ とすると
$$y_1 > 2x_1 - 1, \quad y_2 = 2x_1 - 1$$
であるから，$y_1 > y_2$ であり，点 P は直線 l の上側にある．

逆に $P(x_1, y_1)$ が直線 l の点 $Q(x_1, y_2)$ より上側にあれば，$y_1 > y_2 = 2x_1 - 1$ となるから，点 P の座標は不等式①を満たす．したがって，不等式①を満たす点の集合は，l の上側の点全体であり，図の網かけ部分で示される．直線 l の点は含まない．

同じように，不等式 $y < 2x - 1$ を満たす点の集合は，直線 l の下側の点全体である．l の点は含まない．

このように，x, y についての不等式があるとき，それを満たす点 (x, y) 全体の集合を，その**不等式が表す領域**という．上の例と同じように考えて

[17.1]
方程式 $y = ax + b$ の直線を l とするとき
(1) 1次不等式 $y > ax + b$ の表す領域は l の上側全体である．
(2) 1次不等式 $y < ax + b$ の表す領域は l の下側全体である．

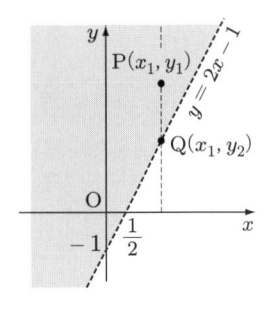

この場合，直線 l を領域の**境界**という．上の定理の不等式が表す領域は境界を含まない．一方，不等式 $y \geqq ax + b$ の表す領域は直線 l とその上側全体であり，境界を含む．

■例 17.2

不等式 $x \geqq 2$ の表す領域は，座標 (x, y) が，$x \geqq 2$ を満たす x と任意の値 y をもつ点全体の集合である．したがって，領域は直線 $x = 2$ とその右側であり，図の網かけ部分になる．

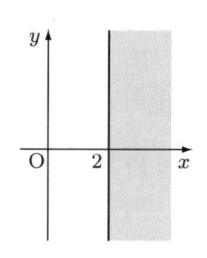

(問題) **17.1** 次の不等式の表す領域を図示せよ．

(1) $y > 3x - 2$ 　　　(2) $2x + 3y - 6 < 0$

(3) $y \geqq \dfrac{1}{2}x - 1$ 　　　(4) $\dfrac{x}{4} + \dfrac{y}{3} \leqq 1$

(5) $x < 2$ 　　　(6) $y \geqq -1$

(例題) **17.1** 不等式 $x^2 - 4x + y^2 \leqq 0$ の表す領域を図示せよ．

(解) 与えられた不等式を変形すると
$$(x-2)^2 + y^2 \leqq 4$$
となる．これを満たす点 $P(x, y)$ は，点 $C(2, 0)$ からの距離が $CP \leqq 2$ の点，すなわち円 $(x-2)^2 + y^2 = 4$ の円周上およびその内部の点であり，領域は境界の円周を含む．

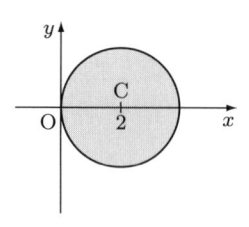

(問題) **17.2** 次の不等式の表す領域を図示せよ．

(1) $x^2 + y^2 < 2$ 　　　(2) $x^2 + y^2 + 2x - 4y \leqq 0$

連立不等式の表す領域は，おのおのの不等式を同時に満たす点 $P(x, y)$ 全体の集合であるから，おのおのの不等式が表す領域の共通部分である．

■例 17.3

連立不等式
$$\begin{cases} y \geqq x-1 & \text{①} \\ x^2+y^2 \leqq 4 & \text{②} \end{cases}$$

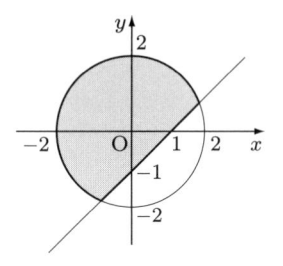

で，不等式①の表す領域は直線 $y=x-1$ とその上側である．不等式②は原点を中心とし，半径 2 の円の円周とその内側である．求める領域はこの 2 つの領域の共通部分であり，図の網かけ部分である．境界を含む．

問題 17.3 次の連立不等式の表す領域を図示せよ．

(1) $\begin{cases} y < x+3 \\ y > 1-x \end{cases}$
(2) $\begin{cases} x-y+2 < 0 \\ x^2+y^2-9 < 0 \end{cases}$

例題 17.2 不等式 $(x+2y-4)(x-y-1)<0$ の表す領域を図示せよ．

解 与えられた不等式は 2 つの式 $x+2y-4$ と $x-y-1$ の符号が異なることを示すから， 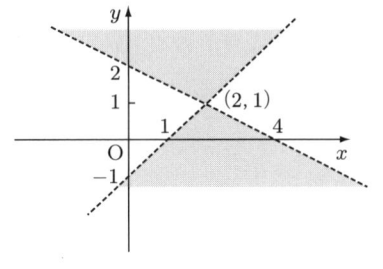
$$\begin{cases} x+2y-4 > 0 \\ x-y-1 < 0 \end{cases}$$
または
$$\begin{cases} x+2y-4 < 0 \\ x-y-1 > 0 \end{cases}$$
ということと同値である．

したがって，2 つの連立不等式の領域の和集合であり，図の網かけ部分である．境界を含まない．

問題 17.4 不等式 $(2x-y)(x+y-3)>0$ の表す領域を図示せよ．

17.2 領域における最大・最小

例題 17.3 次の連立不等式が表す領域を D とする．
$$x \geq 0, \quad y \geq 0, \quad x + 2y \leq 8, \quad 2x + y \leq 10$$

(1) 領域 D に含まれ，$3x + 2y = 12$ であるような点 (x, y) の集合を示せ．

(2) 領域 D で，$3x + 2y$ がとる値のうち，最大値・最小値を求めよ．

解 領域 D は右の図の四角形の内部および境界であり，頂点は $O(0, 0)$, $A(5, 0)$, $B(4, 2)$, $C(0, 4)$ である．

(1) 直線 $3x + 2y = 12$ の D に含まれる部分，図の線分 LM である．

(2) $\qquad 3x + 2y = k \qquad$ ①

とおけば，その直線上の任意の点 $P(x, y)$ で，$3x + 2y$ の値は k である．式①を
$$y = -\frac{3}{2}x + \frac{k}{2}$$

と書きなおせば，k のいろいろの値に対して，方程式①は互いに平行で y 切片が $\frac{k}{2}$ の直線を表す．直線①が D と共有点をもち，かつ y 切片が最大になるのはこの直線が点 $B(4, 2)$ を通るときである．そのときの k の値
$$3 \cdot 4 + 2 \cdot 2 = 16$$

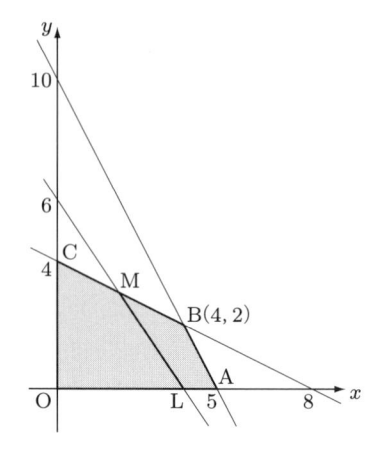

が求める最大値である．y 切片が最小になるのは，この直線が $O(0, 0)$ を通るときであり，そのときの k の値 0 が求める最小値である．

この例のように，座標平面上の境界も含む多角形の領域において，1次式 $ax + by + c$ はある頂点で最大になり，またある頂点で最小になる．したがって，多角形の領域で1次式の最大値・最小値を求めるには，各頂点での1次式の値を求めて，そのうちの最大・最小のものをとればよい．1つの辺上で最大値または最小値をとることもある．

問題 17.5 連立不等式
$$2x + 3y \leq 15, \quad 3x + y \leq 12, \quad x \geq 0, \quad y \geq 0$$
で表される領域 D を図示し，D で次の 1 次式の最大値と最小値を求めよ．

(1) $5x + 4y$ (2) $2x - y$

例題 17.4 不等式
$$x^2 + y^2 \leq 1 \qquad ①$$
を満たす実数 x, y に対して，$x + y$ の最大値・最小値を求めよ．

解
$$x + y = k \quad \text{すなわち} \quad y = -x + k \qquad ②$$

とおく．k の値を変えれば，式②は傾き -1 の平行な直線群を表し，k は各直線の y 切片である．したがって，k が最大になるのは直線②が円
$$x^2 + y^2 = 1 \qquad ③$$
と図の点 A で接するときであり，最小になるのは B で接するときである．式②を式③に代入して整理すると
$$2x^2 - 2kx + k^2 - 1 = 0 \qquad ④$$
接するための条件は④が 2 重解をもつことであり，判別式を 0 とおいて，
$$D = (-2k)^2 - 4 \cdot 2(k^2 - 1) = 0$$
$$k^2 - 2(k^2 - 1) = 0, \quad k^2 = 2$$
$$\therefore \quad k = \pm\sqrt{2}$$
である．このとき方程式④の解として x を，次に式②から y を求めて，
$$x = \pm\frac{1}{\sqrt{2}}, \quad y = \pm\frac{1}{\sqrt{2}} \quad \text{(複号同順)}$$
を得る．ゆえに
$$x = y = \frac{1}{\sqrt{2}} \text{ のとき } x + y \text{ は最大値 } \sqrt{2} \text{ をとる．}$$

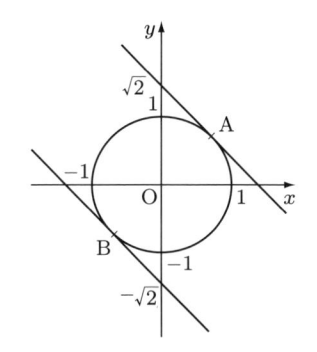

$x = y = -\dfrac{1}{\sqrt{2}}$ のとき $x+y$ は最小値 $-\sqrt{2}$ をとる.

問題 17.6 次の不等式が表す領域 D でそれぞれの 1 次式の最大値・最小値を求めよ.
(1) $D : x^2 + y^2 \leqq 4$, $2x + y$
(2) $D : x^2 - 10x + y^2 \leqq 0$, $3y - 4x$

練習問題 17

[1] 次の不等式が表す領域を図示せよ.
  (1) $y > |x|$
  (2) $(x+y)(x-y) \geqq 0$
  (3) $1 < x^2 + y^2 < 4$
  (4) $x^2 + y^2 + 2x - 6y + 6 \leqq 0$

[2] 次の図の網かけ部分はどんな連立不等式で表されるか. ただし, (1) は境界を含まない. (2) は境界を含む.

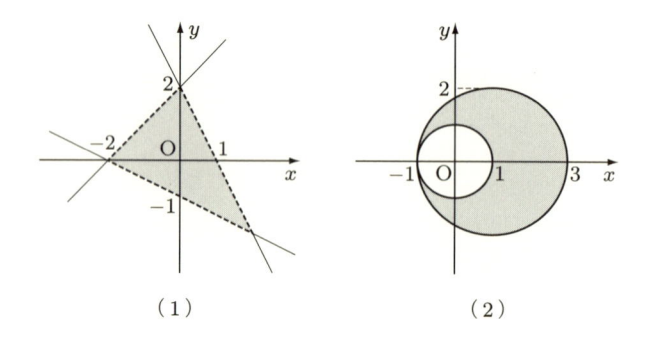

(1) (2)

[3] 次の領域 D でそれぞれの 1 次式の最大値と最小値を求めよ.
  (1) $x - 2y$, $D : x^2 + y^2 \leqq 5$
  (2) $2x + 3y$, $D : y - x \leqq 1, 3x + 2y \leqq 12, y \geqq 0$

[4] ある工場で原料 I, II を使って 2 種類の製品 A, B を製造している. 製品 1 単位当たりの製造に必要な原料の量, それぞれの原料の 1 日当たり供給量, 各製品 1 単位当たりの利益は右の表の通りである.

	A	B	供給量
原料 I	2 kg	3 kg	24 kg
原料 II	5 kg	6 kg	54 kg
利益	7 万円	9 万円	

この場合, 利益を最大にするには A, B をそれぞれ何単位ずつ作ればよいか.

§18 図形の性質

18.1 三角形と比

相似形 2つの図形 F, F' の点どうしが1対1に対応し，対応する点 P, P′ を結ぶ直線がすべて1点 O で交わり，OP と OP′ の比
$$\mathrm{OP} : \mathrm{OP'} = a : b$$
が一定であるとき，図形 F と F' は**相似の位置**にあるといい，O を**相似の中心**という．

図形 F, F' を適当に移動または裏返して相似の位置に置くことができるとき，F と F' は**相似**であるといい，それらを**相似形**という．相似形の対応する2点間の距離の比もつねに $a : b$ であり，$a : b$ を**相似比**という．

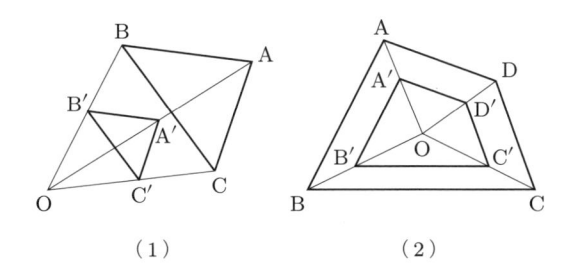

(1)　　　　(2)

△ABC と △A′B′C′ が相似であり，頂点がこの順に対応しているとき，記号
$$\triangle \mathrm{ABC} \backsim \triangle \mathrm{A'B'C'}$$
で表す．次の三角形の相似条件は中学校で学んでいる．

△ABC ∽ △A′B′C′ ならば

(i) 対応する3組の辺の比が等しい．
　　AB : A′B′ = AC : A′C′ = BC : B′C′
(ii) 2組の辺の比が等しく，その間の角が等しい．
　　AB : A′B′ = AC : A′C′, ∠A = ∠A′
(iii) 対応する2組の角が等しい．
　　∠A = ∠A′, ∠B = ∠B′

逆に (i), (ii), (iii) の1つが成り立てば2つの三角形は相似である．

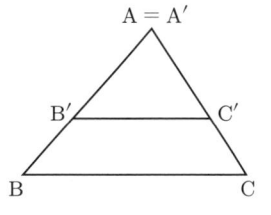

［18.1］　直角三角形の方べきの定理

$\angle A$ が直角の直角三角形 ABC の頂点 A から斜辺 BC に垂線 AD を下ろすとき
(1)　$BA^2 = BC \cdot BD$,　$CA^2 = CB \cdot CD$
(2)　$AD^2 = BD \cdot CD$

証明　(1)　△BAC と △BDA について ∠B は共通，∠BAC と ∠BDA はともに直角であるから

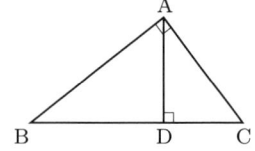

$$\triangle BAC \infty \triangle BDA$$
$$BA : BD = BC : BA$$

内項の積と外項の積は等しいから，第 1 式が導かれる．
第 2 式も同様．

(2)　△ABD と △CAD について ∠BDA と ∠ADC はともに直角，(1) によって ∠BAD = ∠ACD であるから，

$$\triangle ABD \infty \triangle CAD \quad \therefore \quad AD : CD = BD : AD$$

したがって (2) の式が導かれる．　　　　　　　　　　　　　　　　終

問題 18.1　定理 [18.1] の直角三角形 ABC について三平方の定理
$$AB^2 + AC^2 = BC^2$$
が成り立つことを証明せよ．

［18.2］

△ABC の ∠A の二等分線と対辺 BC の交点を P とすれば
$$BP : PC = AB : AC$$

証明　C を通り AP に平行な直線を引き，BA の延長との交点を D とする．

$$\angle ACD = \angle CAP, \quad \angle ADC = \angle BAP$$

∠CAP = ∠BAP であるから

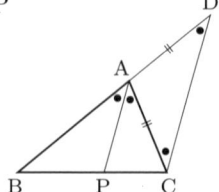

$$\angle ACD = \angle ADC$$

したがって　　　　　$AC = AD$　　　　　　　①

また　$PA \mathbin{/\mkern-6mu/} CD$ であるから

$$\mathrm{BP:PC=BA:AD} \qquad ②$$

①と②により
$$\mathrm{BP:PC=AB:AC} \qquad 終$$

(問題) 18.2 △ABC の頂点 A における外角の二等分線と対辺 BC の延長の交点を Q とすれば次の等式が成り立つことを証明せよ．
$$\mathrm{BQ:QC=AB:AC}$$

(面積の比) 三角形の面積は底辺と高さの積の $\dfrac{1}{2}$ であるから，
(i) 底辺の等しい三角形の面積の比は，高さの比に等しい．
(ii) 高さの等しい三角形の面積の比は，底辺の比に等しい．

[18.3]
△ABC と △A'B'C' が ∠A = ∠A' であるとき，面積の比は
$$\triangle \mathrm{ABC} : \triangle \mathrm{A'B'C'} = \mathrm{AB \cdot AC : A'B' \cdot A'C'}$$

証明 △ABC と △A'B'C' の ∠A と ∠A' を重ね，B' が辺 AB またはその延長上に，C' が辺 AC またはその延長上にあるようにする．点 C と B' を結ぶ．
$$\begin{aligned}
\triangle \mathrm{ABC} : \triangle \mathrm{AB'C} &= \mathrm{AB:AB'} \\
&= \mathrm{AB \cdot AC : AB' \cdot AC} \\
\triangle \mathrm{AB'C} : \triangle \mathrm{AB'C'} &= \mathrm{AC:AC'} \\
&= \mathrm{AB' \cdot AC : AB' \cdot AC'}
\end{aligned}$$
2つの式を比較して定理の式が成り立つ． 終

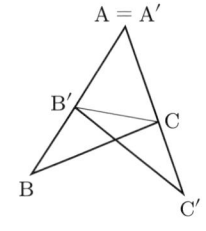

(相似形の面積) △ABC ∽ △A'B'C' で，相似比が $a:b$ であるとき，
$$\mathrm{AB:A'B' = AC:A'C'} = a:b$$
であるから，面積の比は $a^2:b^2$ となる．相似多角形は対応する頂点を適当に結んでいくつかの三角形に分けると，各三角形の面積の比は $a^2:b^2$ となるから，全体の面積の比も $a^2:b^2$ になる．一般に次の性質が成り立つ．

[18.4]
相似な平面図形の面積の比は，相似比の 2 乗に比例する．

18.2 円と角

中心が O の円を簡単に円 O と呼ぶ．円と角について次の性質が重要である．
（ⅰ）同じ弧に対する円周角は中心角の半分である．
（ⅱ）同じ弧に対する円周角は等しい．
（ⅲ）△ABC が円 O に内接し，点 A における円 O の接線上で弦 AB に関して C の反対側に点 T をとるとき，∠C = ∠TAB
（ⅳ）四角形が円に内接するとき，向かい合う角の和は 180° である．

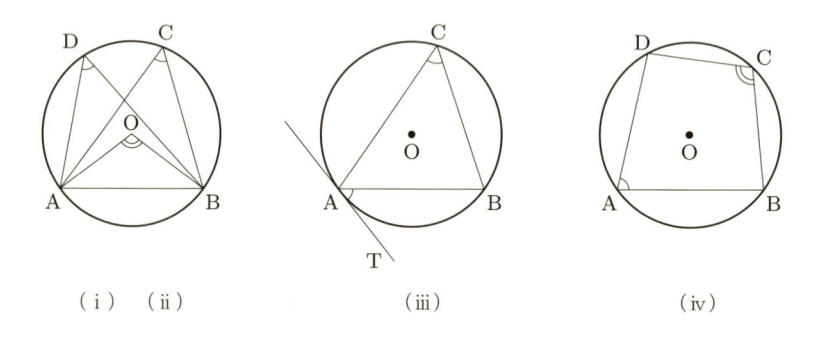

（ⅰ）（ⅱ）　　　　　（ⅲ）　　　　　（ⅳ）

これらの逆として，四角形 ABCD が次の性質をもてば，4 点 A, B, C, D は同一円周上にある．
（ⅰ）C と D が弦 AB の同じ側にあって ∠ACB = ∠ADB
（ⅱ）向かい合う角の和が 180° である．

[18.5] 円の方べきの定理

点 P を通る 2 つの直線が，1 つは円 O と点 A, B で交わり，他の 1 つは点 C, D で交わるとき，
$$PA \cdot PB = PC \cdot PD$$

証明　点 P が円 O の外側にある場合を証明する．△PAD と △PCB において ∠P は共通，∠ADC と ∠CBA は同じ弧に対する角として

$$\angle \text{ADC} = \angle \text{CBA}$$

したがって
$$\triangle \text{PAD} \backsim \triangle \text{PCB}$$
$$\text{PA} : \text{PD} = \text{PC} : \text{PB}$$

ゆえに　$\text{PA} \cdot \text{PB} = \text{PC} \cdot \text{PD}$　　　終

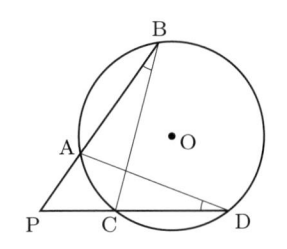

> **(問題) 18.3** 定理 [18.5] を点 P が円 O の内部にある場合に証明せよ．

定理 [18.5] で，点 A と B が一致した場合を考えると，次の定理になる．

[18.6]

点 P から円 O に 2 点 C, D で交わる直線 PC と接線 PA を引けば
$$\text{PA}^2 = \text{PC} \cdot \text{PD}$$

> **(問題) 18.4** 定理 [18.6] を証明せよ．

18.3　重心・外心・内心・垂心

重　心　△ABC の辺 BC の中点を D，辺 CA の中点を E，辺 AB の中点を F とするとき，中線 AD, BE, CF は 1 点 G で交わる．すなわち，三角形の 3 本の中線は 1 点で交わる．点 G を △ABC の**重心**という．

証明は中線 BE, CF の交点を G，直線 AG と BC の交点を D とするとき，D が辺 BC の中点であることを示す．そのため，AG の延長上に AG = GH であるように点 H をとる．△ABH において F は AB の中点，G は AH の中点であるから
$$\text{BH} \,/\!/\, \text{FG}$$

同様に △ACH において
$$\text{CH} \,/\!/\, \text{EG}$$

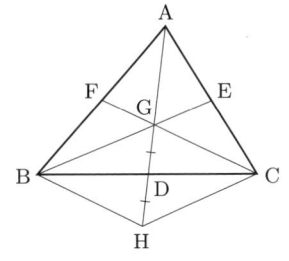

したがって四角形 BHCG は平行四辺形である．平行四辺形の対角線は互いに 2 等分するから，D は BC の中点である．

AG = 2GD であり，重心は各中線を 2 : 1 に内分することがわかる．

外心 三角形の 3 辺の垂直二等分線は 1 点 O で交わる．点 O は 3 つの頂点から等距離（R とする）にあり，O を中心とし半径 R の円は 3 頂点を通る．O を三角形の**外心**，円 O を**外接円**という．

重心の場合と同じように，△ABC の辺の中点を D, E, F とし，辺 AB と AC の垂直二等分線の交点を O とする．AB の垂直二等分線上の点は A と B から等距離にあるから　　AO = BO
同様に　　　　　　　　　　　　　　　　　　AO = CO
したがって　　　　　　　　　　　　　　　　BO = CO
△OBC が二等辺三角形であり，OD⊥BC となり，OD は BC の垂直二等分線である．

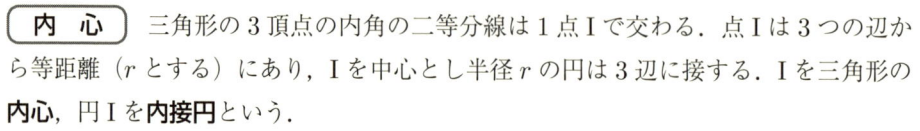

内心 三角形の 3 頂点の内角の二等分線は 1 点 I で交わる．点 I は 3 つの辺から等距離（r とする）にあり，I を中心とし半径 r の円は 3 辺に接する．I を三角形の**内心**，円 I を**内接円**という．

問題 18.5 △ABC の頂点 B と C の内角の二等分線の交点を I とし，I から 3 辺 BC, CA, AB への垂線を IL, IM, IN とするとき，IL = IM = IN であることを証明せよ．

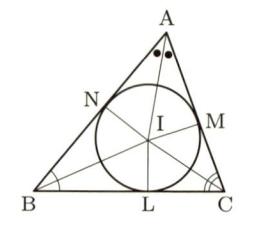

垂心 三角形の各頂点から対辺への垂線は 1 点 H で交わる．H を三角形の**垂心**という．

△ABC の頂点 B と C から対辺への垂線を BM, CN とし，AH と辺 BC の交点を L とする．∠ANH と ∠AMH は直角であるから，四角形 ANHM は円に内接する．辺 HM に対する角として

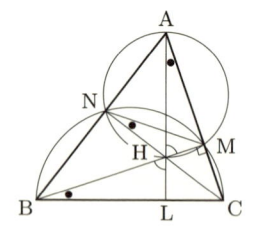

$$\angle \text{HAM} = \angle \text{HNM}$$

∠BNH と ∠CMH は直角であるから，四角形 BCMN は円に内接する．辺 CM に対する角として　　　　　　　　　∠CNM = ∠CBM
したがって　　　　　　　　　∠HAM = ∠HBL
また，対頂角として　　　　　　∠AHM = ∠BHL
△AHM と △BHL は2つの角が等しいから，∠AMH = ∠BLH = 90° であり，AL ⊥ BC.

(問題) **18.6** △ABC の重心，外心，内心，垂心 のうち2つが一致すれば，△ABC は正三角形であることを証明せよ．

―――――― 練習問題 ⑱ ――――――

[1] △ABC の辺 BC の中点を M とし，∠AMB, ∠AMC の二等分線が辺 AB, AC と交わる点をそれぞれ D, E とすると，DE // BC であることを証明せよ．

[2] △ABC の辺 BC 上に点 P をとり，AP 上に点 D をとれば
$$△ABD : △ACD = BP : PC$$
であることを証明せよ．

[3] △ABC の内心を I とし，直線 AI と △ABC の外接円の交点を D とするとき，
$$DB = DC = DI$$
であることを証明せよ．

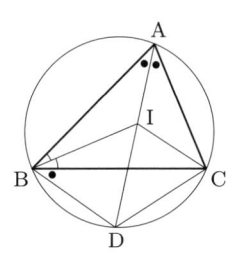

[4] 鋭角三角形 ABC の各頂点から対辺に垂線 AL, BM, CN を下ろし，垂心を H とする．H は △LMN の内心であることを証明せよ．

7章　個数の処理

日常経験することがらには，はっきり判断が下せるものばかりではなく，不確定の要素が含まれていたり，偶然に左右されることが多い．偶然性の中に法則を見いだし処理するためには，起こりうる場合を順序よく論理的に数えることが重要である．これは将来確率や統計を学ぶための基礎になるばかりでなく，その分析的な考え方は数学の論理的思考にとっても有益である．

§19　場合の数と二項定理

19.1　場合の数

あることがらについて，起こりうるすべての場合の個数を**場合の数**という．

例題 19.1 $1, 1, 1, 2, 3$ の5個の数字から，3個の数字を並べてできる3けたの数のうち，異なるものは何個あるか．

解 最初に百の位の数として5個の数字のうちから1個を選び，次に残りの数字のうちから十の位の数として1個を選ぶ．さらに残りの数字のうちから一の位の数として1個を選ぶ．これらを順序よく，もれなく並べて書けば右の図が得られ，13個の整数のできることがわかる．

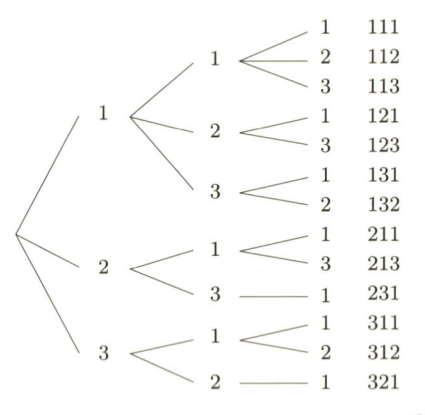

```
         ┌ 1 ┬ 1  111
         │   ├ 2  112
         │   └ 3  113
      1 ─┼ 2 ┬ 1  121
         │   └ 3  123
         └ 3 ┬ 1  131
             └ 2  132
      2 ─┬ 1 ┬ 1  211
         │   └ 3  213
         └ 3 ── 1  231
      3 ─┬ 1 ┬ 1  311
         │   └ 2  312
         └ 2 ── 1  321
```

このような図を**樹形図**という．

(**問題**) **19.1** 和が 9 になるような 3 個の自然数の組は全部でいくつあるか．1 つの組の中に同じ数字があってもよい．

(**例題**) **19.2** 大小 2 個のサイコロを同時に投げて，出る目の数の和が 5 の倍数になる場合は何通りあるか．

(**解**) 出る目の数の和が 5 の倍数になる場合は，

A：和が 5 になる場合　　　　B：和が 10 になる場合

に分かれる．それぞれの場合の数は

A	大	1	2	3	4
小	4	3	2	1

4 通り

B	大	4	5	6
小	6	5	4

3 通り

A と B が同時に起こることはないから，目の数の和が 5 の倍数になるのは

$$4 + 3 = 7 \text{ 通り}$$

一般に次の法則が成り立つ．

［19.1］　和の法則

2 つのことがら A, B が同時に起こることはなく，A の起こる場合が m 通り，B の起こる場合が n 通りであるとき，A または B の起こる場合の数は全部で $m + n$ 通りである．

(**問題**) **19.2** 大小 2 個のサイコロを同時に投げて，出る目の数の和が 4 の倍数になる場合は何通りあるか．

■**例 19.1**

P 市から Q 市へ行く道は a_1, a_2 の 2 通りあり，Q 市から R 市へ行く道は b_1, b_2, b_3 の 3 通りがある．P 市から Q 市を経て R 市に行く場合，P 市から Q 市へ行く 2 通りの道 a_1, a_2 のおの

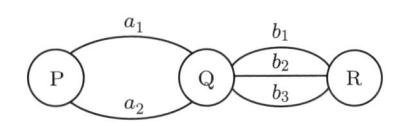

おのに対して，Q市からR市へ行く3通りの道が選べる．したがってP市からQ市を経てR市へ行く方法は全部で $2 \times 3 = 6$ 通りある．

	b_1	b_2	b_3
a_1	(a_1, b_1)	(a_1, b_2)	(a_1, b_3)
a_2	(a_2, b_1)	(a_2, b_2)	(a_2, b_3)

この例のように，一般に次の法則が成り立つ．

[19.2] 積の法則

2つのことがら A, B について，A の起こる場合が m 通りであり，そのおのおのの場合に対して B の起こる場合が n 通りであるとき，A と B ともに起こる場合の数は $m \times n$ 通りである．

(問題) 19.3 ある山を登るのに A, B, C, D, E の5つの登山道がある．この山に登って下るのに，次の場合何通りの道の選び方があるか．
(1) 登りと下りが同じ道であってもよい場合．
(2) 登りと下りが異なる道である場合．

■例 19.2

72 は $2^3 \cdot 3^2$ と素因数分解されるから，その約数は $2^m 3^n$ の形に表される．ここで m は $0, 1, 2, 3$ のいずれか4通りの選び方があり，n は $0, 1, 2$ のいずれか3通りの選び方がある．したがって 72 の約数は全部で

$$4 \times 3 = 12 \text{ 個}$$

(問題) 19.4 432 の約数は何個あるか．

19.2 順　列

異なる4個の文字 a, b, c, d から3個を選んで，順序をつけて1列に並べる方法を考えよう．1つの文字列を作るのに，1番目の文字の選び方は a, b, c, d の4通りある．

そのおのおのに対して，2番目の文字の選び方は1番目の文字以外の3通りある．3番目の文字の選び方は1番目，2番目の文字以外の2通りある．したがって3個の文字の並べ方の総数は

$$4 \times 3 \times 2 = 24 \text{ 通り}$$

である．

一般に，異なるn個のものから，異なるr個を取り出して1列に並べたものを，**n個のものからr個をとり出す順列**といい，その総数を記号 $_n\mathrm{P}_r$ で表す．この場合，1つの順列を作るのに，各段階での選び方は

1番目	2番目	3番目	…	r番目
○	○	○	…	○
↑	↑	↑	…	↑
n 通り	$(n-1)$ 通り	$(n-2)$ 通り	…	$(n-r+1)$ 通り

であるから，積の法則により $_n\mathrm{P}_r$ は次の式で与えられる．

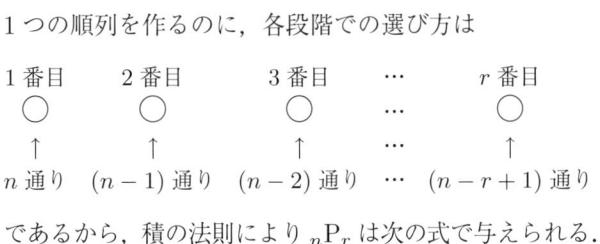

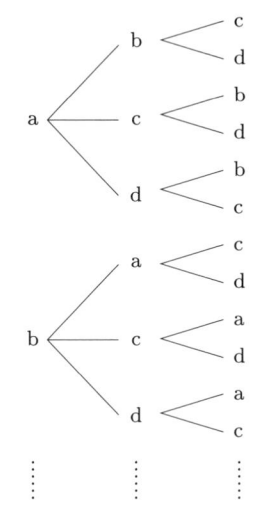

[19.3]

異なるn個のものからr個をとり出す順列の総数は

$$_n\mathrm{P}_r = \underbrace{n(n-1)(n-2) \cdots (n-r+1)}_{r \text{ 個の積}}$$

■**例 19.3**

$$_7\mathrm{P}_3 = \underbrace{7 \cdot 6 \cdot 5}_{3 \text{ 個}} = 210, \quad _5\mathrm{P}_5 = \underbrace{5 \cdot 4 \cdot 3 \cdot 2 \cdot 1}_{5 \text{ 個}} = 120$$

(**問題**) **19.5** 次の値を求めよ．

(1) $_8\mathrm{P}_3$ (2) $_9\mathrm{P}_2$ (3) $_6\mathrm{P}_6$

1からnまでの自然数の積をnの**階乗**といい，$n!$で表す．すなわち

$$n! = 1 \cdot 2 \cdot 3 \cdot \cdots \cdot n$$

異なるn個のもの全部を1列に並べる順列の総数は

であり，この式の右辺は
$$_n\mathrm{P}_n = n(n-1)(n-2)\cdots 3\cdot 2\cdot 1$$
$$_n\mathrm{P}_n = n!$$
と表される．階乗を用いると，$r < n$ のとき，
$$(1) \qquad _n\mathrm{P}_r = \frac{n!}{(n-r)!}$$
と書ける．$r = n$ とすると右辺の分母は $0!$ となる．そこで
$$0! = 1$$
と定義する．そうすれば，公式 (1) は $r = n$ のときも成り立つ．

例題 19.3 男子 3 人，女子 2 人がいる．次のような並び方は何通りあるか．

(1) 男女の区別なく 1 列に並ぶ．　　(2) 男子と女子が交互に並ぶ．

解 (1) 合計 5 人が 1 列に並ぶ順列であるから
$$_5\mathrm{P}_5 = 5! = 120 \text{ 通り}$$

(2) 男子の並び方は $_3\mathrm{P}_3$ 通りあり，そのおのおのの並び方に対して間に女子が並ぶ並び方は $_2\mathrm{P}_2$ 通りであるから，積の法則により，並び方の総数は
$$_3\mathrm{P}_3 \times _2\mathrm{P}_2 = 3! \times 2! = 6 \times 2 = 12 \text{ 通り}$$

男 女 男 女 男

問題 19.6 10 人からなる委員会で，委員長，副委員長，書記を 1 人ずつ選出するとき，その方法は何通りあるか．

問題 19.7 6 個の数字 $0, 1, 2, 3, 4, 5$ の中から異なる 4 個を並べてできる 4 けたの整数は全部で何個あるか．

円順列

■例 19.4

a, b, c, d の 4 人が円形のテーブルのまわりに着席する場合，たとえば次の図のどの 2 つの座り方も，一方を回転すると他方に重なるから，これらの座

り方は同じものと考えられる．最初の一人が席を決めれば，他の 3 人の座り方で並び方が決まるから，座り方の総数は

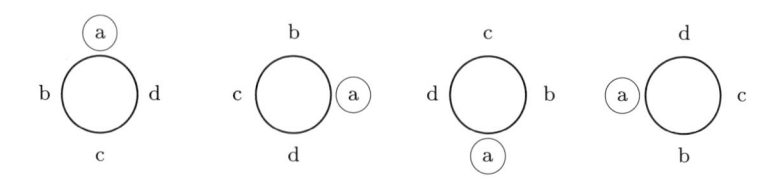

$$3! = 6 \text{ 通り}$$

いくつかのものを円形に並べたものを**円順列**という．

[19.4]

異なる n 個のものを円形に並べる円順列の総数は

$$(n-1)!$$

(問題) 19.8 6 人が手をつないで輪を作るとき，その並び方は何通りあるか．

重複順列　異なる n 個のものから同じものをくり返しとることを許して，r 個をとって並べる順列を**重複順列**という．

(例題) 19.4 3 種類の数字 1, 2, 3 を用いて 4 けたの整数を作る方法は何通りあるか．同じ数字を何回用いてもよい．

(解) 千，百，十，一の各位の数字の選び方は，他の位の数字の選び方に関係なく，それぞれ 3 通りである．積の法則により，その総数は

$$3 \times 3 \times 3 \times 3 = 3^4 = 81 \text{ 通り}$$

[19.5]

異なる n 個のものから r 個をとり出す重複順列の総数は

$$n^r$$

> **(問題) 19.9** 5種類の数字 0, 1, 2, 3, 4 を用いてできる4けたの整数は何個あるか．

19.3 組合せ

4個の文字 a, b, c, d から異なる3個の文字を選んでできる組は次の4通りである．
$$\{a, b, c\}, \quad \{a, b, d\}, \quad \{a, c, d\}, \quad \{b, c, d\}$$

一般に，異なる n 個のものから r 個をとり出し，順序を考えないで一組としたものを，**n 個のものから r 個をとり出す組合せ**といい，その総数を記号 ${}_nC_r$ または $\binom{n}{r}$ で表す．上の例では ${}_4C_3 = 4$ 通りであるが，これは次のように考えられる．

4個の文字から3個をとり出す順列の総数は ${}_4P_3 = 24$ である．このうち，同じ3文字からできる順列は ${}_3P_3 = 3! = 6$ 個ずつある．

順　　列		組合せ
(a b c) (a c b) (b a c) (b c a) (c a b) (c b a)	$\longrightarrow$	{a, b, c}
(a b d) (a d b) (b a d) (b d a) (d a b) (d b a)	$\longrightarrow$	{a, b, d}
(a c d) (a d c) (c a d) (c d a) (d a c) (d c a)	$\longrightarrow$	{a, c, d}
(b c d) (b d c) (c b d) (c d b) (d b c) (d c b)	$\longrightarrow$	{b, c, d}

それらの順列で文字の順序を考えなければ，同じ組合せを作っているから，組合せの総数は
$$ {}_4C_3 = \frac{{}_4P_3}{3!} = \frac{4 \cdot 3 \cdot 2}{3 \cdot 2 \cdot 1} = 4 $$
である．

n 個のものから r 個とる順列と組合せを比較すると，同じ r 個のものからできる順列は $r!$ 個あり，それらの順列で順序を考慮しなければ1つの同じ組合せになる．したがって，組合せの総数は次の式で与えられる．

[19.6]
異なる n 個のものから r 個をとる組合せの総数は
$$ {}_nC_r = \frac{{}_nP_r}{r!} = \frac{n(n-1)(n-2)\cdots(n-r+1)}{r(r-1)(r-2)\cdots 1} $$

■例 19.5

$$_7\mathrm{C}_3 = \frac{7 \cdot 6 \cdot 5}{3 \cdot 2 \cdot 1} = 35$$

(問題) **19.10** 次の値を求めよ．
(1) $_5\mathrm{C}_2$ (2) $_6\mathrm{C}_3$ (3) $_8\mathrm{C}_6$

とくに
$$_n\mathrm{C}_1 = n, \quad _n\mathrm{C}_n = 1$$
である．また
$$_n\mathrm{P}_r = \frac{n!}{(n-r)!}$$
であるから，次の式が成り立つ．

[19.7]
$$_n\mathrm{C}_r = \frac{n!}{r!\,(n-r)!}$$

$r = 0$ のときにもこの式が成り立つように
$$_n\mathrm{C}_0 = 1$$
と定義する．

(例題) **19.5** 男子 6 人，女子 3 人のグループから次のような代表を選ぶ選び方は何通りあるか．
(1) 男女の区別なく 3 人を選ぶ． (2) 男子 2 人，女子 1 人の代表を選ぶ．

(解) (1) 合計 9 人から 3 人の代表を選ぶのだから
$$_9\mathrm{C}_3 = \frac{9 \cdot 8 \cdot 7}{3 \cdot 2 \cdot 1} = 84 \text{ 通り}$$

(2) 男子 6 人から 2 人を選ぶ選び方は $_6\mathrm{C}_2$ 通りある．そのおのおのに対して，女子 3 人から 1 人を選ぶ選び方は $_3\mathrm{C}_1$ 通りずつある．積の法則により，代表の選び方は

$$_6C_2 \times {}_3C_1 = \frac{6\cdot 5}{2\cdot 1} \times \frac{3}{1} = 15 \times 3 = 45 \text{ 通り}$$

(問題) 19.11 1枚の硬貨を10回投げるとき，表が4回出る場合は何通りあるか．

(問題) 19.12 右の図のように，縦線5本と横線4本でできている図形の中に長方形は何個あるか．

(例題) 19.6 学生6人を次のように分ける方法は何通りあるか．

(1) 2人ずつA, B, Cの3組に分ける．
(2) 組を区別しないで，2人ずつ3組に分ける．

(解) (1) 6人のうちから，まずA組の2人を選ぶ方法は $_6C_2$ 通りである．そのおのおのの選び方に対して，残りの4人からB組の2人を選ぶ方法は $_4C_2$ 通りである．そのとき，C組の2人は決まってしまうから，この組分けの方法の総数は

$$_6C_2 \times {}_4C_2 = \frac{6\cdot 5}{2\cdot 1} \times \frac{4\cdot 3}{2\cdot 1} = 90$$

(2) (1)で考えた組分けのうち，たとえば

$$A = \{a, b\}, \quad B = \{c, d\}, \quad C = \{e, f\}$$
$$A = \{e, f\}, \quad B = \{c, d\}, \quad C = \{a, b\}$$

の分け方は組を区別しなければ同じ分け方である．このように，A, B, Cの組に分ける順序に関係ないから，その順列の数3!で(1)の組分けの総数を割ればよい．求める組分けの総数は

$$90 \div 3! = 15 \text{ 通り}$$

(問題) 19.13 8人の学生を次のように3つのグループに分けるとき，組分けの総数は何通りあるか．

(1) Aグループに3人，Bグループに3人，Cグループに2人．
(2) グループに名前を付けず，3人，3人，2人のグループに分ける．

公式 [19.7] で r の代わりに $n-r$ とすると，$n-(n-r)=r$ だから

$$_n\mathrm{C}_{n-r} = \frac{n!}{(n-r)!\,r!} = {}_n\mathrm{C}_r$$

が成り立つ．

[19.8]
$$_n\mathrm{C}_r = {}_n\mathrm{C}_{n-r}$$

たとえば $_{10}\mathrm{C}_8 = {}_{10}\mathrm{C}_2$ である．定理 [19.8] は，n 個のものから r 個とり出すことは，とり出さない $n-r$ 個を選ぶことと同じであることを意味する．

異なる n 個のもの $a_1, a_2, \cdots, a_n$ から r 個とり出す組合せを，a_1 を含む組と a_1 を含まない組に分けて考える．

a_1 を含む組は，a_1 以外の $n-1$ 個の中から $r-1$ 個をとり出せばきまるから，その組合せの数は $_{n-1}\mathrm{C}_{r-1}$ である．a_1 を含まない組は，a_1 以外の $n-1$ 個の中から r 個をとることになるから，その組合せの数は $_{n-1}\mathrm{C}_r$ である．

この 2 つの場合は重複しないから，和の法則により次の公式が成り立つ．

[19.9]
$$_n\mathrm{C}_r = {}_{n-1}\mathrm{C}_{r-1} + {}_{n-1}\mathrm{C}_r \quad (1 \leqq r \leqq n-1)$$

(問題) **19.14** 公式 [19.7] を用いて，上の公式を証明せよ．

(例題) **19.7** 7 個の文字 a, a, a, a, b, b, c 全部を 1 列に並べる並べ方は何通りあるか．

(解) 7 個の文字を右の図のような 7 個の枠に入れると考える．まず，a を入れる 4 個の枠の選び方は $_7\mathrm{C}_4$ 通りある．次に，残りの 3 個の枠から b を入れる 2 個の枠の選び方は $_3\mathrm{C}_2$ 通りある．残った 1 個の枠に c を入れるので，求める並べ方の総数は

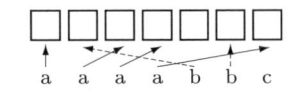

$$_7\mathrm{C}_4 \times {}_3\mathrm{C}_2 = \frac{7!}{4!\,3!} \times \frac{3!}{2!\,1!} = \frac{7!}{4!\,2!\,1!} = 105$$

n 個のもののうち a が p 個, b が q 個, c が r 個, $\cdots$ $(p+q+r+\cdots=n)$ あるとき, これらをすべて並べてできる順列の総数は次の式で与えられる.

$$\frac{n!}{p!q!r!\cdots}$$

(問題) **19.15** 7個の数字 $1, 1, 1, 2, 2, 3, 3$ を全部使ってできる7けたの整数は何個あるか.

19.4 二項定理

式の展開公式によって

$$(a+b)^2 = a^2 + 2ab + b^2$$
$$(a+b)^3 = a^3 + 3a^2b + 3ab^2 + b^3$$

(問題) **19.16** $(a+b)^4$ を展開せよ.

一般に, n 個の $a+b$ の積

$$(a+b)^n = (a+b)(a+b)(a+b)\cdots(a+b)$$

を展開した式は, n 個の因数 $a+b$ の中から a と b のどちらかをとって掛け合わせた積の和である. n 個の因数 $a+b$ のうち, $n-r$ 個からは a をとり, 残りの r 個からは b をとったときその積は $a^{n-r}b^r$ になる. このような積が得られる選び方の数は, n 個から r 個をとる方法の数 ${}_nC_r$ に等しい. したがって $(a+b)^n$ を展開した式で $a^{n-r}b^r$ の係数は ${}_nC_r$ である. これを $r = 0, 1, 2, \cdots, n$ の場合に考えて, 次の定理が成り立つ.

[19.10] **二項定理**

$$(a+b)^n = {}_nC_0 a^n + {}_nC_1 a^{n-1}b + {}_nC_2 a^{n-2}b^2 + \cdots$$
$$+ {}_nC_r a^{n-r}b^r + \cdots + {}_nC_{n-1}ab^{n-1} + {}_nC_n b^n$$

$_nC_r$ を [19.6] の式で表すと二項定理は次のようになる．

$$(a+b)^n = a^n + na^{n-1}b + \frac{n(n-1)}{2}a^{n-2}b^2 + \cdots$$
$$+ \frac{n(n-1)\cdots(n-r+1)}{r\cdots 2 \cdot 1}a^{n-r}b^r + \cdots + nab^{n-1} + b^n$$

■例 19.6

$(a+b)^5 = {}_5C_0 a^5 + {}_5C_1 a^4 b + {}_5C_2 a^3 b^2 + {}_5C_3 a^2 b^3 + {}_5C_4 ab^4 + {}_5C_5 b^5$

$ = a^5 + 5a^4 b + 10a^3 b^2 + 10a^2 b^3 + 5ab^4 + b^5$

$(x-3)^4 = {}_4C_0 x^4 + {}_4C_1 x^3 (-3) + {}_4C_2 x^2 (-3)^2 + {}_4C_3 x(-3)^3 + {}_4C_4 (-3)^4$

$ = x^4 - 12x^3 + 54x^2 - 108x + 81$

二項定理において $_nC_r$ は各項の係数になっているので，**二項係数**ともよばれる．これを順に並べて書くと，下の図のようになる．

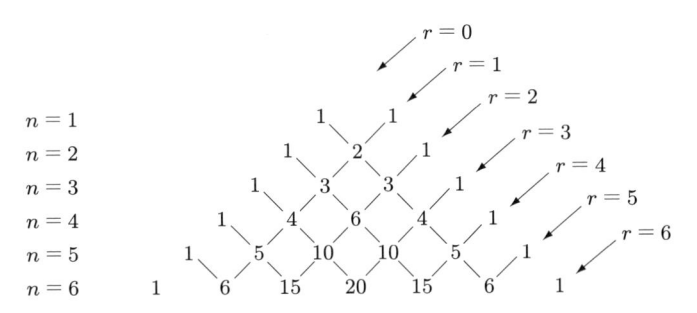

```
                                    r = 0
                                  r = 1
                                r = 2
n = 1       1   1             r = 3
n = 2     1   2   1         r = 4
n = 3   1   3   3   1     r = 5
n = 4  1  4   6   4   1  r = 6
n = 5 1  5  10  10   5  1
n = 6 1  6  15  20  15  6  1
```

これを**パスカルの三角形**という．定理 [19.8] により，パスカルの三角形は左右対称になる．また，各段の隣り合う 2 つの数の和が下の段の数になっており，これは定理 [19.9] に基づいている．

(問題) **19.17** 二項定理を用いて次の式を展開せよ．
(1) $(x+y)^6$ (2) $(x-2y)^5$

(例題) **19.8** $\left(x^2 - \dfrac{1}{x}\right)^6$ の展開式で x^6 の係数を求めよ．

(解) 展開式の一般項は

$$_6C_r(x^2)^{6-r}\left(-\frac{1}{x}\right)^r = (-1)^r {}_6C_r x^{12-3r}$$

である．x^6 の項になるのは $12 - 3r = 6$，すなわち $r = 2$ のときである．そのとき x^6 の係数は

$$(-1)^2 {}_6C_2 = 15$$

(問題) **19.18** $\left(2x - \dfrac{1}{x^2}\right)^7$ の展開式で x^4 の係数および $\dfrac{1}{x^2}$ の係数を求めよ．

練習問題 19

[1] 白玉 2 個，赤玉 3 個，青玉 4 個が入っている袋から，5 個の玉をとり出すとき，玉の色の組について何通りの場合があるか．

[2] 0, 1, 2, 3, 4 の 5 個の数字から異なる 4 個の数字を用いてできる 4 けたの偶数は何個あるか．

[3] 立方体の各面に異なる 6 色を塗るとき，何種類の配色があるか．

[4] 正八角形の頂点のうち 3 つを結んで三角形を作るとき，
   (1) 三角形は全部で何個あるか．
   (2) 正八角形と 2 辺を共有するものは何個か．
   (3) 正八角形と 1 辺だけを共有するものは何個か．
   (4) 正八角形と辺を共有しないものは何個か．

[5] 右の図のように，道路が碁盤の目のようになった街がある．地点 P から Q まで最短の道を行くとき，
   (1) 道順は全部で何通りあるか．
   (2) そのうち区画 AB を通らない道順は何通りあるか．

[6] 同じ形の白旗 4 本，赤旗 3 本，青旗 2 本，合計 9 本の旗がある．これらを 1 列に並べる方法は何通りあるか．

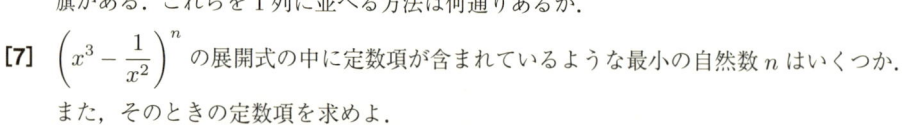

[7] $\left(x^3 - \dfrac{1}{x^2}\right)^n$ の展開式の中に定数項が含まれているような最小の自然数 n はいくつか．また，そのときの定数項を求めよ．

[8] $(a+b+c)^7$ の展開式で a^4b^2c と abc^5 の係数を求めよ．

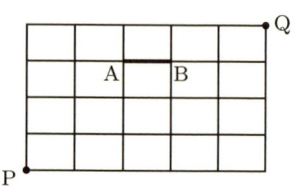

問題・練習問題の解答

[ ]内は解法のヒント概要を示す

1章

§1 （1〜11 ページ）

1.1 順に　自然数，負の整数，分数，分数，無理数，無理数，無理数

1.2 1, 2, 3, 5, 6, 10, 15, 30

1.3 (1) $24 = 2^3 \cdot 3$, $126 = 2 \cdot 3^2 \cdot 7$, 最大公約数 6, 最小公倍数 504
(2) $54 = 2 \cdot 3^3$, $132 = 2^2 \cdot 3 \cdot 11$, 最大公約数 6, 最小公倍数 1188
(3) $35 = 5 \cdot 7$, $51 = 3 \cdot 17$, 最大公約数 1, 最小公倍数 1785．互いに素
(4) $21 = 3 \cdot 7$, $28 = 2^2 \cdot 7$, $70 = 2 \cdot 5 \cdot 7$, 最大公約数 7, 最小公倍数 420

1.4 (1) $\dfrac{25}{24}$　(2) $\dfrac{2}{77}$　(3) 2　(4) $\dfrac{3}{4}$　(5) $\dfrac{1}{25}$　(6) $\dfrac{2}{3}$

1.5 4, 5, 2.8, 3.2, π

1.6 (1) 9 または 1　(2) 4 または −10

1.7 (1) 4　(2) 5

1.8 (1) $4\sqrt{2}$　(2) $4\sqrt{7}$　(3) $\dfrac{5\sqrt{5}}{11}$　(4) $\dfrac{3\sqrt{2}}{5}$

1.9 (1) $4\sqrt{3}$　(2) $4\sqrt{7}$

1.10 (1) $\dfrac{7\sqrt{6}}{6}$　(2) $\dfrac{3\sqrt{21}}{7}$　(3) $-\dfrac{2\sqrt{2}}{3}$　(4) $\dfrac{\sqrt{6}}{2}$

練習問題 1 （11 ページ）

[1] (1) $10 \leqq x < 100$　(2) $3.135 \leqq x < 3.145$

[2] $\sqrt{a} > 0$, $\sqrt{b} > 0$ であるから，定理 [1.5] で a, b の代わりに $\sqrt{a}, \sqrt{b}$ とする．
$\sqrt{a} > \sqrt{b} \iff (\sqrt{a})^2 > (\sqrt{b})^2$ すなわち $a > b$

[3] (1) $a = 8$ または -2　(2) $a = 6$ または -10

[4] (1) $2 + \sqrt{3} - \sqrt{5}$　(2) $\sqrt{3} + \sqrt{5}$　(3) $\sqrt{3} + \sqrt{5}$
(4) $2 + \sqrt{3} - \sqrt{5}$　[(3), (4) $b = 1 - \sqrt{5}$ の符号に注意]

[5] (1) 12　$[144 = 2^4 \cdot 3^2]$　(2) 63　$[3969 = 3^4 \cdot 7^2]$

§2 （12〜29 ページ）

2.1 $(A+B, A-B)$　(1) $7x^2 + x + 7$, $3x^2 - 5x + 1$
(2) $3x^3 + 2x^2 - 2x + 9$, $-5x^3 + 4x^2 + 2x - 1$

(3) $4x^3 - 3x^2y + 4xy^2,\ -2x^3 - x^2y - 2xy^2$

2.2 (1) a^7 (2) a^{12} (3) $x^9 y^6$ (4) $\dfrac{9}{4}b^6$ (5) $-8a^6 b^4$

2.3 (1) $x^2 - x - 20$ (2) $x^3 + x^2 - 4x + 6$
(3) $-2a^3 + 7a^2 - 12a + 9$ (4) $3x^3 + 2x^2 + 8x - 3$

2.4 (1) $4a^2 + 12ab + 9b^2$ (2) $9x^2 + 6xy + y^2$ (3) $16a^2 - 24ab + 9b^2$
(4) $a^2 - 4a + 4$ (5) $a^2 - 16$ (6) $25x^2 - 4y^2$

2.5 (1) $a^2 + 7a + 12$ (2) $x^2 - 5x - 14$
(3) $a^2 - 5ab + 6b^2$ (4) $8x^2 + 10xy + 3y^2$
(5) $6a^2 - 19a + 15$ (6) $14x^2 + 45xy - 14y^2$

2.6 (1) $a^2 + 2ab + b^2 - 4a - 4b + 4$ (2) $x^2 + 4xy + 4y^2 + x + 2y - 12$
(3) $a^2 - 4b^2 + 4b - 1$ (4) $x^2 - y^2 + 2xz + z^2$

2.7 証明略

2.8 (1) $x^3 + 6x^2 + 12x + 8$ (2) $27a^3 - 27a^2b + 9ab^2 - b^3$
(3) $x^3 + 8$ (4) $8x^3 - 27y^3$

2.9 (1) $(a+3)x$ (2) $x^2(x-2)$ (3) $xy(2x+3y)$
(4) $(2x-5y)(x+y)$ (5) $(a-b)(a-c)$

2.10 (1) $(x+3)^2$ (2) $(2a+b)^2$
(3) $(x-4)^2$ (4) $(3x+7y)(3x-7y)$
(5) $2a(b-1)^2$ (6) $-3b^2(a+2b)(a-2b)$

2.11 (1) $(x+1)(x+9)$ (2) $(x-3)(x-5)$
(3) $(p+2)(p-10)$ (4) $(a+7)(a-2)$
(5) $(x+1)(3x+4)$ (6) $(x-2)(2x+1)$
(7) $(2x+3y)(3x-2y)$ (8) $(a-3b)(3a+b)$

2.12 (1) $(x-3y)^3$ (2) $(2x+1)^3$
(3) $(a+1)(a^2-a+1)$ (4) $(2x-3y)(4x^2+6xy+9y^2)$

2.13 (1) $(2a+3b-1)(2a+3b-7)$ (2) $(2x-y+5)(2x-y-2)$
(3) $(x+2)(x-2)(x+3)(x-3)$ (4) $(a^2+2ab+2b^2)(a^2-2ab+2b^2)$
(5) $(a+b)(a-b+c)$ (6) $x(x-3)(x+1)$
[(1), (2), (3) は例題 2.4 (1) 参照. (4) は同 (2) 参照. (5) $a^2 - b^2$ を因数分解する.
(6) x をくくり出す]

2.14 (1) $x - 4$ (2) $2x^2 + x + 3$
(3) $3a^2 + 2a + 1$, 余り 5 (4) $3x^2 - x + 4$, 余り $-7x + 4$

2.15 $x^4 - 6x^3 + 15x^2 - 16x + 2$

2.16 (最大公約数, 最小公倍数) (1) $a^2 b,\ a^3 b^4$ (2) $x^2 yz^2,\ 6x^3 y^2 z^5$
(3) $x+2,\ (x+2)(x-4)(x-3)$ (4) $x-4,\ (x+1)(x-2)(x-4)$

問題・練習問題の解答　207

2.17 (1) $\dfrac{3y^3}{4x^2}$　(2) $\dfrac{2xy}{3z}$　(3) $\dfrac{x-7}{2(x-1)}$　(4) $\dfrac{a^2-a+1}{a+1}$

2.18 (1) $\dfrac{2x-1}{x-3}$　(2) $\dfrac{x^2+3x}{(x-1)(x+1)}$

(3) $\dfrac{1}{x-1}$　(4) $\dfrac{2x-3}{(x-2)(x-1)(x+2)}$

(5) $\dfrac{2p-2}{p(p+5)(p-2)}$　(6) $\dfrac{2}{x+1}$

2.19 (1) $\dfrac{a^2 b}{4c}$　(2) $\dfrac{y^2}{9x^4}$　(3) $\dfrac{6x^2}{7y}$　(4) $\dfrac{x-2}{x+3}$　(5) $\dfrac{1}{(x+2)^2}$

2.20 (1) $3-\dfrac{1}{x+1}$　(2) $x+3+\dfrac{8}{x-3}$

(3) $x-1+\dfrac{2}{2x+1}$　(4) $x-1+\dfrac{x+1}{x^2+x+1}$

2.21 (1) $5-2\sqrt{6}$　(2) $1+\sqrt{7}$

(3) $a+6\sqrt{a}+9$　(4) $a-5$

2.22 (1) $2(\sqrt{7}-2)$　(2) $4+\sqrt{15}$

(3) $\dfrac{\sqrt{a}+2}{a-4}$　(4) $\sqrt{a^2+1}+a$

練習問題 2　(29〜31 ページ)

[1] (1) $9a^2-12ab+4b^2$　(2) $6x^2-xy-15y^2$

(3) $16a^2-b^2$　(4) $x^4+10x^3+35x^2+50x+24$

(5) a^4-b^4　(6) $x^4+x^2y^2+y^4$

[(4) $(x+1)(x+4)$ と $(x+2)(x+3)$ を先に展開する]

[2] (1) $(x+3y)(x+4y)$　(2) $ab(2a+3b)(2a-3b)$

(3) $(3x+4)(4x-3)$　(4) $(x+2)(x-2)(2x+1)(2x-1)$

(5) $(a+3)(a-3)(a-2b)$　(6) $(2a+c)(2a+b-c)$

(7) $(x+1)^2(x-1)$　(8) $(x+y+2)(2x-y+6)$

[(5)〜(7) 項を 2 つずつ適当にまとめて因数分解する. (8) x に着目して降べきの順に整理し, $-y^2+4y+12=-(y-6)(y+2)$ と因数分解する, または $2x^2+xy-y^2=(2x-y)(x+y)$ と因数分解し, 例題 2.4 (3) 参照]

[3] (1) a^2+3a+7　(2) $3x^3-x^2+2x+1$, 余り -2

(3) x^2-x+2　(4) $2a-5$, 余り $3a+8$

[4] (1) $3x^2-x-4$　(2) $2x^2-3, -2x^2+3$

[(2) $4x^4-12x^2+5x+3=B^2+5x-6$ とおき B を求める]

[5] （最大公約数，最小公倍数の順）　(1) $3x-2$, $(3x-2)(2x-3)(4x+3)$
　　(2) $x+2$, $(x+1)(x-1)(x+2)(x-2)(x-3)$

[6] (1) $\dfrac{1}{(x+1)(x+2)}$　(2) $\dfrac{1}{x+y}$　(3) $\dfrac{a^2+b^2}{(a+b)(a-b)}$
　　(4) $\dfrac{2ab}{(a+b)(a-b)}$　(5) 0

[7] (1) $\dfrac{x-6}{x-3}$　(2) 1　(3) $x+y$

[8] (1) $\dfrac{1}{4}(\sqrt{35}+\sqrt{21}+\sqrt{15}+3)$　(2) $\dfrac{58-\sqrt{6}}{46}$
　　(3) $\dfrac{a-\sqrt{a^2-b^2}}{b}$　(4) $2x^2+1+2x\sqrt{x^2+1}$

[9] (1) $-\dfrac{4\sqrt{7}}{7}$　(2) $\dfrac{\sqrt{5}+1}{2}$
　　(3) $\dfrac{2\sqrt{a}}{a-4}$　(4) $\dfrac{2(x+1)}{x-1}$

[10] (1) $2\sqrt{5}$　(2) 3　(3) 14　(4) $\dfrac{2\sqrt{5}}{3}$　(5) $\dfrac{14}{3}$

$\Bigl[$(3) $x^2+y^2=(x+y)^2-2xy$　(4) $\dfrac{y+x}{xy}$　(5) $\dfrac{x^2+y^2}{xy}$として前の結果を利用する$\Bigr]$

参考　(1) $\dfrac{x^2}{x+1}$　(2) $\dfrac{4-x^2}{x+1}$　(3) $\dfrac{xy}{y-x}$
　　(4) $\dfrac{x^2-1}{x^3-2x}$　(5) $\dfrac{xy}{x^2+y^2}$

2 章

§3　(32～40 ページ)

3.1

象限	1	2	3	4
x	+	−	−	+
y	+	+	−	−

3.2　グラフ略　(1) と (2) のグラフは x 軸に関して対称である．

3.3　頂点　(1) $(-1, 0)$　(2) $(0, 2)$　(3) $(-1, 2)$
　　グラフは放物線 $y=-2x^2$ のグラフを頂点が各頂点になるように平行移動する．

3.4　(1) $y=2x^2+4x-1$　(2) $y=2x^2-1$　(3) $y=2x^2+4x+3$

3.5　(1) $y=(x+2)^2-9$　放物線 $y=x^2$ を x 軸方向に -2, y 軸方向に -9 だけ平行移

動する． (2) $y = 2\left(x - \frac{5}{4}\right)^2 - \frac{9}{8}$　放物線 $y = 2x^2$ を x 軸方向に $\frac{5}{4}$, y 軸方向に $-\frac{9}{8}$ だけ平行移動する．

(3) $y = -x^2 - 6$　放物線 $y = -x^2$ を y 軸方向に -6 だけ平行移動する．
(4) $y = -3(x-2)^2$　放物線 $y = -3x^2$ を x 軸方向に 2 だけ平行移動する．

3.6 (1) $x = 1$ のとき最小値 4 　　(2) $x = -2$ のとき最大値 -3
(3) $x = \frac{1}{2}$ のとき最小値 $-\frac{9}{4}$ 　　(4) $x = 9$ のとき最大値 15

3.7 グラフ略　(1) $x = 5$ のとき最大値 5, $x = 2$ のとき最小値 -4
(2) $x = -1$ のとき最大値 4, $x = -4$ のとき最小値 -5
[(1) $y = (x-2)^2 - 4$　(2) $y = -(x+1)^2 + 4$ を示された範囲で考える]

3.8 20 cm ずつに切り，1 辺が 5 cm の正方形を 2 つ作る　[一方の針金の長さを x cm とすると，2 つの正方形の面積の和は $S = \frac{1}{16}\{x^2 + (40-x)^2\} = \frac{1}{8}(x^2 - 40x + 800)$]

練習問題 3 （40 ページ）

[1] x 軸方向に -4, y 軸方向に 8
[2] (1) $y = -x^2 + 4x - 3$ 　　(2) $y = 2x^2 + 8x$
(3) $y = -2x^2 + 4x + 6$ 　　(4) $y = 3x^2 - x - 3$
[(1) $y = a(x-2)^2 + 1$ として a を定める．(2) $y = a(x+2)^2 + b$ として a, b を定める．(3), (4) $y = ax^2 + bx + c$ として a, b, c を定める]
[3] $a = -2, b = 8$ 　[$y = a(x-2)^2 + 5 = ax^2 - 4ax + 4a + 5$ として a, b を定める]
[4] (1) $x = 5$ のとき最大値 5, $x = 3$ のとき最小値 -3　　(2) $x = 1, 3$ のとき最大値 -3, $x = 2$ のとき最小値 -4 　[$y = (x-2)^2 - 4$ を示された範囲で考える]

§4 （41～52 ページ）

4.1 (1) $-1, 4$ 　　(2) $-2, -6$ 　　(3) -2
(4) $1, -\frac{2}{3}$ 　　(5) $\frac{1}{2}, \frac{2}{3}$ 　　(6) $\pm \frac{2}{3}$

4.2 和 $6 + 2i$, 差 $-2 - 8i$, 積 $23 - 2i$, 商 $-\frac{7}{41} - \frac{22}{41}i$

4.3 (1) $2i$ 　　(2) 11 　　(3) $-\frac{1}{13} - \frac{5}{13}i$ 　(4) 0

4.4 (1) $3i$ 　　(2) $2\sqrt{7}i$ 　　(3) $\frac{5}{\sqrt{3}}i = \frac{5\sqrt{3}}{3}i$

4.5 (1) $-i$ (2) $-\sqrt{6}$ (3) $-\sqrt{2}i$ (4) $\dfrac{1+2\sqrt{6}i}{5}$

4.6 (1) $\dfrac{1\pm\sqrt{17}}{4}$ (2) $-1\pm i$ (3) $1, -\dfrac{1}{3}$ (4) $\dfrac{1}{2}$ （2重解）

(5) $\dfrac{-\sqrt{5}\pm 1}{2}$ (6) $\dfrac{3\pm\sqrt{15}i}{6}$ (7) $0, -5$ (8) $\pm\sqrt{7}i$

4.7 (1) 異なる2つの実数解, $\dfrac{2\pm\sqrt{2}}{2}$ (2) 虚数解, $\dfrac{1\pm\sqrt{7}i}{2}$

(3) 異なる2つの実数解, $\dfrac{-1\pm\sqrt{5}}{4}$ (4) 2重解, $-\dfrac{1}{4}$

4.8 (1) $m=2, x=-5$ (2) $m=1$ のとき $x=-2, m=9$ のとき $x=-6$

(3) $m=8, x=-\dfrac{1}{2}$ [判別式 $D=0$ として m についての方程式を解く]

4.9 (1) $\dfrac{28}{9}$ (2) $\dfrac{136}{27}$ [(1) $\alpha^2+\beta^2=(\alpha+\beta)^2-2\alpha\beta$

(2) $\alpha^3+\beta^3=(\alpha+\beta)(\alpha^2-\alpha\beta+\beta^2)$]

4.10 (1) $(x+1+\sqrt{6})(x+1-\sqrt{6})$ (2) $3\left(x-\dfrac{2+\sqrt{10}}{3}\right)\left(x-\dfrac{2-\sqrt{10}}{3}\right)$

4.11 (1) $x^2+2x-15=0$ (2) $x^2-4x+1=0$

(3) $4x^2-8x+29=0$

練習問題 4 （52ページ）

[1] (1) $-2+2i$ (2) $-1+\sqrt{2}i$ (3) 0

[2] (1) $3, -\dfrac{4}{3}$ (2) $\dfrac{1}{3}, -\dfrac{1}{4}$ (3) $\dfrac{-1\pm\sqrt{5}}{4}$

(4) $3, -1$ (5) $\dfrac{1\pm\sqrt{5}}{2}$ (6) $\dfrac{1\pm\sqrt{3}i}{2}$

[(1), (2) 因数分解によって解くこともできる．(4) $x-1=\pm 2$]

[3] (1) $m=4$ のとき $x=-1$ (2) $m=4$ のとき $x=\dfrac{3}{2}, m=-\dfrac{9}{2}$ のとき $x=-\dfrac{4}{3}$

[4] $m=\dfrac{13}{4}, \left(2x-\dfrac{3}{2}\right)^2$ [2次式 A が1次式の2乗になるのは定理 [4.4] により2次方程式 $A=0$ が2重解をもつことである]

[5] (1) $-\dfrac{4}{25}$ (2) $\dfrac{36}{125}$ [(1) $(\alpha-\beta)^2=(\alpha+\beta)^2-4\alpha\beta$]

[6] (1) $2x^2-7x+1=0$ (2) $5x^2-x-2=0$

[定理 [4.5] の p, q を求める．(1) $p=(\alpha+\beta)+4, q=(\alpha+2)(\beta+2)$

(2) $p = \dfrac{1}{\alpha} + \dfrac{1}{\beta} = \dfrac{\alpha+\beta}{\alpha\beta}, \ q = \dfrac{1}{\alpha\beta}$]

§5 (53〜64 ページ)

5.1 (1) 共有点なし　　(2) 1 個, $x = -2$
(3) 共有点なし　　(4) 2 個, $x = -1, 3$

5.2 (1) $(-1, 6), (6, -1)$　　(2) $(3 \pm \sqrt{6}, \pm\sqrt{6})$（複号同順）
(3) 共有点なし

5.3 (1) $a = 9$, 接点 $(2, 5)$　　(2) $a = -3$, 接点 $(-2, 3)$
(3) $a = -2$ のとき接点 $(0, -2)$,　$a = -1$ のとき接点 $(1, -4)$

5.4 (1) $x < 4$　(2) $x \leqq 4$　(3) $x > 4$　(4) $x \geqq 4$

5.5 (1) $x < -1$　　(2) $x \geqq 1$

5.6 (1) $x < -1, \ x > \dfrac{3}{2}$　　(2) $-2 < x < 2$
(3) $x \leqq -4, \ x \geqq 1$　　(4) $0 \leqq x \leqq 5$

5.7 (1) $x < -1, \ x > 6$　　(2) $1 - \sqrt{2} \leqq x \leqq 1 + \sqrt{2}$

5.8 (1) $x = 3$　　(2) $x = -2$ を除くすべての実数

5.9 (1) 解はない　(2) すべての実数　(3) すべての実数　(4) 解はない

5.10 (1) $-4 < a < 4$　　(2) $a > 2$

5.11 (1) $-1 < x < 4$　　(2) $-\dfrac{1}{3} \leqq x < \dfrac{1}{10}$

5.12 (1) $1 < x < 2$　　(2) $x < 3, \ x > 7$

5.13 (1) $-4 < x < 1$　　(2) $-\dfrac{5}{3} \leqq x \leqq \dfrac{3}{2}$

練習問題 5 (64〜65 ページ)

[1] $k < 1$ のとき 2 個, $k = 1$ のとき 1 個（接する）, $k > 1$ のとき共有点はない

[2] $k = 1$, 接点 $(2, -1)$　　［例題 5.4 参照］

[3] $(4, 0), \ \left(-\dfrac{3}{2}, \dfrac{11}{4}\right)$　［共有点の x 座標は方程式 $x^2 - 3x - 4 = -x^2 + 2x + 8$ の解である］

[4] (1) $2 - \sqrt{3} < x < 2 + \sqrt{3}$　　(2) $x \leqq -5, \ x \geqq 3$
(3) $x = \dfrac{3}{2}$ を除くすべての実数　　(4) すべての実数
(5) $x = -\dfrac{3}{2}$　　(6) 解はない

[5] (1) $-1 < a < 4$　　(2) $a \geqq 8$　［$a > 0$ に注意］

[6] (1) $\dfrac{2}{3} < x < 3$ (2) $x \leqq -2,\ x = -1,\ x \geqq \dfrac{1}{2}$

[7] 10 m 以上 40 m 以下　[長方形の 1 辺の長さを x m とすると面積は $S = x(50 - x)$]

[8] $m < -2$ または $m > 2$ のとき 2 個, $m = \pm 2$ のとき 1 個, $-2 < m < 2$ のときなし
　　[例題 5.4 参照. 直線 $y = mx + 3$ は点 $(0, 3)$ を通り傾きが変化する]

3 章

§6 (66〜74 ページ)

6.1 (1) $\{2, 4, 6, 8, 10\}$　(2) $\{1, 3, 5, \cdots\} = \{x \mid x = 2n - 1,\ n\ \text{は自然数}\}$
　　(3) $\{x \mid 0 \leqq x \leqq 1\}$

6.2 $4 \in A,\ 9 \in B,\ 3 \in A$ かつ $3 \in B$, -1 と 5.8 はどちらにも属さない.

6.3 $A \subset B \subset C \subset N$

6.4 $A \cap B = \{1, 3\},\ A \cup B = \{1, 2, 3, 4, 5, 6, 7, 9, 12\}$

6.5 $\overline{A} = \{1, 2, 4, 5, 7, 8, 10\},\ \overline{B} = \{3, 5, 6, 7, 9, 10\}$

6.6 図略, $A \cap B = \{x \mid -2 < x \leqq 3\},\ A \cup B = \{x \mid -3 \leqq x < 5\}$

6.7 $n(A) = 20,\ n(B) = 14,\ n(A \cap B) = 2,\ n(A \cup B) = 32,\ n(\overline{A}) = 80,\ n(\overline{A} \cap \overline{B}) = 68$
　　[ド・モルガンの法則により $n(\overline{A} \cap \overline{B}) = n(\overline{A \cup B}) = n(U) - n(A \cup B)$]

6.8 逆の真偽は　(1) 偽　(2) 真　(3) 偽, その他は略.
　　[反例　(1) $x = -1$ のときも $x^2 = 1$　(3) $a = -1 < 0$ のときも $a^2 = 1 > 0$]

6.9 (1) 十分　(2) 必要十分　(3) 必要　(4) 必要でも十分でもない

6.10 証明　n が 3 の倍数でないとすると, $n = 3m + 1$ または $n = 3m + 2$ と表される.
　　$n^2 = (3m + 1)^2 = 9m^2 + 6m + 1 = 3(3m^2 + 2m) + 1,\ n^2 = (3m + 2)^2 = 9m^2 + 12m + 4 = 3(3m^2 + 4m + 1) + 1$ となり, n^2 は 3 の倍数でない. したがって n は 3 の倍数でなければならない. [$n = 3m \pm 1$ とすると少し簡単]

練習問題 6 (75 ページ)

[1] $A \cap B = \{2, 4\},\ A \cup B = \{1, 2, 3, 4, 6, 8\},\ \overline{A} = \{5, 6, 7, 8, 9\},\ A \cap \overline{B} = \{1, 3\}$

[2] $A = \{1, 2, 3, 6, 8\},\ B = \{2, 3, 4, 5, 6, 7\}$

[3] (1) $A \subset B$　(2) $A \supset B$　(3) $A = B$
　　[(3) $A \cap B \subset A \subset A \cup B$ であり左右の集合が同じであるから $A = A \cap B$. 同様に $B = A \cap B$　∴　$A = B$]

[4] 7 人　[定理 [6.2] 参照]

[5] (1) 必要　(2) どちらでもない　(3) 必要十分　(4) 十分
　　[(2) $-1 > -2$ であっても $(-1)^2 < (-2)^2$]

§7 (76〜84 ページ)

7.1 (1) $a=3, b=-20, c=37$ (2) $a=4, b=7, c=-9$
(3) $a=-1, b=4$

7.2 $x-1$ で割ったとき余りは $P(1)=0$, $x+2$ で割ったとき余りは $P(-2)=-12$

7.3 (1) $(x-1)(x-2)(x-3)$ (2) $(x+1)(x+3)(x-4)$
(3) $(x-2)(x^2+x+4)$ (4) $(x-1)^2(x+2)(x+3)$

7.4 (1) $a=-3$ (2) $a=4, b=1$
[(2) $Q(x)=(x-1)(x+2)$ であるから $P(x)$ は $x-1, x+2$ を因数にもつ]

7.5 (1) $1, \dfrac{-1\pm\sqrt{3}i}{2}$ (2) $1, 2, -2$ (3) 1 (2 重解), -2
(4) $0, 8, -2$ (5) $-2, \dfrac{-1\pm\sqrt{7}}{3}$ (6) $1, -1, 2, -\dfrac{1}{2}$

7.6 $a=-1, b=-10$, 残りの解 -2

7.7 (1) $x<-3, 0<x<2$ (2) $-2\leqq x\leqq -1, 1\leqq x$
(3) $x<1$ (4) $x\leqq 3$

7.8 (1) 左辺 $=a^2(b-c)+bc(b-c)-a(b^2-c^2)=(b-c)\{a^2+bc-a(b+c)\}$
$=(b-c)(a-b)(a-c)$
(2) 第 2 辺を移項して $a^2-bc-b^2+ac=(a-b)(a+b+c)=0$
(3) 移項して $x^2-y^2+y-x=(x-y)(x+y-1)=0$

7.9 証明 例題 7.6 と同様におくとき, 両辺は共に (1) $\dfrac{k+1}{k-1}$ (2) k^2+1

7.10 証明 (1) $a^2+b^2-2ab=(a-b)^2\geqq 0$. 等号が成り立つのは $a=b$ のとき
(2) $(\sqrt{a}+\sqrt{b})^2-(\sqrt{a+b})^2=2\sqrt{a}\sqrt{b}\geqq 0$. 等号は $a=0$ または $b=0$ のとき
(3) 例題 7.7 による. $a, \dfrac{1}{a}$ の相乗平均は $\sqrt{a\cdot\dfrac{1}{a}}=1$. 等号は $a=\dfrac{1}{a}$ すなわち $a=1$ のとき. 例題 7.7 のように直接証明できる
(4) $\dfrac{a}{b}, \dfrac{b}{a}$ の相乗平均は $\sqrt{\dfrac{a}{b}\cdot\dfrac{b}{a}}=1$. 等号は $\dfrac{a}{b}=\dfrac{b}{a}$ すなわち $a=b$ のとき.

練習問題 7 (84〜85 ページ)

[1] 5 [$x^2-2x-3=(x+1)(x-3)$ であるから, $R(x)=-2x+3$ とするとき $P(x)$ を $(x+1)$ で割った余りは $R(-1)=5$]

[2] $-2x+4$ [$x^2+x-2=(x-1)(x+2)$ は 2 次式であるから余りは 1 次式である. $P(x)=(x-1)(x+2)Q(x)+ax+b$ とおき, a, b を定める]

[3] (1) 1 (2 重解), 2　　　(2) $-1, -2, \dfrac{3}{2}$　　　(3) $-1, 2, 1\pm i$

(4) $3, -2, \dfrac{1\pm\sqrt{15}i}{2}$　$[x^2-x=t$ とおき t について解く$]$

[4] (1) $x\leqq -\dfrac{5}{2},\ 1\leqq x\leqq 2$　　　(2) $x<-2,\ -1<x<1,\ 3<x$

(3) $x=-2,\ 1\leqq x\leqq 3$　　$[(3)\ x^4-9x^2-4x+12=(x+2)^2(x-1)(x-3)]$

[5] 証明　$\dfrac{a}{x}=\dfrac{b}{y}=\dfrac{c}{z}=k$ とおくと両辺とも k^2 になる．

[6] (1) $|a|\leqq |b|$ の場合　$|a+b|\geqq 0>|a|-|b|$, $|a|\geqq |b|$ の場合 $|a+b|^2-(|a|-|b|)^2=2(ab+|a||b|)\geqq 0$．等号は $|a|\geqq |b|$ で $ab\leqq 0$ のとき

(2) $a^2+b^2+c^2-ab-bc-ca=\dfrac{1}{2}\{(a-b)^2+(b-c)^2+(c-a)^2\}\geqq 0$．等号は $a=b=c$ のとき

(3) $(a^2+b^2)(c^2+d^2)-(ac+bd)^2=(ad-bc)^2\geqq 0$．等号は $ad=bc$ のとき

[7] (1) 例題 7.7 により $(a+b)\left(\dfrac{1}{a}+\dfrac{1}{b}\right)\geqq 2\sqrt{ab}\cdot 2\sqrt{\dfrac{1}{ab}}=4$

(2) $\dfrac{1}{1+a}-(1-a)=\dfrac{a^2}{1+a}>0$

§8 (86〜99 ページ)

8.1 (1) $y\leqq 4$　　　(2) $-1\leqq y\leqq 3$

8.2 (1) $y=2x-5$　　　(2) $y=2x^2-5x-2$

8.3 図略　(1) $y=-2x-3$　　　(2) $y=-2x+3$

(3) $y=2x-3$　　　(4) $y=\dfrac{x-3}{2}$

8.4 図略　(1) $y=-x^2+2x+3$　　　(2) $y=x^2+2x-3$

(3) $y=-x^2-2x+3$

8.5 $y=x^3$ について　(1) $y=(x-1)^3-2$　(2) $y=x^3$　(3) $y=-x^3$

$y=x^4$ について　(1) $y=(x-1)^4-2$　(2) $y=-x^4$　(3) $y=x^4$

8.6 (1) 奇関数　　(2) 偶関数　　(3) 奇関数　　(4) どちらでもない

8.7 (k, 平行移動, 漸近線, x 軸との交点, y 軸との交点) グラフ略

(1) $k=-2, x$ 軸方向に $-2, y$ 軸方向に $3, x=-2$ と $y=3,\ \left(-\dfrac{4}{3}, 0\right), (0, 2)$

(2) $k=2, x$ 軸方向に $1, y$ 軸方向に $-1, x=1$ と $y=-1, (3, 0), (0, -3)$

$\left[(2)\ y=\dfrac{2}{x-1}-1\right]$

8.8 (1)

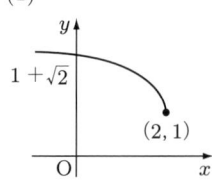

(グラフ: y軸上に $1+\sqrt{2}$, 点 $(2,1)$)

(2)

(グラフ: x軸上に $-\dfrac{4}{3}$, y軸上に 2)

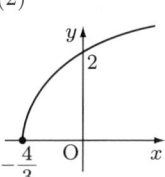

8.9 (1) 5   (2) 3   (3) 9   (4) 1, 9

8.10 グラフ略   (1) $y = \dfrac{x-4}{2}$ (2) $y = -\sqrt{x-1}$ $(x \geqq 1)$

(3) $y = 2 - x^2$ $(x \leqq 0)$ (4) $y = 1 + \dfrac{1}{x}$ $(x \neq 0)$

練習問題 8 (99 ページ)

[1] (1) どちらでもない   (2) 奇関数   (3) 偶関数

(4) 偶関数   (5) 奇関数   (6) どちらでもない

[2] 川の流れの速さは毎時 $2\,\mathrm{km}$, AB 間の距離は $48\,\mathrm{km}$ [川の流れの速さ毎時 $x\,\mathrm{km}$, AB 間の距離を $y\,\mathrm{km}$ とする. 船の速さは川下に向かうとき $x\,\mathrm{km}$ 加速され, 川上に向かうとき $x\,\mathrm{km}$ 減速されるから, 2 つの方程式 $\dfrac{y}{10-x} + \dfrac{y}{10+x} = 10$, $\dfrac{y}{14-x} + \dfrac{y}{14+x} = 7$ が成り立つ. これを解いて $x = 2$, $y = 48$]

[3] $y = \dfrac{-3x+1}{x+1} = \dfrac{4}{x+1} - 3$, $y = \dfrac{x+7}{x+3} = \dfrac{4}{x+3} + 1$. 第 1 のグラフは $y = \dfrac{4}{x}$ のグラフを x 軸方向に -1, y 軸方向に -3 平行移動したものであり, 第 2 のグラフは $y = \dfrac{4}{x}$ のグラフを x 軸方向に -3, y 軸方向に 1 平行移動したものであるから, 重ねるには第 1 のグラフを x 軸方向に -2, y 軸方向に 4 だけ平行移動すればよい.

[4] (1) $y = -\dfrac{1}{3}x + \dfrac{4}{3}$ (2) $y = \sqrt{\dfrac{1}{2}x + 1}$

(3) $y = \dfrac{4x+2}{x-3}$ (4) $y = \dfrac{1}{4}(x^2 - 9)$ $(x \geqq 0)$

4 章

§9 (101〜110 ページ)

9.1 (1) -2, $1 \pm \sqrt{3}\,i$ (2) ± 1, $\pm i$

[(1) $x^3 + 8 = (x+2)(x^2 - 2x + 4) = 0$ の解   (2) $x^4 - 1 = 0$ の解]

9.2 (1) 4   (2) 3   (3) 2   (4) -2

(5) $-\dfrac{1}{2}$ (6) 4

216　問題・練習問題の解答

9.3 証明略　$\left[(2)\ x = \sqrt[m]{\sqrt[n]{a}}\quad (3)\ x = \sqrt[n]{a}\sqrt[n]{b}\quad (4)\ x = \dfrac{\sqrt[n]{a}}{\sqrt[n]{b}}\ とおく\right]$

9.4 (1) 8　　(2) 2　　(3) 20　　(4) 2　　(5) $\dfrac{3}{2}$　　(6) $\dfrac{3}{2}$

　　　$[(4)\ \sqrt[6]{8} = \sqrt[6]{2^3} = \sqrt{2}]$

9.5 (1) $\dfrac{1}{16}$　　(2) $-\dfrac{1}{125}$　　(3) $\dfrac{81}{16}$　　(4) $-\dfrac{1}{32}$

9.6 (1) $\dfrac{6}{5}$　　(2) 7　　(3) $\dfrac{1}{9}$　　(4) 1.331

9.7 (1) 1　　(2) 8　　(3) 9　　(4) 4　　(5) 4

　　　$[(5)\ 16^{\frac{1}{3}} \times (36^{\frac{1}{3}} \div 9^{\frac{1}{3}}) = (2^4 \cdot 2^2)^{\frac{1}{3}} = 2^2]$

9.8 (1) $a^{\frac{3}{2}}$　　(2) $a^{\frac{2}{3}}$　　(3) $a^{\frac{1}{12}}$　　(4) $a^{\frac{5}{6}}$

　　　$\left[(4)\ \left(\dfrac{\sqrt{a}}{\sqrt[3]{a}}\right)^5 = (a^{\frac{1}{2}-\frac{1}{3}})^5 = (a^{\frac{1}{6}})^5 = a^{\frac{5}{6}}\right]$

9.9 (1) $4^{0.6} < 5^{0.6}$　　(2) $4^{-\frac{1}{3}} > 5^{-\frac{1}{3}}$　　(3) $6^{\frac{3}{2}} < 6^{\frac{5}{3}}$　　(4) $\left(\dfrac{1}{3}\right)^{0.4} > \left(\dfrac{1}{3}\right)^{0.5}$

9.10

x	-3	-2.5	-2	-1.5	-1	-0.5
3^x	0.0370	0.0642	0.1111	0.1925	0.3333	0.5774
0	0.5	1	1.5	2	2.5	3
1	1.7321	3	5.1962	9	15.5885	27

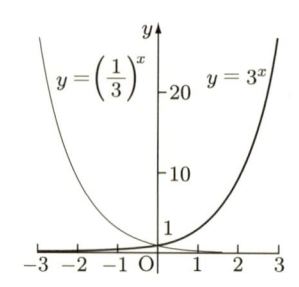

9.11 (1) $y = 2^x$ のグラフを x 軸方向に -2 だけ平行移動

　　　(2) $y = 3^x$ のグラフを x 軸方向に 1 だけ平行移動

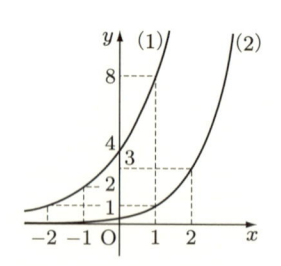

問題・練習問題の解答　217

9.12 (1) 4　　(2) $\dfrac{5}{2}$　　(3) 3　　(4) $\dfrac{3}{2}$　　(5) -3　　(6) $-\dfrac{3}{2}$

練習問題 9 （110〜111 ページ）

[1] (1) 125　　(2) $\dfrac{1}{8}$　　(3) 0.2　　(4) $\dfrac{16}{25}$

[2] (1) a^2　　(2) $a^{\frac{3}{4}}$　　(3) $a^{\frac{1}{6}}$　　(4) $a^{\frac{1}{6}}b^{-\frac{1}{6}}$　　(5) ab

[3] (1) 3^{20}　　(2) $2^{-\frac{1}{6}}$　　(3) 2^{-5}　　(4) $3 \cdot 2^{\frac{1}{3}}$

[4] (1) $\sqrt[4]{8} > \sqrt[3]{4} > \sqrt{2}$　　(2) $\sqrt[3]{3} > \sqrt{2} > \sqrt[6]{7}$

$\Big[$(1) 底を 2 に揃えて指数を比較する．(2) 指数が $\dfrac{1}{6}$ になるように底をかえる．$\sqrt{2} = 8^{\frac{1}{6}}$, $\sqrt[3]{3} = 9^{\frac{1}{6}}$, $\sqrt[6]{7} = 7^{\frac{1}{6}}$$\Big]$

[5] (1) 5　　(2) $6\sqrt{3}$

$\Big[$(1) $x + x^{-1} = \left(\sqrt{x} - \dfrac{1}{\sqrt{x}}\right)^2 + 2$　(2) $x^{\frac{3}{2}} - x^{-\frac{3}{2}} = \left(x^{\frac{1}{2}} - x^{-\frac{1}{2}}\right)(x + 1 + x^{-1})$$\Big]$

[6] (1) 5　　(2) $-\dfrac{1}{2}$　　(3) $-\dfrac{5}{6}$　　(4) -4　　(5) 1　　(6) -2

$\Big[$(5) $3^x = X$ とおくと $X^2 + X - 12 = 0$, $X > 0$ であるから, $X = 3 = 3^1$

(6) $2^x = X$ とおくと $4X^2 + 3X - 1 = 0$, $X > 0$ であるから, $X = \dfrac{1}{4} = 2^{-2}$$\Big]$

[7] (1) $x > 3$　　(2) $x < -3$　　(3) $-\dfrac{3}{2} < x < \dfrac{1}{4}$

(4) $0 < x < 2$

$\Big[$(3) $3^{-x} < 3^{\frac{3}{2}} < 3^{-2(x-1)}$, $-x < \dfrac{3}{2} < -2(x-1)$ から導く．(4) $X = 2^x$ とおくと $X^2 - 5X + 4 = (X-1)(X-4) < 0$, $X > 0$ であるから $1 < X = 2^x < 4$$\Big]$

§10 （112〜120 ページ）

10.1 (1) $2 = \log_7 49$　　(2) $-2 = \log_{10} 0.01$　　(3) $0 = \log_6 1$

(4) $\dfrac{1}{2} = \log_9 3$　　(5) $-5 = \log_2 \dfrac{1}{32}$　　(6) $-\dfrac{1}{6} = \log_{64} 0.5$

10.2 (1) $81 = 3^4$　　(2) $2 = 8^{\frac{1}{3}}$　　(3) $5 = 5^1$

(4) $0.001 = 10^{-3}$　　(5) $0.25 = 16^{-0.5}$　　(6) $4 = (\sqrt{2})^4$

10.3 (1) 2　　(2) 3　　(3) -2　　(4) 0　　(5) 3　　(6) 0.5

10.4 (1) 125　(2) $\dfrac{1}{9}$　(3) 2　(4) 5　(5) 0.5　(6) $\dfrac{1}{2}$

10.5 (2) $\dfrac{M}{N} = \dfrac{a^r}{a^s} = a^{r-s}$　$\therefore$　$\log_a \dfrac{M}{N} = r - s = \log_a M - \log_a N$

(3) $M^p = (a^r)^p = a^{rp}$　$\therefore$　$\log_a M^p = rp = p \log_a M$

10.6 (1) 2　(2) $-3 - \log_2 3$　(3) $4 - \log_3 2$　(4) $\dfrac{5}{2}$

10.7 (1) $\alpha + \beta$　(2) $1 - \alpha$　(3) $2\alpha + \beta$　(4) $\dfrac{1}{3}\alpha + \dfrac{2}{3}\beta$

10.8 (1) $\dfrac{\log_{10} 8}{\log_{10} 3}$　(2) $\dfrac{\log_{10} 7}{\log_{10} 2}$　(3) $\dfrac{1}{\log_{10} 6}$

10.9 (1) $y = \log_2 x$ を x 軸方向に -4 だけ平行移動

(2) $y = \log_3 x + 2$. $y = \log_3 x$ を y 軸方向に 2 だけ平行移動

10.10 $16^{\frac{5}{3}} < 128 < (\sqrt{2})^{15}$

$\left[\log_2 128 = 7,\ \log_2 16^{\frac{5}{3}} = \dfrac{5}{3} \cdot 4 = \dfrac{20}{3},\ \log_2 (\sqrt{2})^{15} = \dfrac{15}{2} \right]$

10.11 (1) $\dfrac{1}{4} \leqq x \leqq 8$　(2) $0.5 \geqq x \geqq 0.0625$

10.12 (1) 3　(2) 6　(3) 5

[(2) $(x-4)^2 = 4$ を解いて $x = 6$ または 2. 真数は $x - 4 > 0$ であるから $x = 6$.

(3) $(x-2)(x+4) = 27$ を解いて $x = 5$ または -7. $x > 2$ であるから $x = 5$]

10.13

x	1	4	5	6	8	9	10
$\log x$	0	0.6020	0.6990	0.7781	0.9030	0.9542	1

(1) 1.1761　(2) 2.3801　(3) -0.1428　(4) 3.1701

$\left[(3)\ \log 0.72 = \log 72 - \log 100 = \log 8 + \log 9 - 2\ \ (4)\ \log_2 9 = \dfrac{\log 9}{\log 2} = 3.1701 \right]$

10.14 (1) 0.6385　(2) 2.6385　(3) $-3 + 0.6385$

10.15 (1) 7.64　(2) 538　(3) 0.000374

10.16 (1) 10 けた　(2) 11 けた　(3) 小数第 11 位

練習問題 10 (120 ページ)

[1] (1) -1　(2) $\log_{10} \dfrac{3}{35}$　(3) $\dfrac{1}{2}$　(4) 6

[2] (1) 3.0791　(2) -0.1156　(3) 1.7234

[3] $\sqrt[3]{5} < \sqrt{3} < \sqrt[6]{30} < \sqrt[4]{10}$　[対数を求めて比較せよ]

[4] 31 けた, 小数第 16 位

[5] (1) $n = 26$　(2) $n = 31$

[6] (1) $x = 33$ (2) $x = 6$
[7] (1) $-2 < x < 8$ (2) $x > 3$
   [(1) $x + 2 < 10$, $x < 8$, 一方真数 $x + 2 > 0$ から $x > -2$
   (2) $(x+1)(x+5) > 32$ を解いて $x > 3$ または $x < -9$. 真数 $x + 1 > 0$ から $x > -1$]
[8] 証明 $\log_a b > 0$, $\log_b a > 0$. 底の変換公式と［相加平均 $\geqq$ 相乗平均］により，左辺
   $= \dfrac{\log b}{\log a} + \dfrac{\log a}{\log b} \geqq 2$

5 章

§11 (121〜131 ページ)

11.1 (1) $3, \sin\alpha = \dfrac{4}{5}, \cos\alpha = \dfrac{3}{5}, \tan\alpha = \dfrac{4}{3}$

(2) $\sqrt{5}, \sin\alpha = \dfrac{\sqrt{5}}{5}, \cos\alpha = \dfrac{2\sqrt{5}}{5}, \tan\alpha = \dfrac{1}{2}$

11.2 $AC = \sqrt{3}$, $BC = CO = 2$, $OA = 2 + \sqrt{3}$, $OB = \sqrt{6} + \sqrt{2}$

$\sin 15° = \dfrac{\sqrt{6} - \sqrt{2}}{4}$, $\cos 15° = \dfrac{\sqrt{6} + \sqrt{2}}{4}$, $\tan 15° = 2 - \sqrt{3}$

$\sin 75° = \dfrac{\sqrt{6} + \sqrt{2}}{4}$, $\cos 75° = \dfrac{\sqrt{6} - \sqrt{2}}{4}$, $\tan 75° = 2 + \sqrt{3}$

$\Big[OB^2 = 1 + (2 + \sqrt{3})^2 = 8 + 4\sqrt{3} = 6 + 2\sqrt{6}\sqrt{2} + 2 = (\sqrt{6} + \sqrt{2})^2$. $\sin 15° =$
$\dfrac{1}{\sqrt{6} + \sqrt{2}}$, $\cos 15° = \dfrac{2 + \sqrt{3}}{\sqrt{6} + \sqrt{2}}$, $\tan 15° = \dfrac{1}{2 + \sqrt{3}}$. これらの分母を有理化する $\Big]$

11.3

	15°	30°	45°	60°	75°
sin	0.2588	0.5000	0.7071	0.8660	0.9659
cos	0.9659	0.8660	0.7071	0.5000	0.2588
tan	0.2679	0.5774	1.0000	1.7321	3.7321

11.4 (1) 28° (2) 46° (3) 55°

11.5 (1) $\cos\alpha = \dfrac{12}{13}$, $\sin\alpha = \dfrac{5}{13}$ (2) $\sin\alpha = 0.9165$, $\tan\alpha = 2.2913$

11.6 高さ約 $103.5\,\mathrm{m}$，水平距離約 $386.4\,\mathrm{m}$

11.7 角度およそ $38°$

11.8 (1) 100° (2) 225° (3) 200° (4) 45°

11.9 (1) $\dfrac{\pi}{6}, \dfrac{\pi}{4}, \dfrac{2}{3}\pi, \dfrac{7}{3}\pi, -\dfrac{11}{3}\pi$

(2) $15°, 36°, 150°, 225°, 630°, -60°$

11.10 弧の長さ 4π cm, 面積 12π cm^2

11.11 (1) $\dfrac{\sqrt{3}}{2}$ (2) $-\dfrac{1}{\sqrt{2}}$ (3) $-\sqrt{3}$

      (4) -1 (5) $\dfrac{1}{2}$ (6) 1

練習問題 11 （131 ページ）

[1]

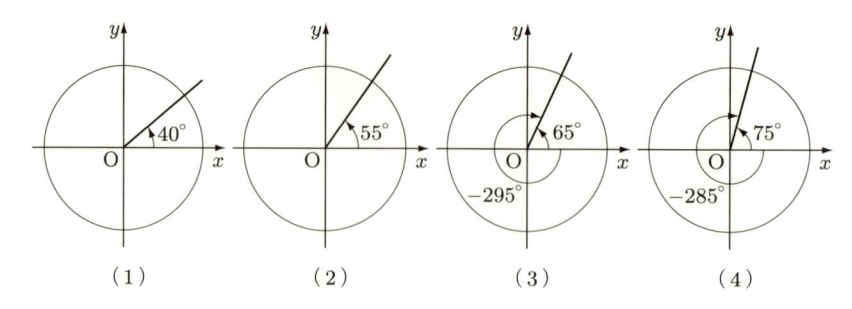

（正弦，余弦，正接） (1) 0.6428, 0.7660, 0.8391   (2) 0.8192, 0.5736, 1.4281
(3) 0.9063, 0.4226, 2.1445   (4) 0.9659, 0.2588, 3.7321

[2] (1) 17°, 163°   (2) 70°, 290°   (3) 68°, 248°

[3] (1) $\cos\theta = 0.99$, $\tan\theta = 0.15$ (2) $\sin\theta = 0.89$, $\tan\theta = 1.98$
(3) $\sin\theta = 0.97$, $\cos\theta = 0.26$

[4] 高さ 12.3 cm, 等辺 13.7 cm

[5] 標高 664 m, 水平距離 1427 m

[6] $\dfrac{10(\sqrt{3}+1)}{2} + 1.6 \fallingdotseq 15.3$ m $\Big[$目の高さ 1.6 m は後で加えることにする．木の位置を O とし高さを h m とする．OB $= h$ であり，OA $= h + 10$．$\dfrac{h}{h+10} = \tan 30° = \dfrac{1}{\sqrt{3}}$．$h$ について解くと $\sqrt{3}h = h + 10$．$h = \dfrac{10}{\sqrt{3}-1} = 5(\sqrt{3}+1) = 13.7\Big]$

§12 （132～137 ページ）

12.1 (1) $\sin\theta = -\dfrac{\sqrt{15}}{4}$, $\tan\theta = -\sqrt{15}$ (2) $\sin\theta = \dfrac{2\sqrt{5}}{5}$, $\cos\theta = -\dfrac{\sqrt{5}}{5}$

12.2 証明略 $\Big[$(1) 左辺を通分する．(2) 左辺の $\tan\theta$ を $\dfrac{\sin\theta}{\cos\theta}$ で表す．または $\sin\theta = \cos\theta \tan\theta$ を代入する$\Big]$

12.3 証明略 　[(1) $\theta + \pi = \theta + \dfrac{\pi}{2} + \dfrac{\pi}{2}$ として公式 [12.5] を 2 回用いる．または動径 $\theta + \pi$ と単位円の交点を $\mathrm{P}'(x', y')$ とすると，P' と P は原点に関して対称であるから $x' = -x,\ y' = -y$. (2) (1) の式で θ を $-\theta$ でおき換えて，公式 [12.4] を用いる．または動径 $\pi - \theta$ と単位円の交点 $\mathrm{P}'(x', y')$ は y 軸に関して P と対称であるから $x' = -x,\ y' = y$]

12.4 (1) $y = \sin\left(\theta - \dfrac{\pi}{2}\right) + 2 = -\cos\theta + 2$ 　(2) $y = 3\sin\theta$ 　(3) $y = \sin 2\theta$

練習問題 12 　(137～138 ページ)

[1] (1) $\sin\theta = \dfrac{4}{5},\ \tan\theta = -\dfrac{4}{3}$ 　(2) $\sin\theta = -\dfrac{\sqrt{30}}{6},\ \cos\theta = \dfrac{\sqrt{6}}{6}$

[2] 証明略 　[(1) 左辺を因数分解して $\sin^2\theta + \cos^2\theta = 1$ を利用する．(2) 左辺の分子，分母に $\cos\theta$ を掛け，次に $\sin\theta + \cos\theta$ を掛ける．(3) $\tan\theta = \dfrac{\sin\theta}{\cos\theta}$ でおき換えて通分する．(4) 左辺 $= (\sin^2\theta + \cos^2\theta)(\sin^4\theta - \sin^2\theta\cos^2\theta + \cos^4\theta) = (\sin^2\theta + \cos^2\theta)^2 - 3\sin^2\theta\cos^2\theta = 1 - 3\sin^2\theta\cos^2\theta$]

[3] (1) $-\dfrac{1}{4}$ 　(2) $\dfrac{5\sqrt{2}}{8}$ 　(3) $\pm\dfrac{\sqrt{6}}{2}$

　　[(1) 与式を 2 乗する．(2) 与式と (1) の式で表す．(3) $(\sin\theta - \cos\theta)^2$ を求める]

[4] $\sin\theta = \dfrac{3}{5},\ \cos\theta = \dfrac{4}{5}$ または $\sin\theta = \dfrac{4}{5},\ \cos\theta = \dfrac{3}{5}$

　　$\left[\sin\theta\cos\theta = \dfrac{12}{25}.\ \sin\theta\ \text{と}\ \cos\theta\ \text{の和と積がわかるから，定理 [4.5] によりこれらは方程式}\ X^2 - \dfrac{7}{5}X + \dfrac{12}{25} = 0\ \text{の解である}\right]$

[5] 周期は 　(1) 2π 　(2) $\dfrac{2}{3}\pi$ 　(3) 2π 　(4) 2π

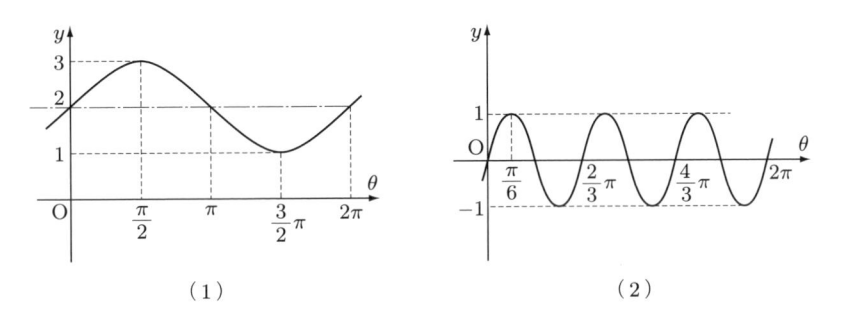

(1)　　　　　　　　　　　　(2)

(3)　　　　　　　　　　　　　　(4)

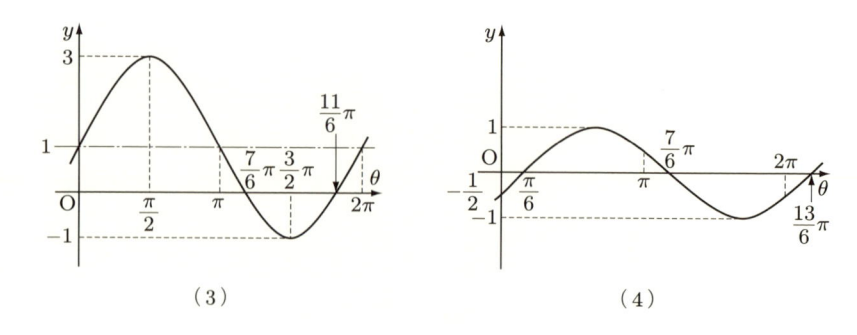

§13　(139〜147 ページ)

13.1　証明略　　[(1) 加法定理 [13.1] において (1) ÷ (3)　(2) (2) ÷ (4)]

13.2　$\sin 15° = \dfrac{\sqrt{6}-\sqrt{2}}{4}$, $\cos 15° = \dfrac{\sqrt{6}+\sqrt{2}}{4}$, $\tan 15° = 2-\sqrt{3}$

$\sin 75° = \dfrac{\sqrt{6}+\sqrt{2}}{4}$, $\cos 75° = \dfrac{\sqrt{6}-\sqrt{2}}{4}$, $\tan 75° = 2+\sqrt{3}$

13.3　(1)　$\sqrt{2}\sin\left(\theta+\dfrac{\pi}{4}\right)$　　　(2)　$2\sin\left(\theta+\dfrac{11}{6}\pi\right)$

[(1) 定理 [13.2] で $a=b=1$ とする. 与式 $= \sqrt{2}\left(\dfrac{1}{\sqrt{2}}\sin\theta + \dfrac{1}{\sqrt{2}}\cos\theta\right)$. $\dfrac{1}{\sqrt{2}} = \cos\dfrac{\pi}{4} = \sin\dfrac{\pi}{4}$ であるから 上式 $= \sqrt{2}\left(\sin\theta\cos\dfrac{\pi}{4} + \sin\dfrac{\pi}{4}\cos\theta\right) = \sqrt{2}\sin\left(\theta+\dfrac{\pi}{4}\right)$　(2) 与式 $= 2\left(\dfrac{\sqrt{3}}{2}\sin\theta - \dfrac{1}{2}\cos\theta\right) = 2\left(\sin\theta\cos\dfrac{11}{6}\pi + \sin\dfrac{11}{6}\pi\cos\theta\right) = 2\sin\left(\theta+\dfrac{11}{6}\pi\right)$]

13.4　証明　$\tan 2\alpha = \dfrac{\sin 2\alpha}{\cos 2\alpha} = \dfrac{2\sin\alpha\cos\alpha}{\cos^2\alpha - \sin^2\alpha}$ の分母・分子を $\cos^2\alpha$ で割る. または問題 13.1 (1) で $\alpha = \beta$ とおく.

13.5　$\sin 2\alpha = \dfrac{120}{169}$, $\cos\dfrac{\alpha}{2} = -\dfrac{1}{\sqrt{26}}$　$\Big[\sin^2\alpha = 1-\cos^2\alpha = \dfrac{25}{169}$. α は第 3 象限の角だから $\sin\alpha = -\dfrac{5}{13}$. $\sin 2\alpha = 2\left(-\dfrac{5}{13}\right)\cdot\left(-\dfrac{12}{13}\right) = \dfrac{120}{169}$. $\cos^2\dfrac{\alpha}{2} = \dfrac{1}{2}\left(1-\dfrac{12}{13}\right) = \dfrac{1}{26}$. $\dfrac{\alpha}{2}$ は第 2 象限の角であるから $\cos\dfrac{\alpha}{2} < 0$]

13.6　$\sin 22.5° = \dfrac{\sqrt{2-\sqrt{2}}}{2} = 0.3827$, $\cos 22.5° = \dfrac{\sqrt{2+\sqrt{2}}}{2} = 0.9239$, $\tan 22.5° = \sqrt{2}-1 = 0.4142$

問題・練習問題の解答　　223

13.7 (1) $\dfrac{1}{2}(\sin 4\alpha + \sin 2\alpha)$　　(2) $\dfrac{1}{2}(\cos 9\alpha + \cos 5\alpha)$

(3) $2\sin 4\alpha \cos \alpha$　　(4) $-2\sin 5\alpha \sin 2\alpha$

13.8 (1) $\dfrac{\sqrt{3}-1}{4}$　　(2) $\dfrac{\sqrt{6}}{2}$

$\Bigl[$(1) $\dfrac{1}{2}(\sin 60° - \sin 30°) = \dfrac{1}{2}\left(\dfrac{\sqrt{3}}{2} - \dfrac{1}{2}\right) = \dfrac{\sqrt{3}-1}{4}$

(2) $2\cos 45° \cos 30° = 2\dfrac{1}{\sqrt{2}}\dfrac{\sqrt{3}}{2} = \dfrac{\sqrt{6}}{2}\Bigr]$

13.9 (n は整数)　(1) $\theta = \dfrac{7}{6}\pi + 2n\pi$ または $\dfrac{11}{6}\pi + 2n\pi$

(2) $\theta = \dfrac{\pi}{4} + 2n\pi$ または $\dfrac{7}{4}\pi + 2n\pi$　(3) $\theta = \dfrac{\pi}{6} + n\pi$

13.10 (1) $0, \dfrac{\pi}{2}$　　(2) $\dfrac{\pi}{12}, \dfrac{7}{12}\pi$

$\Bigl[$(1) 13.3 (1) 参照. $\sqrt{2}\sin\left(\theta + \dfrac{\pi}{4}\right) = 1$. $\theta + \dfrac{\pi}{4} = \dfrac{\pi}{4} + 2n\pi$ または $\theta + \dfrac{\pi}{4} = \dfrac{3}{4}\pi + 2n\pi$ (n は整数). $0 \leqq \theta < 2\pi$ の範囲で $\theta = 0, \dfrac{\pi}{2}$　(2) $2\sin\left(\theta + \dfrac{\pi}{6}\right) = \sqrt{2}$. $\theta + \dfrac{\pi}{6} = \dfrac{\pi}{4} + 2n\pi$ または $\theta + \dfrac{\pi}{6} = \dfrac{3}{4}\pi + 2n\pi$ (n は整数). $0 \leqq \theta < 2\pi$ の範囲で $\theta = \dfrac{\pi}{12}, \dfrac{7}{12}\pi\Bigr]$

13.11 (1) $\dfrac{7}{6}\pi < \theta < \dfrac{11}{6}\pi$　　(2) $\dfrac{\pi}{3} \leqq \theta \leqq \dfrac{5}{3}\pi$

(3) $\dfrac{\pi}{4} \leqq \theta < \dfrac{\pi}{2}, \dfrac{5}{4}\pi \leqq \theta < \dfrac{3}{2}\pi$

$\Bigl[$単位円上で P(x, y) が次の範囲である角を調べる. (1) $y < -\dfrac{1}{2}$　(2) $x \leqq \dfrac{1}{2}$

(3) $\dfrac{x}{y} \geqq 1\Bigr]$

練習問題 13 (147 ページ)

[1] $\dfrac{1}{6}(2\sqrt{2} + \sqrt{3})$

[2] 証明略　[$3\theta = \theta + 2\theta$ と考えて, 加法定理を利用する.]

[3] 証明略, $\sin 18° = \dfrac{\sqrt{5}-1}{4}$　[(1) $\sin 36° = \sin(90° - 54°) = \cos 54°$　(2) (1) と 3 倍角の公式により $2\sin\alpha = 1 - 4\sin^2\alpha$. $\sin\alpha > 0$ に注意して $\sin\alpha$ について解く]

[4] $\dfrac{\sqrt{6}}{2}$　[(2) 問題 13.3 (1) の結果により $\sqrt{2}\sin(15° + 45°) = \sqrt{2}\sin 60° = \dfrac{\sqrt{2}\sqrt{3}}{2}$

(3) 2 乗は $1 + 2\sin 15°\cos 15° = 1 + \sin 30° = \dfrac{3}{2}$ (4) 与式 $= \sin 15° + \sin 75° = 2\sin 45°\cos 30° = 2\dfrac{\sqrt{2}}{2}\cdot\dfrac{\sqrt{3}}{2}$]

[5] (1) $0,\ \dfrac{\pi}{3},\ \pi,\ \dfrac{5}{3}\pi$ \qquad (2) $\dfrac{\pi}{2},\ \dfrac{7}{6}\pi$

[(1) $\sin\theta(2\cos\theta - 1) = 0$. $\sin\theta = 0$ または $\cos\theta = \dfrac{1}{2}$ (2) 合成により $\sin\left(\theta - \dfrac{\pi}{3}\right) = \dfrac{1}{2}$. $\theta - \dfrac{\pi}{3} = \dfrac{\pi}{6}$ または $\dfrac{5}{6}\pi$]

[6] (1) $0 \leqq \theta \leqq \dfrac{\pi}{2}$ \qquad (2) $0 \leqq \theta < \dfrac{\pi}{6},\ \dfrac{7}{6}\pi < \theta < 2\pi$

[(1) 合成により $\sqrt{2}\sin\left(\theta + \dfrac{\pi}{4}\right) \geqq 1$. $\dfrac{\pi}{4} \leqq \theta + \dfrac{\pi}{4} \leqq \dfrac{3}{4}\pi$ (2) $\sqrt{3}\sin\theta - \cos\theta = 2\left(\sin\theta\cos\dfrac{\pi}{6} - \sin\dfrac{\pi}{6}\cos\theta\right) = 2\sin\left(\theta - \dfrac{\pi}{6}\right) < 0$. $\theta - \dfrac{\pi}{6}$ の動径が $\pi + 2n\pi < \theta - \dfrac{\pi}{6} < 2\pi + 2n\pi$ (n は整数) の範囲にあり, θ はその動径を $\dfrac{\pi}{6}$ だけ回転した範囲にある]

[7] (1) $\theta = \dfrac{\pi}{6},\ \dfrac{7}{6}\pi$ のとき最大値 $\dfrac{1}{4}$. $\theta = \dfrac{2}{3}\pi,\ \dfrac{5}{3}\pi$ のとき最小値 $-\dfrac{3}{4}$

(2) $\theta = \dfrac{3}{2}\pi$ のとき最大値 3. $\theta = \dfrac{\pi}{2}$ のとき最小値 -5

[(1) 積を和に直す公式により 与式 $= -\dfrac{1}{2}\left\{\cos\dfrac{\pi}{3} - \cos\left(2\theta - \dfrac{\pi}{3}\right)\right\} = \dfrac{1}{2}\left\{\cos\left(2\theta - \dfrac{\pi}{3}\right) - \dfrac{1}{2}\right\}$. $\cos\left(2\theta - \dfrac{\pi}{3}\right) = 1$ のとき最大値 $\dfrac{1}{4}$ をとり, 角 θ は $2\theta - \dfrac{\pi}{3} = 0$ または 2π, すなわち $\theta = \dfrac{\pi}{6}$ または $\dfrac{7}{6}\pi$. $\cos\left(2\theta - \dfrac{\pi}{3}\right) = -1$ のとき最小値 $-\dfrac{3}{4}$ をとり, 角 θ は $2\theta - \dfrac{\pi}{3} = \pi$ または 3π, すなわち $\theta = \dfrac{2}{3}\pi$ または $\dfrac{5}{3}\pi$ (2) 倍角の公式により 与式 $= 1 - 2\sin^2\theta - 4\sin\theta = -2(\sin\theta + 1)^2 + 3$. $\sin\theta = -1$ のとき最大値 3 をとり, 角は $\theta = \dfrac{3}{2}\pi$. $\sin\theta = 1$ のとき最小値 -5 をとり, 角は $\theta = \dfrac{\pi}{2}$]

§14 (148〜152 ページ)

14.1 (1) $6\sqrt{2}$ \qquad (2) $\dfrac{5\sqrt{3}}{2}$

14.2 (1) $A = 45°,\ b = \sqrt{6},\ c = \sqrt{3} + 1,\ R = \sqrt{2},\ S = \dfrac{3 + \sqrt{3}}{2}$

(2) $A=60°$, $C=90°$, $c=4$, $R=2$, $S=2\sqrt{3}$ または $A=120°$, $C=30°$, $c=2$, $R=2$, $S=\sqrt{3}$ $\left[(2)\ \sin A=\dfrac{a}{b}\sin B=\dfrac{\sqrt{3}}{2}.\ A=60°\ \text{または}\ 120°\right]$

14.3 A が直角の直角三角形
14.4 (1) $a=\sqrt{2}$, $B=15°$, $C=135°$ 　　(2) $A=45°$, $B=120°$, $C=15°$
14.5 証明略　[余弦定理を用いる]
14.6 $a=b$ の二等辺三角形　$[bc\cos A=ac\cos B.\ a^2-b^2-c^2=b^2-c^2-a^2.\ a^2=b^2.\ a=b]$

練習問題 14　(153〜154 ページ)

[1] $\dfrac{1}{2}lm\sin\theta$　[対角線で分けられた 4 つの三角形の面積を考える]

[2] 証明　(1) $\sin(B+C)=\sin(180°-A)=\sin A$ 　(2) $\cos\dfrac{B+C}{2}=\cos\left(90°-\dfrac{A}{2}\right)=\sin\dfrac{A}{2}$ 　(3) 三角形の 2 辺の和は他の 1 辺より大きい．$a<b+c$. 正弦定理を代入する．
(4) 余弦定理により 左辺 $\times 2=a^2+b^2-c^2-(c^2+a^2-b^2)=2(b^2-c^2)$

[3] (1) $A=37°$, $B=90°$, $c=8$ 　　(2) $A=68°$, $b=10.4$, $c=12.9$
(3) $A=47°$, $B=58°$, $C=75°$

[4] (1) 二等辺三角形 $(a=b)$ 　　(2) 直角三角形（A または B が直角）
(3) 二等辺三角形 $(a=b)$
[(1) 正弦定理により $a^2=b^2$. (2) (i) $\cos A$, $\cos B$, $\cos C$ に余弦定理を適用し，分母を払って $a^4-2a^2b^2+b^4=c^4$ を導く．$a^2-b^2=\pm c^2$. $a^2=b^2+c^2$ または $b^2=a^2+c^2$.
(ii) 正弦定理により $\sin A\cos A+\sin B\cos B=\sin C\cos C$. 倍角の公式により $\sin 2A+\sin 2B=\sin 2C$. 左辺には和を積になおす公式，右辺には $2C=360°-2(A+B)$ を用いて $2\sin(A+B)\cos(A-B)=-\sin 2(A+B)=-2\sin(A+B)\cos(A+B)$.
$0°<A+B<180°$, $\sin(A+B)>0$ であるから $\cos(A-B)=-\cos(A+B)$. 加法定理で展開して $\cos A\cos B=0$. よって $\cos A=0$ または $\cos B=0$. $A=90°$ または $B=90°$
(3) (i) 問題 12.3(2) により $\cos C=\cos(180°-A-B)=-\cos(A+B)=-\cos A\cos B+\sin A\sin B$. $2\cos A\cos B+\cos C=\cos A\cos B+\sin A\sin B=\cos(A-B)$. $\cos(A-B)=1$ から $A-B=0°$. (ii) 余弦定理を代入し分母を払う．$(b^2+c^2-a^2)(c^2+a^2-b^2)=2abc^2-c^2(a^2+b^2-c^2)$. 展開して整理すると $(a-b)^2\{(a+b)^2-c^2\}=0$. $\therefore\ a=b$]

[5] 証明　(1) 内心 I と 3 頂点を結んでできる 3 つの三角形の高さは r であるから，面積の和は $S=\dfrac{1}{2}(ar+br+cr)=sr$ 　(2) 定理 [14.1] の $\sin A$ に正弦定理を代入する．$S=\dfrac{1}{2}bc\sin A=\dfrac{abc}{2\cdot 2R}$ 　(3) (1) と (2) により $a+b+c=2s=\dfrac{2S}{r}=\dfrac{abc}{2rR}$. 両辺を

226　問題・練習問題の解答

abc で割る．

参考 1. (1) $\dfrac{3\sqrt{15}}{4}$　　(2) 84

参考 2. $2\sqrt{6}$

6 章

§15 （155〜166 ページ）

15.1 P(4), Q(7), R(-1)

15.2 証明　$m < n$ のとき P(x) が AB の A の延長上にあるから $(a-x):(b-x) = m:n$. $n(a-x) = m(b-x)$. $(m-n)x = mb - na$

15.3 (1) 3　　(2) -9　　(3) 2

15.4 (1) $\sqrt{13}$　　(2) 10　　(3) $\sqrt{13}$

15.5 (1) 直角三角形（$\angle B = 90°$）　　(2) 直角二等辺三角形（$\angle A = 90°$）

［各 2 点間の距離を求める］

15.6 (1) 内分する点 (4, 4)，外分する点 (-8, 16)

(2) 内分する点 (0, 2)，外分する点 (-12, 14)

15.7 D(0, 5)　［D(x, y) とすると $x - (-2) = 6 - 4$, $y - 3 = 1 - (-1)$］

15.8

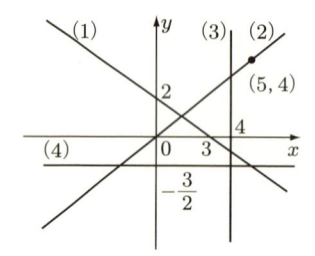

15.9 (1) $y = 3x - 7$　　(2) $y = -\dfrac{1}{2}x + 5$

15.10 (1) $y = 2x + 1$　　(2) $y = -3x - 1$

(3) $y = 2$　　(4) $x = -1$

15.11 証明　定理 [15.5] で $x_1 \neq x_2$ の場合に 2 点の座標を代入して　$y = \dfrac{b-0}{0-a}(x-a)$. $y = -\dfrac{b}{a}(x-a)$. ゆえに $\dfrac{x}{a} + \dfrac{y}{b} = 1$

15.12 （平行な直線，垂直な直線）(1) $y = 3x - 9$, $y = -\dfrac{1}{3}x - \dfrac{7}{3}$

(2) $4x - 3y - 17 = 0$, $3x + 4y + 6 = 0$

(3) $x = 2, y = -3$　　(4) $y = -3, x = 2$

15.13 (1) $x+2y=7$　　(2) $y=\dfrac{3}{8}x$　　(3) $2x-y=9,\ 2x-y=4$

$\left[\text{(2) 原点 O と AB の中点}\left(4,\dfrac{3}{2}\right)\text{を結ぶ直線}\right]$

練習問題 15 （166 ページ）

[1] (1) $c=\dfrac{3a+5b}{8},\ d=\dfrac{5b-3a}{2}$　　(2) $a=\dfrac{4c-d}{3},\ b=\dfrac{4c+d}{5}$
 (3) A は CD を $1:4$ に外分する，B は CD を $1:4$ に内分する．

[2] (1) $y=-2x-1$　(2) $y=-\dfrac{5}{7}x+1$　(3) $3x+2y-6=0$
 (4) $2x-y+2=0$　(5) $3x+2y-10=0$

[3] $\mathrm{AB}=10,\ \mathrm{BC}=5\sqrt{2},\ \mathrm{CA}=5\sqrt{2}$

[4] 定点 $\left(2,\dfrac{5}{2}\right)$ を通る．

[5] (1) $a=5$　　(2) $a=2$

 $\Big[$(1) 第 1，第 2 の直線の交点は $(1,-2)$．第 3 式に代入して $a-2=3$　(2) 第 1，第 2 の直線の交点は $\left(\dfrac{1}{5}(3a-26),\dfrac{1}{5}(13-4a)\right)$．この座標を（第 3 式 $\times 5$）に代入して $a=2,\ (x,y)=(-4,1)\Big]$

[6] $(10,-1)$　[直線 $4x+3y-12=0$ に垂直で点 $\mathrm{P}(2,-7)$ を通る直線は $3x-4y-34=0$．これら 2 直線の交点は $(6,-4)$．この点が中点になるような点は $(10,-1)]$

[7] 証明　$\triangle\mathrm{ABC}$ の BC を x 軸，A から BC に下ろした垂線を y 軸にとる．A, B, C の座標を $\mathrm{A}(0,a),\ \mathrm{B}(b,0),\ \mathrm{C}(c,0)$ とする．AC の方程式は $\dfrac{x}{c}+\dfrac{y}{a}=1$（問題 15.11）．B から AC へ下ろした垂線 BE の方程式は $y=\dfrac{c}{a}x-\dfrac{bc}{a}$，AB の方程式は $\dfrac{x}{b}+\dfrac{y}{a}=1$，C から AB へ下ろした垂線 CF は $y=\dfrac{b}{a}x-\dfrac{bc}{a}$．したがって，BE と CF の y 切片はともに $-\dfrac{bc}{a}$ であり，BE と CF は y 軸上で交わる．

[8] (1) $a=2,-1$　　(2) $a=0,-3$
 $[$(1) $1:a=a:(a+2)$　　(2) $a+a(a+2)=0]$

§ 16 （167〜177 ページ）

16.1 (1) $(x-2)^2+(y+1)^2=9$　　(2) $(x-4)^2+(y+1)^2=8$
 (3) $(x-2)^2+(y-3)^2=20$

16.2 (1) 中心 $(-1, -2)$, 半径 5 (2) 中心 $\left(-1, \dfrac{7}{4}\right)$, 半径 $\dfrac{\sqrt{65}}{4}$

16.3 (1) $x^2 + y^2 - 6x - 2y = 0$ (2) $x^2 + y^2 + 8x - 2y - 48 = 0$

16.4 $k = 4$ のとき接点 $(-2, 0)$, $k = -6$ のとき接点 $(2, -2)$

16.5 (1) $3x + 4y = 25$ (2) $4x - 3y = 25$ (3) $x = -5$

16.6 $y = \pm\sqrt{3}x + 2$, 接点 $\left(\mp\dfrac{\sqrt{3}}{2}, \dfrac{1}{2}\right)$ (複号同順) [接線を $y = mx + 2$ とし，それと円が 1 点を共有する，すなわち，$x^2 + (mx + 2)^2 = 1$ が 2 重解をもつような m の値を求める]

16.7 中心 $(18, 0)$, 半径 12 の円

16.8 $\dfrac{x^2}{5^2} + \dfrac{y^2}{3^2} = 1$

16.9 図略 (1) $F(3, 0)$, $F'(-3, 0)$ (2) $F(0, \sqrt{3})$, $F'(0, -\sqrt{3})$

(3) $F\left(\dfrac{2\sqrt{5}}{3}, 0\right)$, $F'\left(-\dfrac{2\sqrt{5}}{3}, 0\right)$ $\left[(3)\ a = 2,\ b = \dfrac{4}{3},\ c^2 = a^2 - b^2 = \dfrac{20}{9}\right]$

16.10 (1) $F(\sqrt{13}, 0)$, $F'(-\sqrt{13}, 0)$, $A(2, 0)$, $A'(-2, 0)$

(2) $F(\sqrt{5}, 0)$, $F'(-\sqrt{5}, 0)$, $A(\sqrt{3}, 0)$, $A'(-\sqrt{3}, 0)$

16.11 $\dfrac{x^2}{4^2} - \dfrac{y^2}{3^2} = 1$, 漸近線 $y = \pm\dfrac{3}{4}x$, 図略

16.12 (1) $y^2 = 8x$ (2) $x^2 = 4py$

練習問題 16 (178 ページ)

[1] (1) $(x - 4)^2 + y^2 = 26$

(2) $(x - 5)^2 + (y + 4)^2 = 25$ と $\left(x - \dfrac{25}{9}\right)^2 + \left(y - \dfrac{8}{3}\right)^2 = \left(\dfrac{25}{9}\right)^2$

(3) $x^2 + y^2 = (\sqrt{5} \pm 1)^2$ (4) $(x - 1)^2 + y^2 = \dfrac{1}{5}$

[(2) y 軸に接する円は $(x - a)^2 + (y - b)^2 = a^2$

(3) 与えられた円の中心は $O'(1, 2)$, 半径 1. $OO' = \sqrt{5}$]

[2] (1) $(1, 4), (3, 6)$ (2) $2\sqrt{2}$ (3) $(x - 2)^2 + (y - 5)^2 = 2$

[3] $(x - 3)^2 + y^2 = 1$. 中心 $(3, 0)$, 半径 1 の円 $\Big[P(x', y')$ とすると円上の点 $Q(x, y)$ との関係は $x' = \dfrac{x + 6}{2}$, $y' = \dfrac{y}{2}$ である. $x = 2x' - 6$, $y = 2y'$ を円の方程式に代入して, $(2x' - 6)^2 + 4y'^2 = 4$ が P の軌跡の方程式$\Big]$

[4] 円 $(x + 1)^2 + (y - 2)^2 = 1$

[5] $k = \pm\dfrac{1}{2}$, 接点 $(\mp 1, 1)$（複号同順）

§17 （179〜184 ページ）

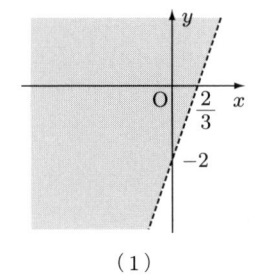

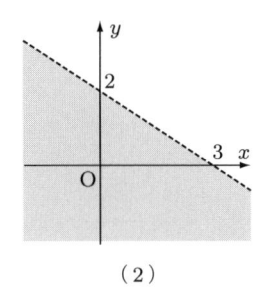

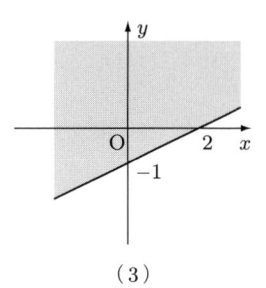

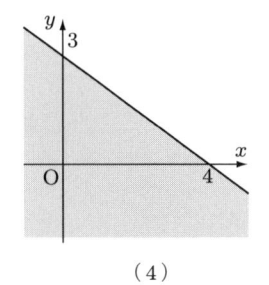

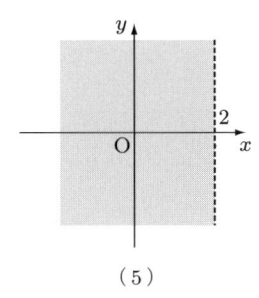

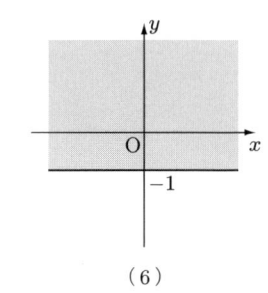

17.1

(1) (2) (3) (4) (5) (6)

17.2

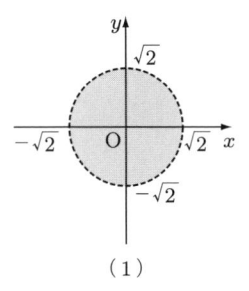

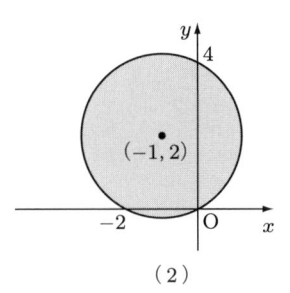

(1) (2)

17.3

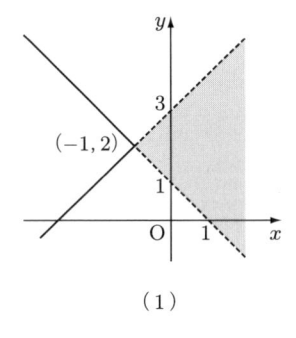

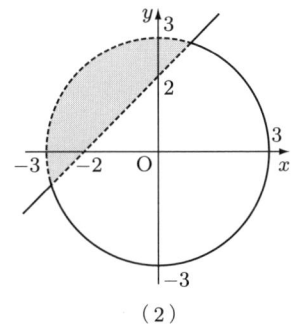

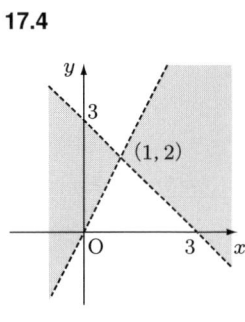

(1) (2)

17.4

17.5 (1) $(3, 3)$ で最大値 27, $(0, 0)$ で最小値 0

(2) $(4, 0)$ で最大値 8, $(0, 5)$ で最小値 -5

［領域は頂点 O, $(4, 0)$, $(3, 3)$, $(0, 5)$ の四角形である．各頂点での1次式の値を比較する］

17.6 (1) $\left(\dfrac{4\sqrt{5}}{5}, \dfrac{2\sqrt{5}}{5}\right)$ で最大値 $2\sqrt{5}$, $\left(-\dfrac{4\sqrt{5}}{5}, -\dfrac{2\sqrt{5}}{5}\right)$ で最小値 $-2\sqrt{5}$

(2) $(1, 3)$ で最大値 5, $(9, -3)$ で最小値 -45

練習問題 17 （184 ページ）

[1]

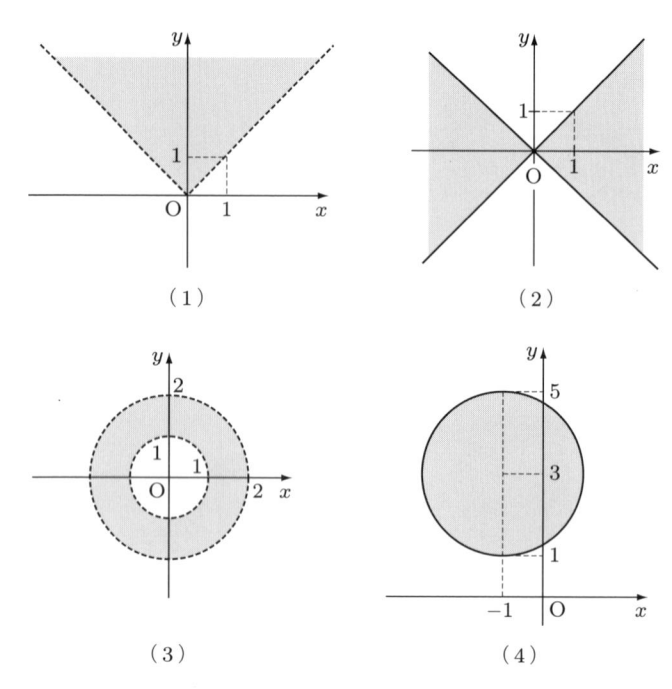

（1） （2） （3） （4）

[2] (1) $x - y + 2 > 0$, $2x + y - 2 < 0$, $x + 2y + 2 > 0$

(2) $x^2 + y^2 \geqq 1$, $(x - 1)^2 + y^2 \leqq 4$

[3] (1) $-5 \leqq x - 2y \leqq 5$ (2) $-2 \leqq 2x + 3y \leqq 13$

[4] A 6 単位，B 4 単位

［1日の製造単位を A は x 単位，B は y 単位とする．制約条件は $x \geqq 0$, $y \geqq 0$, $2x + 3y \leqq 24$, $5x + 6y \leqq 54$．これらが表す領域 D は原点 O, A$(10.8, 0)$, B$(6, 4)$, C$(0, 8)$ を頂点とする四角形．D で1次式 $f(P) = 7x + 9y$ の最大値を求める．$f(O) = 0$, $f(A) = 75.6$, $f(B) = 78$, $f(C) = 72$. $f(P)$ は点 B$(6, 4)$ で最大値をとる］

§18 (185〜191 ページ)

18.1 証明　定理 [18.1] により $AB^2 + AC^2 = BC \cdot BD + BC \cdot DC = BC(BD + DC) = BC^2$

18.2 証明　$AB > AC$ の場合 $\angle A$ の 2 等分線を AP とし，辺 AB 上に点 E を $AE = AC$ にとる．$\triangle AEC$ は 2 辺三角形なので $AP \perp EC$．$\angle PAQ = \angle PAC + \angle CAQ = \frac{1}{2}\{\angle BAC + (180° - \angle BAC)\} = 90°$．∴ $CE \parallel QA$．$BQ : CQ = BA : EA = AB : AC$

18.3 証明　P が円の内部にある場合も同じ記号の付け方で $\triangle PAD \backsim \triangle PCB$．$PA : PD = PC : PB$．$PA \cdot PB = PC \cdot PD$

18.4 $\angle PAC = \angle ADC$ であるので，$\triangle PAC \backsim \triangle PDA$．したがって $PA : PD = PC : PA$．よって $PA^2 = PC \cdot PD$

18.5 証明　$\triangle BIL$ と $\triangle BIN$ は直角三角形で 1 辺 BI が共通 $\angle IBL = \angle IBN$ であるから $\triangle BIL \equiv \triangle BIN$．∴ $IL = IN$．同様に $IL = IM$　[参考　したがって $\triangle AIM \equiv \triangle AIN$ となり，AI が $\angle A$ の 2 等分線となる．これが三角形の 3 頂角の二等分線が 1 点で交わることの証明である]

18.6 証明　頂点 A の中線を AM，重心を G (図 i)，角の 2 等分線を AD，内心を I (図 ii)，垂線を AE，垂心を H (図 iii) としておく．外心 O は辺 BC の垂直 2 等分線上にある．$O = G$ の場合，AM が辺 BC の垂直 2 等分線であるから $AB = AC$．同様にして 3 辺が等しい．$O = I$ の場合，$IA = IB = IC$ であり，$\triangle IAB$，$\triangle IBC$，$\triangle ICA$ は二等辺三角形．それらの底角が等しいから 3 頂角が等しい．$O = H$ の場合，AE が辺 BC の垂直 2 等分線になるから，$O = G$ の場合と同じ．$G = I$ の場合，$D = M$，定理 [18.2] により $AB : AC = BD : CD$ であり，$AB = AC$．同様に 3 辺が等しい．$G = H$ の場合，$M = E$ となり，$O = H$ の場合と同様．$I = H$ の場合，$\triangle ABE$ と $\triangle ACE$ について，直角三角形で AE が共通，$\angle BAE = \angle CAE$ であるから，$\triangle ABE \equiv \triangle ACE$，$AB = AC$．同様に 3 辺が等しい．

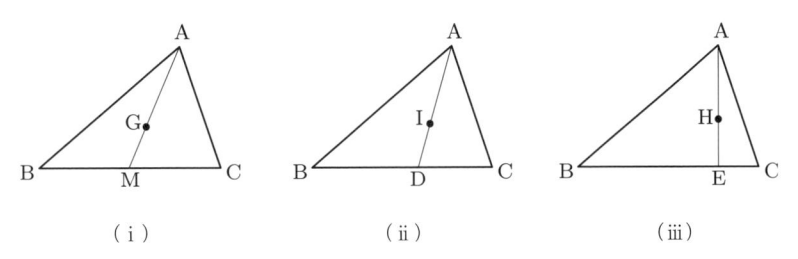

(ⅰ)　　　　　(ⅱ)　　　　　(ⅲ)

練習問題 18 (191 ページ)

[1] 証明　定理 [18.2] により $AD : DB = AM : MB$，$AE : EC = AM : MC$．$BM = CM$ だから $AD : DB = AE : EC$　∴　$DE \parallel BC$

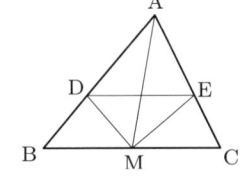

[2] 証明　△ABP, △ACP は同じ高さであるから △ABP : △ACP = BP : PC, △ABD : △ACD = (△ABP − △DBP) : (△ACP − △DCP) = BP : CP

[3] 証明　等しい円弧の上に立つ円周角は等しく，逆も成り立つ．∠BAD = ∠CAD であるから BD = CD．∠DBC = ∠BAD また ∠ABI = ∠CBI．三角形の 1 つの外角は内対角の和に等しいから ∠BID = ∠BAI + ∠ABI, ∠IBD = ∠IBC + ∠DBC, ∠BID = ∠IBD. DB = DI

[4] 証明　四角形 BLHN, CLHM, BCMN は円に内接する．同じ弧に対する円周角として ∠HLN = ∠HBN, ∠HLM = ∠HCM, ∠MBN = ∠NCM．∴ ∠HLN = ∠HLM, LH は △LMN の頂角 L の 2 等分線である．同様に MH, NH は頂角 M, N の 2 等分線であり，H は △LMN の内心である

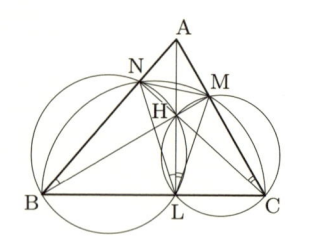

7 章

§19　(192〜204 ページ)

19.1　7 組

19.2　9 通り

19.3　(1)　25 通り　　(2)　20 通り

19.4　20 個

19.5　(1)　336　　(2)　72　　(3)　720

19.6　720 通り

19.7　300 個

19.8　120 通り

19.9　500 個　　[最初の数字が 0 のものを除く．順列の個数は $4 \cdot 5^3$]

19.10　(1)　10　　(2)　20　　(3)　28

19.11　210 通り

19.12　60 個　　[縦線 5 本と横線 4 本の中からそれぞれ 2 本を選ぶと長方形が 1 つできる]

19.13　(1)　560 通り　　(2)　280 通り　　[(1) グループ A の選び方は $_8C_3$，B の選び方は $_5C_3$，C は残りで 1 通り　(2) グループ A と B を区別しないから $560 \div 2 = 280$]

19.14　証明　右辺 $= \dfrac{(n-1)!}{(r-1)!(n-r)!} + \dfrac{(n-1)!}{r!(n-r-1)!} = \dfrac{(n-1)!r + (n-1)!(n-r)}{r!(n-r)!}$
$= {}_nC_r$

19.15　210 個　　$\left[\dfrac{7!}{3!\,2!\,2!}\right]$

19.16　$a^4 + 4a^3b + 6a^2b^2 + 4ab^3 + b^4$

19.17 (1) $x^6 + 6x^5y + 15x^4y^2 + 20x^3y^3 + 15x^2y^4 + 6xy^5 + y^6$
(2) $x^5 - 10x^4y + 40x^3y^2 - 80x^2y^3 + 80xy^4 - 32y^5$

19.18 x^4 の係数は -448, $\dfrac{1}{x^2}$ の係数は -560

$\Bigl[$展開式の一般項は ${}_7\mathrm{C}_r(2x)^{7-r}\left(-\dfrac{1}{x^2}\right)^r = (-1)^r 2^{7-r} {}_7\mathrm{C}_r x^{7-3r}$. x^4 の項は $7-3r=4$
を解いて $r=1$, 係数は $(-1)^1 2^6 {}_7\mathrm{C}_1 = (-1)\cdot 64 \cdot 7 = -448$. $\dfrac{1}{x^2}$ の項は $7-3r=-2$
を解いて $r=3$, 係数は $(-1)^3 2^4 {}_7\mathrm{C}_3 = (-1)\cdot 16 \cdot 35 = -560\Bigr]$

練習問題 19 （204 ページ）

[1] 11 通り

[2] 60 個

[3] 30 通り ［上面を 1 色に固定して，下面と側面の配色を考える］

[4] (1) 56 個　　(2) 8 個　　(3) 32 個　　(4) 16 個
［(1) ${}_8\mathrm{C}_3$　(2) 1 頂点の選び方に対して 1 個　(3) 1 辺を選ぶとき 1 辺だけを共有するものは 4 個　(4) 全部の三角形から (1), (2) のものを除く］

[5] (1) 126 通り　　(2) 96 通り
［横の区画を a，縦の区画を b とすると，たとえば順列 abaababba は 1 つの道順を表す．5 個の a と 4 個の b の各順列が道順を表すから，全部で $\dfrac{9!}{5!\,4!} = 126$ 通り
(2) 区画 AB を通る場合は P から A までの $\dfrac{5!}{2!\,3!}$ と B から Q までの $\dfrac{3!}{2!}=3$ の積 30 通りある．AB を通らない道順は $126-30=96$ 通り］

[6] 1260 通り

[7] 最小の自然数は 5, 定数項は -10 $\Bigl[$展開式の一般項は ${}_n\mathrm{C}_r(-1)^r x^{3n-5r}$. 定数項は $3n-5r=0$ の場合に現れるから $n=\dfrac{5}{3}r$ であり，$r=3$ のとき最小の $n=5$ である．したがって定数項は $(-1)^3 {}_5\mathrm{C}_3 = -10\Bigr]$

[8] a^4b^2c の係数は 105, abc^5 の係数は 42 $\Bigl[(a+b+c)^7$ の展開式における a^4b^2c の係数は $\dfrac{7!}{4!\,2!} = 105$. abc^5 の係数は $\dfrac{7!}{5!} = 42\Bigr]$

三 角 関 数 表

度数	sin	cos	tan	度数	sin	cos	tan
0	0.0000	1.0000	0.0000	45	0.7071	0.7071	1.0000
1	0.0175	0.9998	0.0175	46	0.7193	0.6947	1.0355
2	0.0349	0.9994	0.0349	47	0.7314	0.6820	1.0724
3	0.0523	0.9986	0.0524	48	0.7431	0.6691	1.1106
4	0.0698	0.9976	0.0699	49	0.7547	0.6561	1.1504
5	0.0872	0.9962	0.0875	50	0.7660	0.6428	1.1918
6	0.1045	0.9945	0.1051	51	0.7771	0.6293	1.2349
7	0.1219	0.9925	0.1228	52	0.7880	0.6157	1.2799
8	0.1392	0.9903	0.1405	53	0.7986	0.6018	1.3270
9	0.1564	0.9877	0.1584	54	0.8090	0.5878	1.3764
10	0.1736	0.9848	0.1763	55	0.8192	0.5736	1.4281
11	0.1908	0.9816	0.1944	56	0.8290	0.5592	1.4826
12	0.2079	0.9781	0.2126	57	0.8387	0.5446	1.5399
13	0.2250	0.9744	0.2309	58	0.8480	0.5299	1.6003
14	0.2419	0.9703	0.2493	59	0.8572	0.5150	1.6643
15	0.2588	0.9659	0.2679	60	0.8660	0.5000	1.7321
16	0.2756	0.9613	0.2867	61	0.8746	0.4848	1.8040
17	0.2924	0.9563	0.3057	62	0.8829	0.4695	1.8807
18	0.3090	0.9511	0.3249	63	0.8910	0.4540	1.9626
19	0.3256	0.9455	0.3443	64	0.8988	0.4384	2.0503
20	0.3420	0.9397	0.3640	65	0.9063	0.4226	2.1445
21	0.3584	0.9336	0.3839	66	0.9135	0.4067	2.2460
22	0.3746	0.9272	0.4040	67	0.9205	0.3907	2.3559
23	0.3907	0.9205	0.4245	68	0.9272	0.3746	2.4751
24	0.4067	0.9135	0.4452	69	0.9336	0.3584	2.6051
25	0.4226	0.9063	0.4663	70	0.9397	0.3420	2.7475
26	0.4384	0.8988	0.4877	71	0.9455	0.3256	2.9042
27	0.4540	0.8910	0.5095	72	0.9511	0.3090	3.0777
28	0.4695	0.8829	0.5317	73	0.9563	0.2924	3.2709
29	0.4848	0.8746	0.5543	74	0.9613	0.2756	3.4874
30	0.5000	0.8660	0.5774	75	0.9659	0.2588	3.7321
31	0.5150	0.8572	0.6009	76	0.9703	0.2419	4.0108
32	0.5299	0.8480	0.6249	77	0.9744	0.2250	4.3315
33	0.5446	0.8387	0.6494	78	0.9781	0.2079	4.7046
34	0.5592	0.8290	0.6745	79	0.9816	0.1908	5.1446
35	0.5736	0.8192	0.7002	80	0.9848	0.1736	5.6713
36	0.5878	0.8090	0.7265	81	0.9877	0.1564	6.3138
37	0.6018	0.7986	0.7536	82	0.9903	0.1392	7.1154
38	0.6157	0.7880	0.7813	83	0.9925	0.1219	8.1443
39	0.6293	0.7771	0.8098	84	0.9945	0.1045	9.5144
40	0.6428	0.7660	0.8391	85	0.9962	0.0872	11.4301
41	0.6561	0.7547	0.8693	86	0.9976	0.0698	14.3007
42	0.6691	0.7431	0.9004	87	0.9986	0.0523	19.0811
43	0.6820	0.7314	0.9325	88	0.9994	0.0349	28.6363
44	0.6947	0.7193	0.9657	89	0.9998	0.0175	57.2900
45	0.7071	0.7071	1.0000	90	1.0000	0.0000	———

对 数 表

数	0	1	2	3	4	5	6	7	8	9	1	2	3	4	5	6	7	8	9
1.0	**.0000**	**.0043**	**.0086**	**.0128**	**.0170**	**.0212**	**.0253**	**.0294**	**.0334**	**.0374**	4	8	12	17 21 25	29 33 37
1.1	.0414	.0453	.0492	.0531	.0569	.0607	.0645	.0682	.0719	.0755	4	8	11	15 19 23	26 30 34
1.2	.0792	.0828	.0864	.0899	.0934	.0969	.1004	.1038	.1072	.1106	3	7	10	14 17 21	24 28 31
1.3	.1139	.1173	.1206	.1239	.1271	.1303	.1335	.1367	.1399	.1430	3	6	10	13 16 19	23 26 29
1.4	.1461	.1492	.1523	.1553	.1584	.1614	.1644	.1673	.1703	.1732	3	6	9	12 15 18	21 24 27
1.5	.1761	.1790	.1818	.1847	.1875	.1903	.1931	.1959	.1987	.2014	3	6	8	11 14 17	20 22 25
1.6	.2041	.2068	.2095	.2122	.2148	.2175	.2201	.2227	.2253	.2279	3	5	8	11 13 16	18 21 24
1.7	.2304	.2330	.2355	.2380	.2405	.2430	.2455	.2480	.2504	.2529	2	5	7	10 12 15	17 20 22
1.8	.2553	.2577	.2601	.2625	.2648	.2672	.2695	.2718	.2742	.2765	2	5	7	9 12 14	16 19 21
1.9	.2788	.2810	.2833	.2856	.2878	.2900	.2923	.2945	.2967	.2989	2	4	7	9 11 13	16 18 20
2.0	**.3010**	**.3032**	**.3054**	**.3075**	**.3096**	**.3118**	**.3139**	**.3160**	**.3181**	**.3201**	2	4	6	8 11 13	15 17 19
2.1	.3222	.3243	.3263	.3284	.3304	.3324	.3345	.3365	.3385	.3404	2	4	6	8 10 12	14 16 18
2.2	.3424	.3444	.3464	.3483	.3502	.3522	.3541	.3560	.3579	.3598	2	4	6	8 10 12	14 15 17
2.3	.3617	.3636	.3655	.3674	.3692	.3711	.3729	.3747	.3766	.3784	2	4	6	7 9 11	13 15 17
2.4	.3802	.3820	.3838	.3856	.3874	.3892	.3909	.3927	.3945	.3962	2	4	5	7 9 11	12 14 16
2.5	.3979	.3997	.4014	.4031	.4048	.4065	.4082	.4099	.4116	.4133	2	3	5	7 9 10	12 14 15
2.6	.4150	.4166	.4183	.4200	.4216	.4232	.4249	.4265	.4281	.4298	2	3	5	7 8 10	11 13 15
2.7	.4314	.4330	.4346	.4362	.4378	.4393	.4409	.4425	.4440	.4456	2	3	5	6 8 9	11 13 14
2.8	.4472	.4487	.4502	.4518	.4533	.4548	.4564	.4579	.4594	.4609	2	3	5	6 8 9	11 12 14
2.9	.4624	.4639	.4654	.4669	.4683	.4698	.4713	.4728	.4742	.4757	1	3	4	6 7 9	10 12 13
3.0	**.4771**	**.4786**	**.4800**	**.4814**	**.4829**	**.4843**	**.4857**	**.4871**	**.4886**	**.4900**	1	3	4	6 7 9	10 11 13
3.1	.4914	.4928	.4942	.4955	.4969	.4983	.4997	.5011	.5024	.5038	1	3	4	6 7 8	10 11 12
3.2	.5051	.5065	.5079	.5092	.5105	.5119	.5132	.5145	.5159	.5172	1	3	4	5 7 8	9 11 12
3.3	.5185	.5198	.5211	.5224	.5237	.5250	.5263	.5276	.5289	.5302	1	3	4	5 6 8	9 10 12
3.4	.5315	.5328	.5340	.5353	.5366	.5378	.5391	.5403	.5416	.5428	1	3	4	5 6 8	9 10 11
3.5	.5441	.5453	.5465	.5478	.5490	.5502	.5514	.5527	.5539	.5551	1	2	4	5 6 7	9 10 11
3.6	.5563	.5575	.5587	.5599	.5611	.5623	.5635	.5647	.5658	.5670	1	2	4	5 6 7	8 10 11
3.7	.5682	.5694	.5705	.5717	.5729	.5740	.5752	.5763	.5775	.5786	1	2	3	5 6 7	8 9 10
3.8	.5798	.5809	.5821	.5832	.5843	.5855	.5866	.5877	.5888	.5899	1	2	3	5 6 7	8 9 10
3.9	.5911	.5922	.5933	.5944	.5955	.5966	.5977	.5988	.5999	.6010	1	2	3	4 5 7	8 9 10
4.0	**.6021**	**.6031**	**.6042**	**.6053**	**.6064**	**.6075**	**.6085**	**.6096**	**.6107**	**.6117**	1	2	3	4 5 7	8 9 10
4.1	.6128	.6138	.6149	.6160	.6170	.6180	.6191	.6201	.6212	.6222	1	2	3	4 5 6	7 8 9
4.2	.6232	.6243	.6253	.6263	.6274	.6284	.6294	.6304	.6314	.6325	1	2	3	4 5 6	7 8 9
4.3	.6335	.6345	.6355	.6365	.6375	.6385	.6395	.6405	.6415	.6425	1	2	3	4 5 6	7 8 9
4.4	.6435	.6444	.6454	.6464	.6474	.6484	.6493	.6503	.6513	.6522	1	2	3	4 5 6	7 8 9
4.5	.6532	.6542	.6551	.6561	.6571	.6580	.6590	.6599	.6609	.6618	1	2	3	4 5 6	7 8 9
4.6	.6628	.6637	.6646	.6656	.6665	.6675	.6684	.6693	.6702	.6712	1	2	3	4 5 6	7 7 8
4.7	.6721	.6730	.6739	.6749	.6758	.6767	.6776	.6785	.6794	.6803	1	2	3	4 5 5	6 7 8
4.8	.6812	.6821	.6830	.6839	.6848	.6857	.6866	.6875	.6884	.6893	1	2	3	4 4 5	6 7 8
4.9	.6902	.6911	.6920	.6928	.6937	.6946	.6955	.6964	.6972	.6981	1	2	3	4 4 5	6 7 8
5.0	**.6990**	**.6998**	**.7007**	**.7016**	**.7024**	**.7033**	**.7042**	**.7050**	**.7059**	**.7067**	1	2	3	3 4 5	6 7 8
5.1	.7076	.7084	.7093	.7101	.7110	.7118	.7126	.7135	.7143	.7152	1	2	3	3 4 5	6 7 8
5.2	.7160	.7168	.7177	.7185	.7193	.7202	.7210	.7218	.7226	.7235	1	2	2	3 4 5	6 7 7
5.3	.7243	.7251	.7259	.7267	.7275	.7284	.7292	.7300	.7308	.7316	1	2	2	3 4 5	6 6 7
5.4	.7324	.7332	.7340	.7348	.7356	.7364	.7372	.7380	.7388	.7396	1	2	2	3 4 5	6 6 7

対　数　表

数	0	1	2	3	4	5	6	7	8	9	1	2	3	4	5	6	7	8	9
5.5	.7404	.7412	.7419	.7427	.7435	.7443	.7451	.7459	.7466	.7474	1	2	2	3	4	5	5	6	7
5.6	.7482	.7490	.7497	.7505	.7513	.7520	.7528	.7536	.7543	.7551	1	2	2	3	4	5	5	6	7
5.7	.7559	.7566	.7574	.7582	.7589	.7597	.7604	.7612	.7619	.7627	1	2	2	3	4	5	5	6	7
5.8	.7634	.7642	.7649	.7657	.7664	.7672	.7679	.7686	.7694	.7701	1	1	2	3	4	4	5	6	7
5.9	.7709	.7716	.7723	.7731	.7738	.7745	.7752	.7760	.7767	.7774	1	1	2	3	4	4	5	6	7
6.0	**.7782**	**.7789**	**.7796**	**.7803**	**.7810**	**.7818**	**.7825**	**.7832**	**.7839**	**.7846**	1	1	2	3	4	4	5	6	6
6.1	.7853	.7860	.7868	.7875	.7882	.7889	.7896	.7903	.7910	.7917	1	1	2	3	4	4	5	6	6
6.2	.7924	.7931	.7938	.7945	.7952	.7959	.7966	.7973	.7980	.7987	1	1	2	3	3	4	5	6	6
6.3	.7993	.8000	.8007	.8014	.8021	.8028	.8035	.8041	.8048	.8055	1	1	2	3	3	4	5	5	6
6.4	.8062	.8069	.8075	.8082	.8089	.8096	.8102	.8109	.8116	.8122	1	1	2	3	3	4	5	5	6
6.5	.8129	.8136	.8142	.8149	.8156	.8162	.8169	.8176	.8182	.8189	1	1	2	3	3	4	5	5	6
6.6	.8195	.8202	.8209	.8215	.8222	.8228	.8235	.8241	.8248	.8254	1	1	2	3	3	4	5	5	6
6.7	.8261	.8267	.8274	.8280	.8287	.8293	.8299	.8306	.8312	.8319	1	1	2	3	3	4	5	5	6
6.8	.8325	.8331	.8338	.8344	.8351	.8357	.8363	.8370	.8376	.8382	1	1	2	3	3	4	4	5	6
6.9	.8388	.8395	.8401	.8407	.8414	.8420	.8426	.8432	.8439	.8445	1	1	2	2	3	4	4	5	6
7.0	**.8451**	**.8457**	**.8463**	**.8470**	**.8476**	**.8482**	**.8488**	**.8494**	**.8500**	**.8506**	1	1	2	2	3	4	4	5	6
7.1	.8513	.8519	.8525	.8531	.8537	.8543	.8549	.8555	.8561	.8567	1	1	2	2	3	4	4	5	5
7.2	.8573	.8579	.8585	.8591	.8597	.8603	.8609	.8615	.8621	.8627	1	1	2	2	3	4	4	5	5
7.3	.8633	.8639	.8645	.8651	.8657	.8663	.8669	.8675	.8681	.8686	1	1	2	2	3	4	4	5	5
7.4	.8692	.8698	.8704	.8710	.8716	.8722	.8727	.8733	.8739	.8745	1	1	2	2	3	4	4	5	5
7.5	.8751	.8756	.8762	.8768	.8774	.8779	.8785	.8791	.8797	.8802	1	1	2	2	3	3	4	5	5
7.6	.8808	.8814	.8820	.8825	.8831	.8837	.8842	.8848	.8854	.8859	1	1	2	2	3	3	4	5	5
7.7	.8865	.8871	.8876	.8882	.8887	.8893	.8899	.8904	.8910	.8915	1	1	2	2	3	3	4	4	5
7.8	.8921	.8927	.8932	.8938	.8943	.8949	.8954	.8960	.8965	.8971	1	1	2	2	3	3	4	4	5
7.9	.8976	.8982	.8987	.8993	.8998	.9004	.9009	.9015	.9020	.9025	1	1	2	2	3	3	4	4	5
8.0	**.9031**	**.9036**	**.9042**	**.9047**	**.9053**	**.9058**	**.9063**	**.9069**	**.9074**	**.9079**	1	1	2	2	3	3	4	4	5
8.1	.9085	.9090	.9096	.9101	.9106	.9112	.9117	.9122	.9128	.9133	1	1	2	2	3	3	4	4	5
8.2	.9138	.9143	.9149	.9154	.9159	.9165	.9170	.9175	.9180	.9186	1	1	2	2	3	3	4	4	5
8.3	.9191	.9196	.9201	.9206	.9212	.9217	.9222	.9227	.9232	.9238	1	1	2	2	3	3	4	4	5
8.4	.9243	.9248	.9253	.9258	.9263	.9269	.9274	.9279	.9284	.9289	1	1	2	2	3	3	4	4	5
8.5	.9294	.9299	.9304	.9309	.9315	.9320	.9325	.9330	.9335	.9340	1	1	2	2	3	3	4	4	5
8.6	.9345	.9350	.9355	.9360	.9365	.9370	.9375	.9380	.9385	.9390	1	1	2	2	3	3	4	4	5
8.7	.9395	.9400	.9405	.9410	.9415	.9420	.9425	.9430	.9435	.9440	0	1	1	2	2	3	3	4	4
8.8	.9445	.9450	.9455	.9460	.9465	.9469	.9474	.9479	.9484	.9489	0	1	1	2	2	3	3	4	4
8.9	.9494	.9499	.9504	.9509	.9513	.9518	.9523	.9528	.9533	.9538	0	1	1	2	2	3	3	4	4
9.0	**.9542**	**.9547**	**.9552**	**.9557**	**.9562**	**.9566**	**.9571**	**.9576**	**.9581**	**.9586**	0	1	1	2	2	3	3	4	4
9.1	.9590	.9595	.9600	.9605	.9609	.9614	.9619	.9624	.9628	.9633	0	1	1	2	2	3	3	4	4
9.2	.9638	.9643	.9647	.9652	.9657	.9661	.9666	.9671	.9675	.9680	0	1	1	2	2	3	3	4	4
9.3	.9685	.9689	.9694	.9699	.9703	.9708	.9713	.9717	.9722	.9727	0	1	1	2	2	3	3	4	4
9.4	.9731	.9736	.9741	.9745	.9750	.9754	.9759	.9763	.9768	.9773	0	1	1	2	2	3	3	4	4
9.5	.9777	.9782	.9786	.9791	.9795	.9800	.9805	.9809	.9814	.9818	0	1	1	2	2	3	3	4	4
9.6	.9823	.9827	.9832	.9836	.9841	.9845	.9850	.9854	.9859	.9863	0	1	1	2	2	3	3	4	4
9.7	.9868	.9872	.9877	.9881	.9886	.9890	.9894	.9899	.9903	.9908	0	1	1	2	2	3	3	4	4
9.8	.9912	.9917	.9921	.9926	.9930	.9934	.9939	.9943	.9948	.9952	0	1	1	2	2	3	3	4	4
9.9	.9956	.9961	.9965	.9969	.9974	.9978	.9983	.9987	.9991	.9996	0	1	1	2	2	3	3	3	4

さくいん

あ 行

アポロニウスの円　Apollonius' circle　172
余り　remainder　22
1次関数　linear function　32
1次不等式　linear inequality　57
一般角　general angle　126
移動　transformation　87
因数　factor　3, 18
因数定理　factor theorem　78
因数分解　factorization　18, 50
上に凸　upwards convex　33
裏　reverse　71
x 切片　x-intercept　161
n 次方程式　equation of the n-th degree　79
n 乗　n-th power　101
n 乗根　n-th root　102
円　circle　167
円順列　circular permutation　197

か 行

解　root, solution　41, 57
　——と係数の関係　49
　——の公式　41
外心　circumcenter　149, 190
階乗　factorial　195
外接円　circumcircle　149, 169, 190
回転　rotation　126
外分　external division　155, 159
角　angle　127
　象限の——　127
傾き　slope　32, 160
仮定　assumption　71
加法　addition　12
加法定理　addition theorem　140
関数　function　86
関数記号　functional symbol　86
偽　false　71
奇関数　odd function　91

軌跡　locus　167
逆　converse　71
逆関数　inverse function　97
既約分数　irreducible fraction　5
既約分数式　irreducible fractional expression　25
境界　boundary　180
共通部分　intersection　68
共役複素数　conjugate complex　43
共有点　common point　53, 55
虚数　imaginary number　43
虚数解　imaginary root　46
虚数単位　imaginary unit　43
虚部　imaginary part　43
距離　distance　8, 157
偶関数　even function　91
空集合　empty set　68
組合せ　conbination　198
組立除法　synthetic division　100
グラフ　graph　87, 167
係数　coefficient　12
結論　conclusion　71
元　element　66
原点　origin　2
減法　subtraction　12
項　term　12
恒等式　identity　76
公倍数　common multiple　4, 23
降べきの順　decending order of power　12
公約数　common divisor　4, 23
弧度法　circular measure　128

さ 行

差　difference　12, 44
最小公倍数　least common multiple　4, 23
最大公約数　greatest common divisor　4, 23

さくいん

最大値・最小値　maximum - minimum value　38, 182
座標　coordinate　2, 157
座標平面　coordinate plane　32
三角関数　trigonometric function　122, 129
　——の合成　141
三角比　trigonometric ratio　122
3次方程式　equation of the third degree　79
3重解　triple root　80
3倍角の公式　formula for triple angles　147
軸　axis　33, 176
指数　index　101
次数　degree　12
指数関数　exponential function　108
指数法則　law of exponents　101, 106
自然数　natural number　1
下に凸　downwards convex　33
実数　real number　2
実数解　real root　46
実部　real part　43
周期　period　135
周期関数　periodical function　135
集合　set　66
十分条件　sufficient condition　73
重解　double root　46
重心　barycenter　160, 189
樹形図　tree diagram　192
循環小数　reccuring decimal　1
純虚数　pure imaginary number　43
準線　directrix　175
順列　permutation　195
商　quotient　22, 44
象限　quadrant　32
　——の角　129
条件　condition　73
焦点　focus　172, 174, 175
昇べきの順　ascending order of power　12
乗法　multiplication　13, 26
常用対数　common logarithm　118
剰余の定理　remainder theorem　78

除法　division　21, 26
真　true　71
真数　antilogarithm　112
垂心　orthcenter　166, 190
垂直　perpendicular　163
数直線　number line　2
図形　figure　167
正弦　sine　122
正弦関数　sine function　135
正弦曲線　sine curve　135
正弦定理　sine theorem　149
整式　integral expression　12
整数　integer　1
正接　tangent　122
正接関数　tangent function　135
積　product　14, 44
積の法則　multiplication law　194
接線　tangent　56, 170
絶対値　absolute value　7
接点　tangent point　53, 56, 170
漸近線　asymptotic line　93, 175
全体集合　universal set　68
素因数　prime factor　3
素因数分解　prime factorization　3
像　image　87
相加平均　arithmetic mean　83
双曲線　hyperbola　174
相似形　similar figure　185
相似比　ratio of similarity　185
相乗平均　geometric mean　83
属す　belong　67
素数　prime　3

た　行

対偶　contraposition　71
対称移動　symmetric transformation　89
対数　logarithm　112
対数関数　logarithmic function　115
だ円　ellipse　172
互いに素　relatively prime　4, 23
多項式　polynomial　12
単位円　unit circle　129
単項式　monomial　12

値　域　range　86
中　心　center　167, 173, 174
中線定理　median theorem　158
中　点　middle point　156, 159
頂　点　vertix　33, 176
重複順列　repeated permutation　197
直　線　straight line　32, 160
　　——の垂直条件　163
　　——の平行条件　163
　　——の方程式　161
通　分　common denominator　5, 25
底　　base　101, 112
　　——の変換公式　114
定義域　domain of definition　86
定数項　constant term　12
展　開　expansion　14
展開公式　expansion formula　15, 17
動　径　radius　127
同　値　equivalent　73
同類項　similar terms　12
凸　　convex　33
ド・モルガンの法則　de Morgan's law　69

な 行

内　心　incenter　190
内接円　inscribed circle　153, 190
内　分　internal division　155, 159
二項係数　binomial coefficient　203
二項定理　binomial theorem　202
2次関数　quadratic function　33
2次曲線　quadratic curve　176
2次不等式　quadratic inequality　58
2次方程式　quadratic equation　41
2重解　double root　46

は 行

場合の数　number of cases　192
倍角の公式　formula of double angles　142
倍　数　multiple　3, 23
背理法　reductive absurdum　74
パスカルの三角形　Pascal's trianlge　203
半　径　radius　167

繁分数式　complex fraction　31
判別式　discriminant　48
反　例　counter example　72
必要十分条件　necessary and sufficient condition　73
必要条件　necessary condition　72
否　定　negation　71
等しい　equal
　集合が——　67
　複素数が——　43
標準形　normal form　173, 174, 176
比例式　proportional expansion　82
複　号　double sign　8, 44
複素数　complex number　43
含　む　contain　67
不等号　inquality sign　5
不等式　inquality　57, 80, 83
　　——の領域　179
部分集合　subset　67
分　数　fraction　1
分数関数　fractional function　92
分数式　fractional expression　24
分母の有理化　rationalization of denominator　10
平　行　parallel　163
平行移動　translation　34, 87
平方根　square root　9, 44
べき関数　power function　90
ヘロンの公式　Heron's formula　154
変　換　transformation　87
方程式　equation　76
放物線　parabola　33, 175
方べきの定理　power theorem　186, 188
補集合　complement　68

ま 行

交わり　intersection　68
結　び　join　68
無理関数　irrational function　94
無理式　irrational expression　27
無理数　irrational number　2
無理方程式　irrational equation　96
命　題　proposition　71

や 行

約　数	divisor	3, 23
約　分	reduction of fraction	5, 24
有理化	rationalization	10, 28
有理式	rational expression	24
有理数	rational number	1
要　素	element	66
余　弦	cosine	122
余弦関数	cosine function	135
余弦定理	cosine theorem	151

ら 行

| ラジアン | radian | 127 |
| 立方根 | cubic root | 102 |

領　域	domain	179
累　乗	power	101
累乗根	radical root	102
連立方程式	simultaneous equations	56
連立不等式	simultaneous inequalities	62, 180
六十分法	sexagesimal measure	127

わ 行

和	sum	12, 44
y 切片	y-intercept	160
和集合	sum of sets	68
和の法則	summation law	193
割り切れる	divisible	22

編者紹介

田代嘉宏（たしろ・よしひろ）
　岡山大学名誉教授
　広島大学名誉教授
　理学博士

難波完爾（なんば・かんじ）
　東京大学名誉教授
　理学博士

執筆協力者（五十音順）

阿蘇和寿	石川工業高等専門学校名誉教授
池永彰吾	奈良工業高等専門学校名誉教授
梅野善雄	一関工業高等専門学校名誉教授
古城克也	新居浜工業高等専門学校教授　博士（理学）
斉藤四郎	東京工業高等専門学校名誉教授
佐藤　浩	鶴岡工業高等専門学校名誉教授
杉山琢也	津山工業高等専門学校名誉教授
角　秀吉	久留米工業高等専門学校名誉教授
田端敬昌	奈良工業高等専門学校名誉教授
徳一保生	北九州工業高等専門学校名誉教授
中里　肇	東京工業高等専門学校名誉教授　博士（理学）
三木晴夫	阿南工業高等専門学校名誉教授
深山　徹	大阪府立大学工業高等専門学校名誉教授

新編　高専の数学1（第2版・新装版）　　Ⓒ 田代嘉宏・難波完爾　2010

1990 年 5 月 24 日	第 1 版第 1 刷発行
1999 年 2 月 20 日	第 1 版第 11 刷発行
2000 年 1 月 20 日	第 2 版第 1 刷発行
2009 年 2 月 10 日	第 2 版第 10 刷発行
2010 年 1 月 20 日	新装版第 1 刷発行
2024 年 2 月 10 日	新装版第 13 刷発行

【本書の無断転載を禁ず】

編　　者　田代嘉宏・難波完爾
発 行 者　森北博巳
発 行 所　森北出版株式会社
　　　　　東京都千代田区富士見 1-4-11（〒102-0071）
　　　　　電話　03-3265-8341／FAX 03-3264-8709
　　　　　https://www.morikita.co.jp/
　　　　　日本書籍出版協会・自然科学書協会　会員
　　　　　JCOPY ＜(一社)出版者著作権管理機構　委託出版物＞

落丁・乱丁本はお取替えいたします　　印刷／太洋社・製本／ブックアート

Printed in Japan／ISBN978-4-627-04813-3

MEMO

MEMO

MEMO

MEMO